电力行业"十四五"规划教材

燃烧学基础理论

主　编　雷　鸣

副主编　王睿坤

参　编　赵争辉　马　凯　王　太　洪迪昆

主　审　郭　欣

中国电力出版社

CHINA ELECTRIC POWER PRESS

内 容 提 要

本书主要介绍了有关燃烧学的基础理论以及新型的碳减排燃烧技术，主要内容包括概述、燃烧反应热力学、燃烧反应动力学、燃烧空气动力学特性、燃料的着火理论、火焰传播、气体燃料燃烧、液体燃料燃烧、固体燃料燃烧、燃烧硫氧化物和氮氧化物生成特性、零碳燃烧等。

本书可作为高等学校能源与动力工程专业本科生的教材，也可供从事燃烧领域相关工作的工程技术人员参考。

图书在版编目（CIP）数据

燃烧学基础理论 / 雷鸣主编；王睿坤副主编. -- 北京：中国电力出版社，2025．7. -- ISBN 978-7-5198-9376-7

Ⅰ．O643.2

中国国家版本馆 CIP 数据核字第 2025JE5622 号

出版发行：中国电力出版社

地　　址：北京市东城区北京站西街 19 号（邮政编码 100005）

网　　址：http://www.cepp.sgcc.com.cn

责任编辑：李　莉（010-63412538）

责任校对：黄　蓓　于　维

装帧设计：张俊霞

责任印制：吴　迪

印　　刷：三河市航远印刷有限公司

版　　次：2025 年 7 月第一版

印　　次：2025 年 7 月北京第一次印刷

开　　本：787 毫米×1092 毫米　16 开本

印　　张：14

字　　数：335 千字

定　　价：45.00 元

前　言

　　燃烧学是研究燃烧现象及其科学原理的学科，它涉及化学反应动力学、热力学、传热传质学和流体力学等多个领域。近年来，为实现新时期碳达峰碳中和的目标任务，燃烧技术的发展日新月异，为了适应"双一流"背景下能源与动力工程专业人才的培养需求，结合"双碳"目标背景下的燃烧学及相关新技术的基础理论及应用，组织编写此书。

　　本教材与其他同类教材相比最主要的特点是，基于新时代本科教学理念，将课程思政内容融入课本中，实现思政内容与专业内容的深度融合，完成从专业知识到思政育人的自然升华。同时，本书还介绍了"双碳"目标背景下各种新型燃烧理论与技术。此外，同步建设了基于教材的知识图谱，将有助于学生深入理解燃烧学课程主要知识点的相互关系，从而更好地完成课程的学习。

　　本书由华北电力大学雷鸣任主编，王睿坤任副主编，赵争辉、马凯、王太、洪迪昆参与编写。雷鸣编写第一章、第二章、第七章、第九章、第十一章，马凯编写第三章，赵争辉编写第四章、第六章和第十章，王睿坤编写第五章，王太编写第八章，洪迪昆负责本书配套资源的建设。本书已在青蓝云数字教材平台（https://www.qldbook.com/）同步建设数字教材，可扫描下方二维码查看。

　　本书由华中科技大学郭欣教授主审，在此对主审老师提出的修改意见深表谢意。

　　限于编者水平，书中难免有不足之处，敬请读者批评指正。

数字教材

编　者

2025 年 5 月

目　　录

第一章　概　　述

第一节　燃烧学发展与基础

一、燃烧科学发展简史

燃烧是物质之间的化学反应，通常伴随着火焰形式的热和光的产生。燃烧反应的一个常见例子是点燃的火柴。现在使用的安全火柴，火柴头上主要含有氯酸钾、二氧化锰、硫磺和玻璃粉等，火柴杆上涂有少量的石蜡，火柴盒两边的摩擦层是由红磷和玻璃粉调和而成的。

当火柴头在火柴盒上划动时，摩擦产生的热量使磷首先燃烧，磷燃烧放出的热量使氯酸钾分解，氯酸钾分解放出的氧气与硫反应，硫与氧气反应放出的热量引燃石蜡，最终使火柴杆着火。

一般而言，燃烧是最重要的化学反应之一。气体、液体、固体燃料（天然气；石油产品；煤；非金属如碳、硅、硼；金属如钨、钾、钠、镁、钛、钼；固体推进剂等）的氧化和类氧化反应（氮化、氯化和分解反应）中，有基态和激发态的自由基、原子、电子及离子出现，并伴有光辐射现象者，都可以称为"燃烧"。

按照考古学的发现，人类最早使用火的时代可以追溯到距今 140 万～150 万年以前。燃烧的历史，也就是人类进步的历史。恩格斯在《自然辩证法》中指出："只有人类学会了摩擦取火之后，人才第一次使某种无生命的自然力为自己服务。"

中国应用燃烧遥遥领先于欧洲。50 万年前，北京人用火；早在新石器时代的仰韶文化时期，中国人便开始用窑炉烧制陶器；中国人在公元前 1000 年开始利用煤，公元 200 年开始利用石油，公元 808 年发明火药。宋代出现了喷气发动机的雏形——用燃烧产物推动的走马灯。战国时期的齐国将军田单曾经用火牛阵破燕，最早把燃烧技术用于军事领域。

欧洲的燃烧技术应用后来居上。英国自然哲学家弗朗西斯·培根爵士在 1620 年观察到蜡烛火焰的结构与英国神秘主义者罗伯特·弗鲁德描述在密闭容器中进行燃烧实验的时间大致相同。德国物理学家奥托·冯·格里克使用他在 1650 年发明的空气泵，证明蜡烛不会在抽出空气的容器中燃烧。英国科学家罗伯特·胡克在 1665 年提出，空气中含有一种活性成分，加热后会与可燃物质结合，从而产生火焰。

17 世纪末德国化学家约翰·约阿希姆·贝歇尔提出燃烧是一种分解作用，动植物和矿物等燃烧之后，留下的灰烬都是成分更简单的物质。在此推理，不能分解的物质，尤其是单质是不会燃烧的。贝歇尔认为各种物质都是由他所谓的三种基本"土质"组成的。这三种"土质"包括："石土"——存在于一切固体物质中的一种"固定性的土"；"油土"——存在于一切可燃物体中的一种"可燃性的土"；"汞土"——一种"流动性的土"。物质因三种成分比例不同而各有特性。贝歇尔用他的三种"土质"来解释物质燃烧的现象：物体在燃烧时，就会放出其中的"油土"部分，只剩下"石土"或"汞土"的成分。在这里，贝歇尔所谓的"油土"，便相当于以后的"燃素"。

1703 年，另一位德国化学家格奥尔格·恩斯特施塔尔在总结了前人关于燃烧本质的各种观点，并对其进行甄别之后，更系统地提出了明确的燃素学说。施塔尔认为，火是一种由无数细小而活泼的微粒构成的物质实体。这种微粒可以和其他的元素结合形成化合物，同时也能够以游离的形式存在。如果大量的微粒聚焦在一起就会形成明显的火焰，这些微粒弥漫在大气之中便给人以热的感觉。由这种微粒构成的火的元素称为"燃素"。

施塔尔认为，燃素无处不在，包含于万物之中，甚至将闪电也归结为大气中含有燃素的缘故。他认为生物因含有燃素而富有生机，无生命的物体因含有燃素而能够发生燃烧。施塔尔认为燃素是万物的灵魂，物体失去燃素而变成死灰烬，灰烬获得燃素，物体就会复活。

施塔尔这样解释燃烧现象，他认为一切与燃烧有关的化学变化都可以归结为物体吸收燃素或放出燃素的过程。例如，煅烧金属时，燃素从中逃逸出来，变成煅渣；将煅渣与木炭共燃，则煅渣又从木炭中吸取燃素而重回到金属面目。硫磺燃烧后变成硫酸，硫酸与松节油共煮而变成硫磺，都是由于物质中的燃素得失而完成变化的。在施塔尔看来，物体中所含燃素的多少决定了该物质可燃性的大小。

虽然后来证明燃素论是形而上学的，是完全错误的，但这是让燃烧成为一门科学的最早的努力。

法国化学家安托万–洛朗·德·拉瓦锡在 1772 年发现，燃烧后的硫或磷的产物灰烬超过了最初的物质，他假设增加的重量是由于它们与空气结合。后来拉瓦锡得出结论，与硫结合的那部分空气与英国化学家约瑟夫·普里斯特利在加热汞的金属灰（氧化汞）时获得的气体相同。也就是说，可以使汞燃烧时获得的"灰烬"释放出与金属结合的气体。这种气体也与瑞典化学家卡尔·威廉·舍勒所描述的相同，是一种持续燃烧的活性空气。拉瓦锡称这种气体为"氧气"。这样，拉瓦锡就建立了燃烧的基本学说，即燃烧是物质的氧化，这也是燃烧理论的萌芽。

19 世纪，由于热力学和热化学的发展，燃烧过程开始被作为热力学平衡体系来研究，考察其初态和终态，这是燃烧理论的静态特性研究，阐明了燃烧过程的热力学特性，如燃烧反应热、绝热燃烧温度、着火温度、燃烧产物平衡组分等。20 世纪 30 年代，美国化学家刘易斯和苏联化学家谢苗诺夫等人将化学动力学的机理引入燃烧的研究，形成了燃烧的动态理论，提出了火焰传播的概念。20 世纪 40 和 50 年代，在发展喷气推进技术的过程中，形成了独立的学科——燃烧学。

20 世纪 50～60 年代，美籍德国宇航学家冯·卡门和我国力学家钱学森提出用连续介质力学来研究燃烧过程，建立了化学流体力学或称为反应流体力学。20 世纪 70 年代初，英国帝国理工学院教授斯帕尔丁等人建立了燃烧的数学模拟方法和数值计算方法，形成了计算燃烧学。从此，燃烧学的研究进入从定性到定量、从宏观到微观的新阶段。

钱学森师从科学大师冯·卡门后，三十几岁就已成为世界知名科学家。新中国成立后钱学森提出回国要求，却受到美国政府多方阻挠。当时钱学森的处境非常艰难，但他并没有消沉，还是念念不忘科学研究，经过短期调整后他做好了"打持久战"的准备，在美国继续发愤图强工作，为了总有一天能够回国，可以更好地为新中国服务。20 世纪 40 年代，钱学森在美国就开始思考，火箭发动机中的化学反应速度非常高，导弹在大气层飞行时也出现高速流动和化学反应，可否将解决火箭、导弹中的高速空气动力学理论、燃烧理论中若干概念运用于化学工业、冶金工业，以提高生产效率，从而改造化学工业和冶金工业？反之，在火箭发动机中的燃烧过程中也有许多理论问题没有搞清楚，需要研究解决。回国后，钱学森就开始逐步创建化学流体力学。现在，通过研究化学流体力学，可深入探讨发动机和工业炉中的燃烧过程、煤的地下气化过程、金属的冶炼过程、化学工业的生产过程、石油产品的炼制过程等工业生产的基本原理，以便在工程实践中控制生产过程，提高设备效率，改善和创制新型生产设备，节省工业投资，提高产量和质量，推动生产技术发展，加速中华民族伟大复兴。从创建化学流体力学的这一事例，人们即可深刻感受到钱学森先生作为一名杰出科学家的爱国情怀。

二、燃烧学基础学科构成

尽管燃烧学包含了许多颇有理论深度的学科，如紊流力学、多相流、气体动力学、非均相化学反应动力学，甚至涉及分子模拟和量子化学等，但是，从根本上看，燃烧科学可以视为多基础学科的组成，如图 1-1 所示。

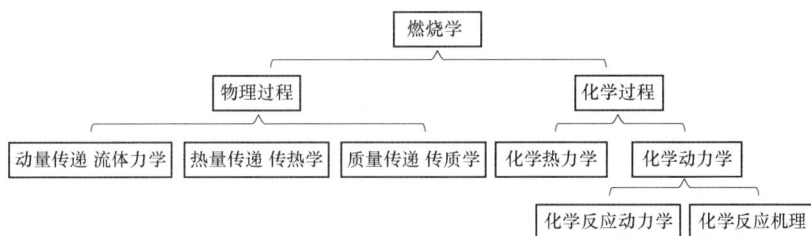

图 1-1　燃烧学的基本学科构成

针对任何一个燃烧问题，即使面对一个简单的火苗时，都存在三个"量"的迁徙，即动量的传递、质量的传递和能量的传递。同时，如前所述，燃烧是伴有大量能量释放的化学反应过程，必然与化学热力学和化学动力学相关。因此，组成燃烧学的几个基础学科如下。

1. 流体力学

无论是气体燃料燃烧、液体燃料燃烧还是固体燃料燃烧，总是存在气态物象。燃烧中的流体流动是燃烧基本现象之一。流体力学知识表明，流体流动的基本要素是动量传递，因此，流体力学成为燃烧学的基础学科就不难理解了。

2. 传热学

燃烧的一个基本特征是释放热量，燃烧中产生的热能必然向外传递，热量传递过程是燃烧必有的过程。传热学是研究热量传递的科学，其中三种热量传递方式热传导、热对流和热辐射在燃烧中都存在。传热学成为燃烧学的基础学科是必然的。

3. 传质学

燃烧是两种或两种以上气体化合物组分间的化学反应过程，燃烧场中的各气体组分在混合气体中的"迁徙"行为对燃烧过程有重要影响。传质学作为一门专门研究混合气体系统质量传递的科学，对燃烧学来说是不可或缺的。

4. 化学热力学

化学热力学是热力学的一部分。燃烧过程是一个典型的热力学过程，燃烧过程中的能量度量、转化和物性参数变化都可以通过热力学视野进行描述，化学热力学是燃烧学的基本学科。

　　5. 化学动力学

　　化学动力学是燃烧学的基础组成学科，由化学反应动力学和化学反应机理两部分组成（见图1-1）。化学反应动力学的核心是计算化学反应速率，燃烧的建立和发展过程基于化学反应速率变化之上，所以，化学反应动力学是燃烧学的重要基础学科。复杂化合物燃料燃烧的化学反应途径非常复杂，不同的化学反应途径决定了不同的燃烧效果和结果，化学反应机理分析被运用于复杂的燃烧化学反应途径确定和控制权重，在燃烧学中广泛涉及。

　　上述五门基础学科构成了燃烧学的理论基础，燃烧学就是从这五个方向研究每一个燃烧问题，其本质上是一门多学科的交叉科学，或者说是多学科的集合体。

　　每一个燃烧问题都需要从上述五个学科出发，分析和解决燃烧中的相关问题，判定它们的控制因素，从而获得燃烧问题的原理。通俗地讲，化学热力学是解决能不能烧的问题，传热学、流体力学、传质学和化学动力学是解决怎么烧、烧的结果是什么的问题。

　　综上所述，在力学的范畴，燃烧是多物理化学过程，由传递过程和系统动力学过程组成：传递过程包含动量、热量和质量的传递，系统动力学包含化学热力学和化学动力学。

第二节　全球能源现状与燃烧学应用

一、能源消费情况

　　当前世界能源使用结构仍然是以石油、天然气和煤炭三大传统能源为主，以核能、风能、生物质能等清洁能源为辅，并大力开发新能源。

　　2023年全球一次能源消费总量约为600 EJ（1 EJ=1×10^{16}J），其中石油、天然气、煤等化石能源约占80%，核能、太阳能、水力、风力、波浪能、潮汐能、地热等能源约为20%。化石能源价格比较低廉，开发利用的技术也比较成熟，并且已经系统化和标准化。虽然发达国家遭受20世纪70年代两次石油危机打击后，千方百计摆脱对石油的过度依赖，但是预计到2050年，石油将仍然是最主要的能源。从2009年到2023年，全球石油消费量呈现波动增长的趋势。2009年至2014年，全球石油消费增长平稳，年均增速约为0.5%到1.0%，这一时期全球经济逐步从2008年金融危机中复苏。2014年至2019年，石油需求增长加速，尤其是在中国和印度等发展中国家，年均增速约为1.0%到1.5%。2020年受COVID-19疫情影响，全球石油消费量大幅下降，年降幅约为8%到9%。2021年至2023年，随着全球经济恢复，石油消费量反弹，年均增长率回升至2%到3%，特别是在交通和工业领域的需求回升。

　　图1-2给出了1995年至2023年全球一次能源消费及其占比情况。从2000年到2023年，全球能源结构经历了显著变化：煤炭和石油的相对占比下降，尤其是煤炭，受到环境政策和清洁能源的替代，石油虽然仍为全球最大的能源来源，但其占比从36%降到31%；煤炭在全球能源结构中的占比下降幅度较大，从25%降至20%。天然气的占比略有上升，从20%增至23%，天然气作为过渡能源，满足了能源转型的需求；可再生能源（不包括常规水电和核电）尤其是风能和太阳能的迅猛增长，从6%增至14%，表明全球能源结构正朝绿色、低碳的方向发展。

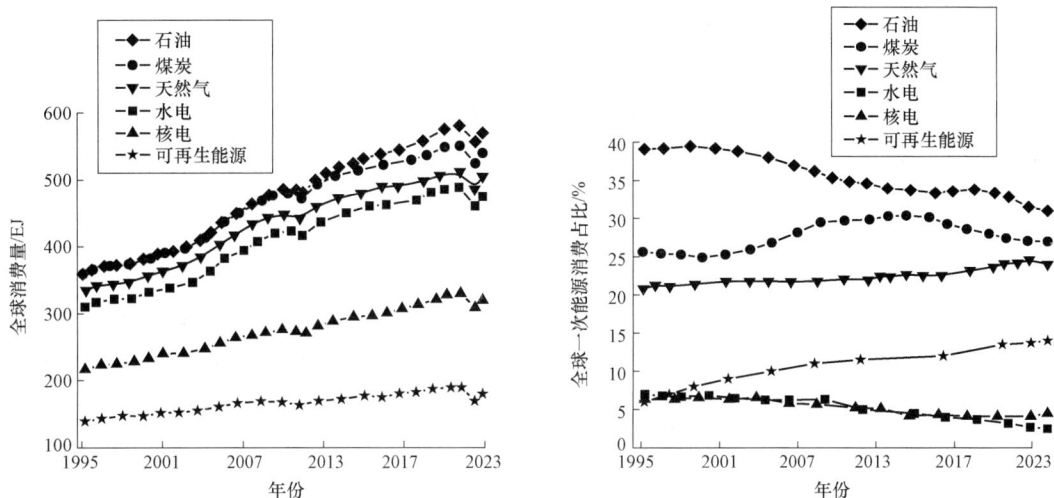

图 1-2　全球一次能源消费量及其占比

如图 1-3 所示，从 1995 年到 2023 年，全球石油产量经历了多次波动和增长。在 1995 年，全球石油产量约为 7000 万桶/日，主要产油国包括沙特阿拉伯、俄罗斯、美国、伊拉克和伊朗等。到 2000 年，全球石油产量略微增加至 7500 万桶/日。进入 2000 年至 2010 年间，石油产量持续增长，2005 年达到了 7800 万桶/日，尤其是中国经济快速发展带动了全球石油需求。2010 年后，美国页岩油的快速发展成为全球石油市场的重要变化因素。2010 年全球石油产量约为 8000 万桶/日，到 2014 年达到了 8500 万桶/日，但由于需求增长放缓和 OPEC 增产，全球石油供应过剩，导致油价暴跌。2016 年，全球石油产量为 8600 万桶/日，OPEC 及主要产油国达成减产协议以稳定油价。2020 年，新冠疫情导致全球石油需求急剧下降，全球石油产量降至约 7300 万桶/日。2021 年后，随着经济复苏，全球石油产量恢复至 7800 万桶/日，2022 至 2023 年稳定在 8000 万桶/日左右，主要产油国如美国、沙特阿拉伯和俄罗斯的生产恢复正

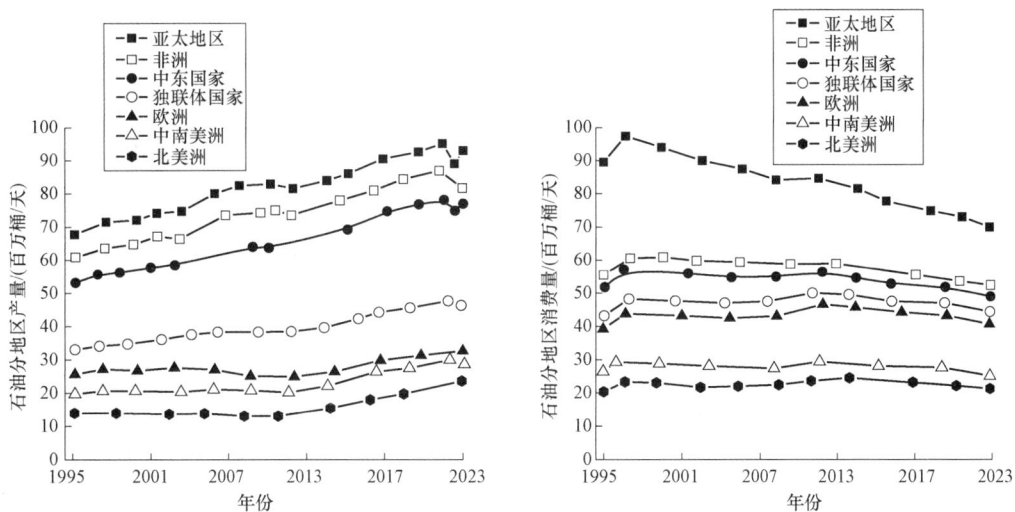

图 1-3　全球石油分地区产量及消费量

常。美国的页岩油生产在 2021 年后回升，并在 2023 年产量接近 1300 万桶/日，成为全球最大石油生产国，进一步推动了全球石油产量的增长。

如图 1-4 所示，2023 年，全球天然气需求保持稳定，比往年仅上升 10 亿 m³，不足以弥补 2022 年因整体需求下降 0.4%（150 亿 m³）而带来的损失。2023 年，欧洲天然气需求下降了 7%（340 亿 m³），创下 1994 年以来的新低。该地区的天然气产量也相应地下滑约 7%，主要原因是挪威、英国和荷兰等主要产气国的产量下滑。由于中国和印度的需求增长达 7%，亚太地区的天然气需求增长近 2%。综合所有贸易路线而言（包括海上和管道运输），俄罗斯联邦天然气在欧盟天然气进口量中的占比从 2021 年的 43% 降至 2022 年 23%，到 2023 年降至 14%，居挪威和美国之后。在仅仅 10 年时间内，美国的液化天然气出口从 2013 年的 2 亿 m³ 飙升到 2023 年的 1140 亿 m³，2023 年超越卡塔尔和澳大利亚，成为全球最大液化天然气供应国。

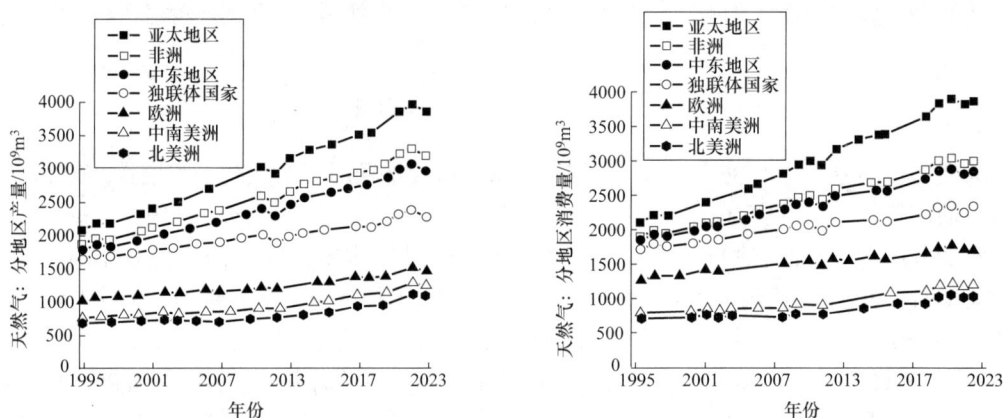

图 1-4　全球天然气分地区产量及消费量

如图 1-5 所示，2023 年，全球煤炭产量打破了 2022 年度纪录，创下新高（179 EJ）。亚太地区产量占全球产量的近 80%，并主要由四个国家贡献：澳大利亚、中国、印度和印度尼西亚。其中，仅中国煤炭产量便超过全球总产量的一半。与往年相比，北美、中南美洲、欧洲和独联体国家的产量均出现下滑。2023 年，全球煤炭消费量首次突破 164 EJ，比 2022 年上升

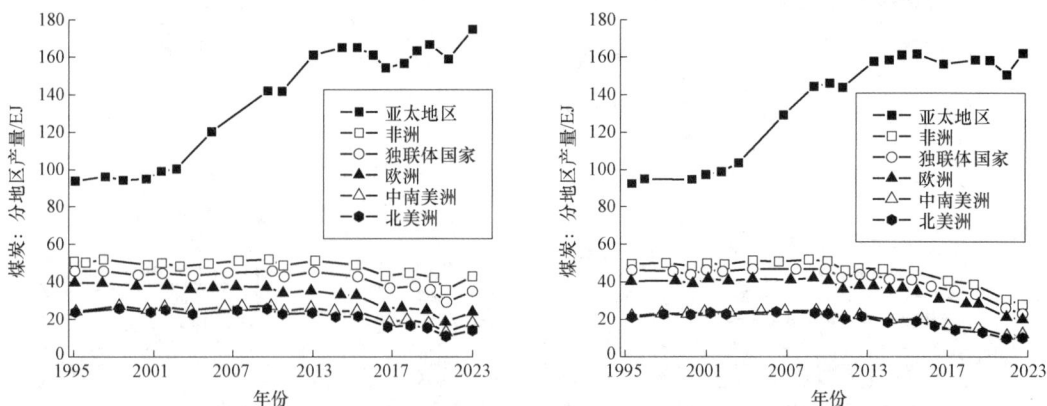

图 1-5　全球煤炭分地区产量及消费量

1.6%，比上个十年平均增长率高七倍。2023 年，中国仍是迄今为止最大的煤炭消费国（占全球总消费量的 56%）；印度也首次超越欧洲和北美洲的合计消费量。欧洲和北美洲的煤炭消费量分别下降至低于 10 EJ。

由表 1-1 可知，从 2020 年到 2023 年，中国的石油、天然气和煤炭的消费量持续增长，石油从 28 EJ 增至 32.73 EJ，天然气从 12 EJ 增至 14.57 EJ，煤炭从 82 EJ 增至 91.94 EJ，表明在我国传统化石能源仍占主导地位。核能和水电的增长较为缓慢，核能从 3.3 EJ 增至 3.90 EJ，水电略微下降，从 12 EJ 降至 11.46 EJ。值得注意的是，可再生能源的消费量显著增加，从 2020 年的 7.8 EJ 增至 2023 年的 16.13 EJ，增长幅度超过一倍，反映出中国能源结构正在逐步向清洁和可持续能源转型。

表 1-1　　　　　　　2020 年至 2023 年中国的一次能源消费情况　　　　　　单位：EJ

能源类型	2020 年	2021 年	2022 年	2023 年
石油	28	28.75	29.51	32.73
天然气	12	12.80	13.60	14.57
煤炭	82	84.91	87.83	91.94
核能	3.3	3.53	3.76	3.90
水电	12	12.09	12.18	11.46
可再生能源	7.8	10.58	13.37	16.13

二、电力结构布局

电是最重要的二次能源，现代生活已经离不开电。2023 年，全球发电量增长 2.5% 至新纪录 29925 TWh。发电量增长率较全球一次能源消费总量的增长率高 25%，表明世界能源体系的电气化水平正日益提升。亚太区和中东的电力需求增长约 5%，欧洲和北美则分别下降 2.4% 和 1%。

如图 1-6 所示，从全球范围来看，煤炭是主要的发电燃料，但其份额在 2023 年降低 1.5 个百分点，达到 33.2%，为历年统计数据最低。2023 年全球可再生能源（包括风能、太阳能、水力和生物能）在总发电量中的占比约为 13.4%。其中，太阳能和风能的增长尤为显著，二者已成为全球增长最快的电力来源。

图 1-7 为 2023 年全球不同地区分燃料发电情况。南美洲和中美洲超过一半的电力来自水力发电。亚洲的煤炭占发电结构的 56.8%，远高于其他任何地区。欧洲各类发电源占比相对比较均衡，其中天然气、煤炭、水电分别占 17.1%、14.2%、17.1%。中东地区天然气资源丰富，天然气占发电结构的 70.2%，是该地区的主要电力来源。

2023 年，中国的电力发电量主要来源于煤炭、可再生能源、水电、核电和天然气，其中煤炭依然占据主导地位，贡献 5753.9 TWh。可再生能源中，风能和太阳能持续增长，贡献 1668.1 TWh。水力发电稳定贡献 1226 TWh，核能发电量为 434.7 TWh，天然气发电量为 297.8 TWh。总体来看，虽然煤炭发电依然占主导地位，但清洁能源的比重在逐步上升。

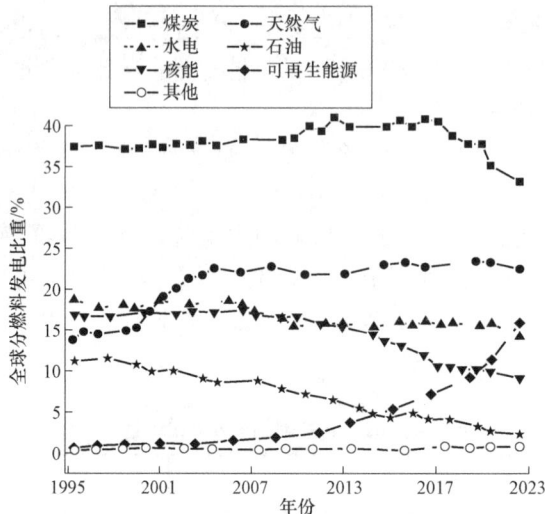

图 1-6　全球分燃料发电比重

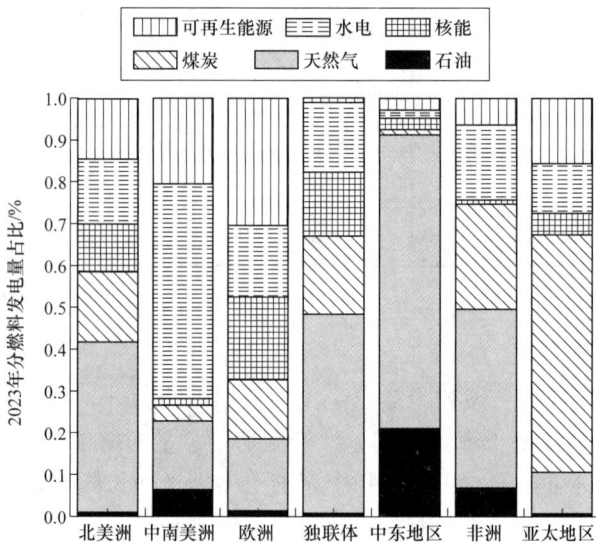

图 1-7　2023 年分地区分燃料发电量

三、燃烧技术应用

　　燃烧是人类最古老的技术，在 100 多万年前人们就已经利用燃烧技术了。今天，大约 90%的世界能量供应都是由燃烧生成的。燃烧在工程中应用十分广泛。在动力生产方面：人类所需的动力生产几乎都涉及气体、液体或固体燃料的燃烧。虽然核能将逐渐成为工业国家的一种重要的能源，太阳能、风能和潮汐能也正在被人们积极开发利用，但是，在今后一个相当长的时间里，燃料燃烧仍然是动力生产的主要来源。在工业方面，例如钢、铁、有色金属、玻璃、陶瓷和水泥等工程材料的生产过程，石油炼制、化肥生产、炼焦生产等加工过程中都伴有燃烧现象。在许多地方的住宅、工厂、办公室、医院及其他建筑物均需要采暖。多数情况下，优先的热源仍是燃料的燃烧。在环境保护方面，更直接的威胁是燃料燃烧直接引起的大气污染，如何精心控制燃烧过程减少污染，已成为近年来燃烧学研究的重要课题。另外，火灾也会给人们带来巨大的灾难。由此可见燃烧与国民经济和人民生活有着紧密的关系。现代工业技术的高度发展和环境保护、火灾防治的严格要求对燃烧学和燃烧技术都提出了新的挑战。

目前，燃烧科学正从一门传统的经验科学成为一门系统的，涉及热力学、流体力学、物理学、化学动力学、传热传质学的，以数学为基础的综合理论学科。重点在于研究燃料和氧化剂进行激烈化学反应的发热发光的物理化学过程及其组织。

燃烧科学的研究可分为两个方面。一是燃烧理论方面的研究，主要以燃烧过程涉及的基本过程为研究对象，如燃烧反应的动力学机理，燃料的着火、灭火，火焰传播及稳定，层流和紊流燃烧，预混火焰和扩散火焰燃烧，催化燃烧，液滴燃烧，碳粒燃烧，煤的热解和燃烧，燃烧产物的生成和控制，等等。

另一方面是燃烧技术研究，主要是应用燃烧理论的研究结果来解决工程技术中的各种实际问题，如燃烧技术的改进、燃烧过程的组织、新的燃烧方法的建立、提高燃烧效率、降低污染排放、拓宽燃料利用范围、燃烧过程的控制等。

燃烧过程的复杂性，使燃烧科学的研究方法具有多样性。总的来说，燃烧科学发展的最重要形式是理论的更替，而理论的更替正是科学实践的结果。与一般科学的研究方法一样，燃烧科学的研究是实验研究和理论总结的结合。实验研究、先进测量技术应用、燃烧理论总结，这是目前燃烧科学研究的基本方法。燃烧科学的研究虽以实验研究为主，但理论和数学模型方法显得越来越重要。

随着科技的进步，燃烧科学在不断发展。当代社会对燃烧科学提出了更高的要求。首先是航空航天技术要求燃烧不断强化和趋于更高的能量水平，这就是高能或高温、高压（超临界）、高速（超声速）、强旋流、强紊流和脉动（脉冲爆震）等条件下的燃烧。近年来受到国际上很大重视的超声速燃烧和脉冲爆震燃烧就是这种趋势的反映。

其次是解决能源利用领域的问题，体现为高效率、节省燃料以及燃料替代问题。例如烧汽油的发动机改烧乙醇汽油、天然气等，烧轻油的航空发动机改烧重质燃料，烧油的锅炉改烧水煤浆等，烧优质煤的锅炉改烧劣质煤等。

另外，燃烧的污染控制越来越重要，如何实现燃煤电站锅炉的污染"零排放"，是今后的研究重点。

随着航天技术和信息技术的发展，研究微重力和微尺度条件下的燃烧，成为国际上燃烧技术研究的新课题。电磁场下的燃烧一直引起很多研究者的关注。

燃烧科学的应用极其广泛，涉及人类生活、工业生产、国防等各个领域。因此，需要培养出一批有志于为燃烧科学的发展和燃烧技术的应用做出持续努力的科学家和工程技术人员。

第三节 燃烧科学与碳减排

一、碳排放现状与碳减排技术

人类的经济活动向大气中排放了大量的 CO_2，根据挪威国际气候研究中心（CICERO）

估算，1850 至 2023 年这 173 年间，人类的化石能源消费大约已经排放 24000 亿 tCO_2。在 20 世纪 60 年代末至 21 世纪初的近 40 年时间内，石油燃烧所产生的 CO_2 始终大于煤炭燃烧的排放量，但是在 2003 至 2005 年前后，煤炭成为化石能源碳排放中最大的排放源。在 2010 年前后，石油燃烧所产生的 CO_2 又反超煤炭燃烧的排放量。

不同种类化石能源的碳排放量如图 1-8 所示，2023 年，因直接能源使用产生的排放量超过 350 亿吨 CO_2 当量，化石燃料（煤炭、石油、天然气）燃烧产生的 CO_2 排放是迄今为止能源相关温室气体排放的最大来源，占总排放量的 87%。其中，石油是 CO_2 主要的排放来源，排放 147 亿 t；煤炭次之，排放 110 亿 t；天然气排放相对较少，共 77 亿 t。总体而言，化石燃料依然是全球 CO_2 排放的主要来源，尽管可再生能源的使用在逐步增加。

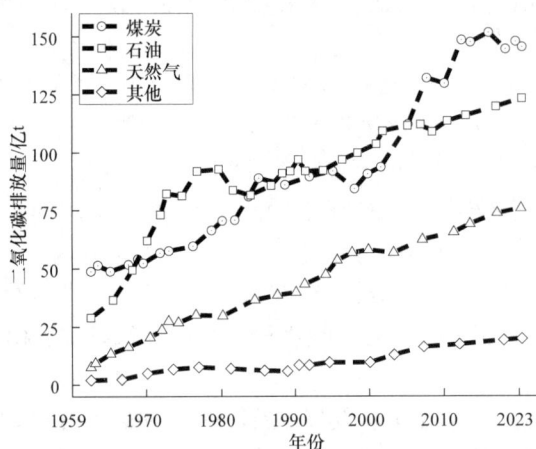

图 1-8　全球按燃料类型分的 CO_2 排放量

导致 CO_2 排放量有增无减的根本原因是世界对化石燃料的过分依赖，特别是对煤炭、石油和天然气的依赖。鉴于此，国际上 CO_2 减排主要有五种方案：一是优化能源结构，开发核能、风能和太阳能等可再生能源和新能源；二是提高植被面积，消除乱砍滥伐，保护生态环境；三是从化石燃料的利用中捕集 CO_2 并加以利用或封存；四是开发生物质能源，大力发展低碳或无碳燃料；五是提高能源利用效率和节能，包括开发清洁燃烧技术和燃烧设备等。

从长远来看，发展核能、风能和太阳能、潮汐能等清洁能源，开展植树造林以生物固碳形式减少 CO_2 排放无疑是最理想的减排途径。但是必须清醒地认识到，核能的发展不可能一蹴而就，而风能、太阳能和潮汐能等可再生能源整体上还都处于发展的初级阶段，由于其本身的局限性以及受技术水平和成本的限制，数量上远远无法满足经济快速增长的需求，对于快速增长的 CO_2 排放量来说，其减排贡献也是杯水车薪。提高植被面积、保护生态环境的措施更是一个循序渐进的过程。在今后相当长的时期内仍将以燃煤为主要能源的现实情况下，很难在短时间内获得明显的减排效果。我们还应看到，CO_2 排放源分布广泛，涉及工业、交通、建筑、农业和管理等各个领域，由于各 CO_2 排放源不同，很难用单一的方法分离回收，而且不论采用哪种 CO_2 分离方法，分离过程的能耗都很高，这不仅意味着额外增加了单位发电量或产品的 CO_2 排放量，而且大幅降低了能源系统效率。CO_2 被分离后需要存储起来，才能达到与大气隔离的目的，但每年达百亿吨的 CO_2 的安全存储，也是 CO_2 减排的难点之一。虽然许多探索工作已经开始，但 CO_2 的储存技术有可能产生的一些新问题尚有待深入研究。生物质总量巨大、可储存、能进行碳循环，是取代化石燃料、从源头减排 CO_2 的理想能源，但是生物质利用是一个系统的工程，从原料的选择和种植、原料转化工艺的开发，到生物质产品高效利用技术和设备的研究都需要做大量的工作，因此其在相当长一段时间内对 CO_2 减排的贡献比较有限。在此情况下，针对 CO_2 排放大户开发清洁高效能源利用技术，就显得具有极大的现实意义。

1. 洁净煤技术

洁净煤技术（clean coal technology, CCT）是发展较早、技术较为成熟的能源清洁化工艺。它是一个从煤炭开采到利用的全过程中旨在减少污染物排放、提高利用效率的加工、转化、燃烧及污染控制等的新技术群，是使煤作为一种能源达到最大限度的潜能利用，实现煤的高效、洁净利用的技术体系。该技术在实现能源高效利用的同时，直接和间接地减少了 CO_2 的排放。该技术主要包括两个方面，一是煤直接燃烧的洁净技术，二是煤转化为洁净燃料的技术。具体来讲，煤直接燃烧的洁净技术包括煤炭的洗选及加工成型技术、先进燃烧器技术和燃烧尾气的净化处理技术；煤转化为洁净燃料的技术主要包括煤的气化技术、液化技术以及在煤气化技术基础上发展起来的煤气化联合循环发电技术（integrated gasification combined cycle, IGCC）和煤气化多联产技术。

自 20 世纪 80 年代洁净煤技术被提出以来，美国、欧盟和日本等发达国家和地区都投入了大量资金并制定了相应洁净煤发展计划。美国先后于 1986 年、1999 年和 2003 年分别实施了洁净煤技术示范计划、Vision21 计划和 FutureGen 计划，基本特征是建立以化石燃料为基础的综合能源工厂，可用多种原料联产多种产品（例如，电力与氢能联产），最终目标是通过效率最大化及污染物和 CO_2 的近零排放来最大限度地降低因使用化石能源而带来的对环境的影响。2005 年 8 月美国总统布什还签署了"2005 年国家能源政策法案"，以立法的形式要求政府重点支持煤炭清洁利用方面的技术研发。另外，欧洲的兆卡计划（Thermie）也计划要加强煤炭高效洁净燃烧的研究，特别是电厂燃煤技术的研究，以便减少 NO_x 和 CO_2 等的排放。英国历年的《能源白皮书》也都要强调，要把电厂的洁净煤技术作为研究开发的重点。日本为摆脱对石油的过分依赖，开始积极实行洁净煤技术开发计划（新阳光计划）和 21 世纪煤炭计划，把以煤代油作为能源的基本政策之一，计划在 2030 年前，实现煤作为燃料的完全洁净化。

我国政府对洁净煤技术也越来越重视，2006 年国务院发布的《国家中长期科学和技术发展规划纲要》把煤的清洁高效开发利用、液化及多联产等内容作为重点领域及其优先发展的主题。近年来，我国通过引进、消化和自主开发，在洁净煤技术的研究开发、示范及推广应用三个层次上均取得了较大进展。2007 年，由中国华能集团公司牵头完成的"超超临界燃煤发电技术的研发和应用"项目获得了该年度国家科学技术进步奖一等奖。该项目是国家"十五"863 计划能源技术领域所属洁净煤技术主题研究课题，它的完成使我国大型发电设备的制造技术达到超临界参数等级，标志着我国发电装备制造水平及发电厂的运行技术进入国际先进行列。

2. 催化燃烧

传统的火焰燃烧方式存在三个明显的缺点：一是在火焰燃烧中，部分能量以不能被利用的可见光形式释放出而损失掉，能量利用率较低；二是在火焰燃烧中，火焰温度通常在

1500K 以上，空气中的 N_2 不可避免地会被氧化为对环境有害的 NO_x 等污染物；三是对火焰燃烧中产生的温室气体 CO_2 进行分离和捕集的工艺非常复杂，且成本很高。鉴于此，国内外的工程技术人员多年来都在致力于研究和开发对环境更友好的非火焰燃烧技术。催化燃烧技术（catalytic combustion technology, CCT）是一种典型的非火焰燃烧技术。在催化燃烧中，O_2 首先与催化剂作用形成低能量的表面自由基，自由基与吸附态的燃料（如 CH_4）生成振动激发态的产物，以红外辐射方式放出能量，以可见光形式损失的能量很少，能量利用率高，因而催化燃烧被认为是未来理想的燃烧方式，可用于汽车尾气净化、燃气轮机燃烧器、辐射式加热炉、重整器和生活锅炉等。

3. 富氧燃烧

富氧燃烧（oxyfuel combustion）最早是由美国 Abraham 于 1982 年提出，目的是生产 CO_2 用于提高石油采收率。富氧燃烧的技术原理是在现有电站锅炉系统基础上，用氧气代替助燃空气，同时结合大比例烟气循环（约 70%）调节炉膛内的燃烧和传热特性，可直接获得富含高浓度 CO_2（>80%）的烟气，从而以较低成本实现 CO_2 封存或资源化利用。众多分析表明，富氧燃烧在全生命周期碳减排成本、大型化等方面都具有优越性，与现有主流燃煤发电技术具有良好的承接性，同时也是一种"近零"排放发电技术，容易被电力行业接受。近 30 年来，富氧燃烧作为能够大规模减少 CO_2 排放的主流碳捕集技术之一，成为全球研究者关注的热点。该技术可以应用于电站锅炉、燃料电池、整体气化联合循环及多联产能源系统等领域。其中，在电站锅炉中的应用，不仅可以是新建煤粉富氧燃烧锅炉，同时也可以是对现行电厂的改造，因此，该技术被认为是最具潜力的能够有效减少 CO_2 排放的新型燃烧技术之一。

4. 化学链燃烧

化学链燃烧技术（chemical looping combustion, CLC）将燃烧过程放到两个反应器进行，一个空气反应器和一个燃料反应器。在燃烧过程中气体燃料被送入燃料反应器与固相载氧体 M_yO_x 发生反应。载氧体中的晶格使燃料发生氧化反应，流出燃料反应器的气体只有 CO_2 和水蒸气，通过冷凝除去水蒸气后即可得到高纯度的 CO_2，被还原的金属氧化物 M_yO_{x-1} 即载氧体，被循环到空气反应器，在空气反应器中载氧体被空气氧化再生，载氧体又重新恢复晶格氧。空气反应器的流出气体中包含 N_2 和未反应的 O_2。对一般的载氧体，通常情况下还原后的载氧体与空气的反应是放热反应，而燃料与载氧体之间的反应是吸热反应，上面两个反应的反应热之和与燃料在空气中直接燃烧放出的热相等。化学链燃烧最初提出来是为了提高发电过程的热效率，但后来该技术在燃烧过程中不用消耗能量就能分离 CO_2 的可能性更吸引了研究人员的兴趣。研究发现，天然气和煤炭气化后的燃料都可以用在化学链燃烧中，目前研究较多的用于化学链燃烧技术的载氧体主要是一些金属氧化物。

控制温室气体排放、减缓气候变化是我国实施可持续发展战略的重要组成部分。随着我国经济的持续快速发展，化石能源消耗量还会继续增加，同时 2012 年《京都议定书》第二承诺期结束后，全球气候治理进入新阶段，我国的 CO_2 减排压力日益凸显。积极开展 CO_2 减排方面的基础性研究，探索符合我国国情的 CO_2 减排之路迫在眉睫。

我国能源转化与利用效率低下。通过积极发展已有成功应用或研究较为成熟的先进化石燃料利用技术（如洁净煤技术、煤气化联合循环发电技术和煤气化多联产技术等），提高我国能源利用水平，特别是煤炭的能源利用效率达到国际先进水平，是实现我国减少 CO_2 排放的短期途径，具有非常大的潜力和可行性。

从中长期来看，继续研究化石能源转化与利用的新方法和新装置，进一步提高系统的能源转化效率，减少化石燃料消耗和 CO_2 的排放，是实现可持续性碳减排的重要途径。催化燃烧和化学链燃烧都是优势明显的高效环保能源利用新技术，但其要真正走向实际应用都要解决热能在时间和空间上的分配问题，相变蓄热技术在此方面正是有益的补充。结合了化学链燃烧和蓄热技术各项优点的熔融盐无焰燃烧技术，在燃烧过程中不仅杜绝了大气污染物 NO_x 的排放，而且解决了燃烧热量的存储和高效利用问题，同时在燃烧尾气中通过简单的冷凝就能得到高纯度的 CO_2，从而以较低的能源消耗实现 CO_2 零排放，应用价值较高。以污染物零排放为目标的金属与氢气联产技术，不仅环保节能，而且在引入太阳能后可解决太阳能难储存的问题，是新能源与常规能源结合的成功范例，值得推广。加大对这些领域的研究力度，开发具有自主知识产权的成套技术，不仅对化石燃料的高效燃烧和 CO_2 的回收利用有重要的现实意义，而且对将来生物质能、氢能和太阳能的大规模高效利用也有重要的借鉴意义，对我国的能源安全有相当的战略意义。

二、中国碳减排路线

总结近年来国家密集发布的碳排放政策目标来看，我国的碳减排大致有三个阶段性目标，分别是到 2020 年碳排放强度比 2005 年下降 40%～45%，到 2030 年实现碳达峰，2060 年实现碳中和。

第一步，2020 年碳减排。早在 2009 年 9 月 22 日，时任国家主席胡锦涛在联合国气候变化峰会开幕式上发表《携手应对气候变化挑战》的重要讲话，首次提出中国 2020 年相对减排目标，即"争取到 2020 年单位国内生产总值 CO_2 排放比 2005 年有显著下降"，但当时并没有规定具体减排目标。两个月后，在 2009 年 11 月 25 日召开的国务院常务会议上提出，到 2020 年时实现"单位国内生产总值 CO_2 排放比 2005 年下降 40%～45%"的具体减排目标，但是却没有及时形成政策文件。直到 2014 年 9 月发布《国家应对气候变化规划（2014—2020 年）》，对这一减排目标做出了具体明确；并在 2015 年 3 月发布的《关于加快推进生态文明建设的意见》中进一步强调。

第二步，2030 年碳达峰。2015 年 6 月 30 日，中国向《联合国气候变化框架公约》秘书处提交了《强化应对气候变化行动——中国国家自主贡献》（INDC），文件中提出"中国确定了到 2030 年的自主行动目标：CO_2 排放 2030 年左右达到峰值并争取尽早达峰；单位国内生产总值 CO_2 排放比 2005 年下降 60%～65%，非化石能源占一次能源消费比重达到 20% 左右，森林蓄积量比 2005 年增加 45 亿 m^3 左右"。2015 年 11 月 30 日，习近平主席在巴黎出席气候变化巴黎大会开幕式并发表题为《携手构建合作共赢、公平合理的气候变化治理机制》的重要讲话，再次重申了这一减排目标。

第三步，2060 年碳中和。2020 年 9 月 22 日，习近平主席发表《在第七十五届联合国大会一般性辩论上的讲话》，郑重宣布"中国将提高国家自主贡献力度，采取更加有力的政策和措施，力争 2030 年前 CO_2 排放达到峰值，努力争取 2060 年前实现碳中和"。此后，习近平总书记相继在联合国生物多样性峰会（2020 年 9 月 30 日）、第三届巴黎和平论坛（2020 年 11 月 12 日）、金砖国家领导人第十二次会晤（2020 年 11 月 17 日）、二十国集团领导人利雅得峰会"守护地球"主题边会（2020 年 11 月 22 日）、领导人气候峰会（2021 年 4 月 22 日）上继续重申碳达峰和碳中和目标。2020 年 12 月 12 日，习近平主席在气候雄心峰会上发表

《继往开来，开启全球应对气候变化新征程》的重要讲话，进一步提高国家自主贡献力度的新目标，"到 2030 年，中国单位国内生产总值 CO_2 排放将比 2005 年下降 65% 以上，非化石能源占一次能源消费比重将达到 25% 左右，森林蓄积量将比 2005 年增加 60 亿 m^3，风电、太阳能发电总装机容量将达到 12 亿 kW 以上"。2021 年 3 月，全国两会期间，李克强总理在 2021 年《政府工作报告》中提出"扎实做好碳达峰碳中和各项工作。制定 2030 年前碳排放达峰行动方案"。同期发布的《中华人民共和国国民经济和社会发展第十四个五年规划和 2035 年远景目标纲要》中进一步提出，"十四五"期间，"单位国内生产总值能源消耗和 CO_2 排放分别降低 13.5% 和 18%"。

第二章　燃烧反应热力学

燃烧是一种典型的快速化学反应，其反应过程中必然伴随有热量的吸收或释放，这种能量变化对燃烧反应来说十分重要。将热力学理论和方法应用到化学反应中，讨论和计算化学反应的热量变化的学科分支称为化学热力学。若将燃烧反应作为热力学系统，化学热力学即特指燃烧反应热力学，其主要考察燃烧反应的初始和最终热力学状态，研究燃烧反应的静态特性。

第一节　热　效　应

在一定温度下，某个体系在化学或物理变化过程中释放或吸收的热量称为热效应。之所以要强调温度一定，是为了避免将使生成物温度升高或降低所引起的热量变化混入到热效应中。对于化学变化而言，在无非体积功的等温反应过程中，系统吸收或释放的热量称为化学反应热效应，简称反应热，包括生成热、燃烧热、分解热与中和热等。对于物理变化而言，因为系统吸收或释放热量的过程不同，对应热效应可分为相变热（如蒸发热、升华热和熔化热）、溶解热（积分溶解热和微分溶解热等）和稀释热等。

一、热化学方程式

表示化学反应与反应热效应（即反应热）关系的化学反应方程式称为热化学方程式。热化学方程式与一般意义的化学方程式含义相同，只是书写规则有所区别。热化学方程式的书写规则为：

（1）注明反应的压力及温度，如果是 298 K 和 0.1 MPa（即标准状态），则可略去不写，反应热以上标"0"标注 Δh_r^0。

（2）注明反应物和生成物的聚集状态（相态），分别以 g、l 和 s 代表气态、液态和固态。

（3）同一反应，计量方程的写法不同，反应的热效应不同；吸热为正，放热为负；正、逆反应热效应的绝对值相同，符号相反。实例如下：

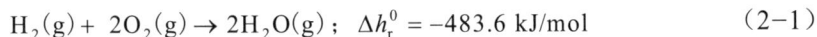

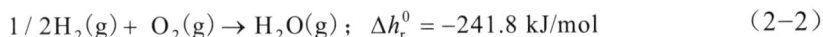

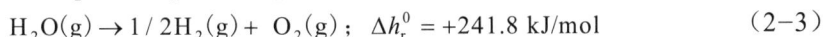

$$H_2(g) + 2O_2(g) \rightarrow 2H_2O(g)；\Delta h_r^0 = -483.6 \text{ kJ/mol} \tag{2-1}$$

$$1/2H_2(g) + O_2(g) \rightarrow H_2O(g)；\Delta h_r^0 = -241.8 \text{ kJ/mol} \tag{2-2}$$

$$H_2O(g) \rightarrow 1/2H_2(g) + O_2(g)；\Delta h_r^0 = +241.8 \text{ kJ/mol} \tag{2-3}$$

二、反应热

当化学反应发生时，如果除体积功（膨胀功）外体系不做其他功，当反应终态的温度恢复到反应初态的温度时，体系所吸收或放出的热量称为该化学反应的热效应。化学反应热效应经常简称反应热。在标准状态下的反应热称为标准摩尔反应热，简称标准反应热，以 Δh_r^0 表示，其单位为 kJ/mol。

在化学反应过程中，当体系由初态（热力学能 U_1）变到终态（热力学能 U_2）的过程中，体系的热力学能改变量 ΔU 为

$$\Delta U = U_2 - U_1 \tag{2-4}$$

结合热力学第一定律的数学表达式 $\Delta U = Q + W$，则有

$$\Delta U = U_2 - U_1 = Q + W \tag{2-5}$$

式（2-5）就是热力学第一定律在化学反应中的具体体现。式中的反应热 Q，因化学反应的具体方式不同，有着不同的意义和内容，下面将分别加以讨论。

1. 恒容反应热

在恒容过程中完成的化学反应称为恒容反应，其热效应称为恒容反应热，通常用 Q_V 表示。由式（2-5）可得

$$\Delta U = Q_V + W \tag{2-6}$$

式中的功 $W = -p\Delta V$，而恒容反应过程中 $\Delta V = 0$，故 $W = 0$，则式（2-6）变成

$$\Delta U = Q_V \tag{2-7}$$

式（2-6）说明，在恒容反应过程中体系吸收的热量全部用来改变体系的热力学能。也就是说，只要确定了反应体系恒容和只做体积功的特征，Q_V 就只取决于体系的初态和终态。

2. 恒压反应热

在恒压过程中完成的化学反应称为恒压反应，其热效应称为恒压反应热，通常用 Q_p 表示。由式（2-5）可得

$$\Delta U = Q_p + W \tag{2-8}$$

故

$$Q_p = \Delta U - W \tag{2-9}$$

因为 $W = -p\Delta V$

则式（2-9）可变成

$$Q_p = \Delta U + p\Delta V \tag{2-10}$$

即 $Q_p = U_2 - U_1 + p(V_2 - V_1)$

又因为恒压过程，即 $p = p_2 = p_1$

式（2-10）可变成

$$Q_p = U_2 - U_1 + p_2 V_2 - p_1 V_1$$

$$Q_p = U_2 + p_2 V_2 - (U_1 + p_1 V_1) = H_2 - H_1$$

即

$$Q_p = \Delta H \tag{2-11}$$

式（2-11）说明，在恒压反应过程中体系吸收的热量全部用来改变体系的焓。也就是说，只要确定了反应体系定压和只做体积功的特征，Q_p 就只取决于体系的初态和终态。

3. 恒压反应热和恒容反应热的关系

同一反应的恒压反应热 Q_p 和恒容反应热 Q_V 是不相同的，但二者之间却存在着一定的关系。如图 2-1 所示，从反应物的始态出发，经恒压反应（Ⅰ）和恒容反应（Ⅱ）所得生成物的终态是不相同的。通过过程（Ⅲ），恒容反应的生成物（Ⅱ）变成恒压反应的生成物（Ⅰ）。

由于焓 H 是状态函数，故有

$$\Delta H_1 = \Delta H_2 + \Delta H_3$$

即 $\Delta H_1 = \Delta U_2 + (p_2 V_1 - p_1 V_1) + \Delta U_3 + (p_1 V_2 - p_2 V_1)$

$$\Delta H_1 = \Delta U_2 + (p_1 V_2 - p_1 V_1) + \Delta U_3 \quad (2\text{-}12)$$

过程（Ⅲ）只是同一生成物发生单纯的压强和体积变化，故 ΔU_3 约等于零。对于理想气体，其热力学能 U 只是温度的函数，故 $\Delta U_3 = 0$。

故式（2-12）可近似写成

$$\Delta H_1 = \Delta U_2 + (p_1 V_2 - p_1 V_1) \quad (2\text{-}13)$$

反应体系中的固体和液体，其 $\Delta(pV)$ 可忽略不计。若假定体系中的气体为理想气体，则式（2-13）可化为

图 2-1　恒压反应热和恒容反应热的关系

$$\Delta H_1 = \Delta U_2 + \Delta nRT \quad (2\text{-}14)$$

式中：Δn 为反应前后气体的物质的量之差。于是，一个反应的 Q_p 和 Q_V 的关系可近似写成

$$Q_p = Q_V + \Delta nRT \quad (2\text{-}15)$$

由式（2-15）可以看出，当反应物与生成物的物质的量相等（$\Delta n = 0$）时，或反应物与生成物全是固体或液体时，恒压反应热与恒容反应热近似相等，即

$$Q_p = Q_V$$

三、生成热

在某温度下，由处于标准状态的各种元素的指定单质（最稳定单质）生成标准状态的 1 mol 某种纯物质的热效应（反应热），称为该温度下该物质的标准摩尔生成热，简称标准生成热，用符号 Δh_f^0 表示，其单位为 kJ/mol。当然，处于标准状态的各种元素的指定单质的标准摩尔生成热为零。例如，石墨和金刚石是碳的两种同素异形体，石墨是碳的最稳定单质，它的标准摩尔生成热为零。又如，磷有白磷、红磷和黑磷三种同素异形体，其中黑磷最稳定，但不常见，因此规定常见的白磷的标准摩尔生成热为零。

对已知某化学反应而言，通常所谓热效应（反应热）如不特别注明，都是指等压条件下的热效应（反应热）。由式（2-11）可知，若为恒压反应，体系的热效应（反应热）就等于体系的焓增量，所以标准摩尔生成热又称为标准摩尔生成焓，简称标准生成焓。

一些物质的标准生成热见表 2-1。

表 2-1　　　　　　　　　一些物质的标准生成热（298K，0.1MPa）

名称	分子式	状态	生成热/（kJ/mol）
一氧化碳	CO	气	−110.54
二氧化碳	CO_2	气	−393.51

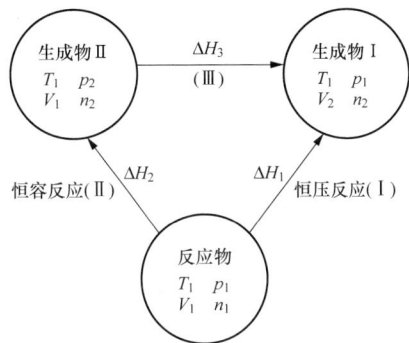

续表

名称	分子式	状态	生成热/（kJ/mol）
甲烷	CH_4	气	-74.85
乙烷	C_2H_6	气	-84.68
乙炔	C_2H_2	气	226.90
乙烯	C_2H_4	气	52.55
苯	C_6H_6	气	82.93
苯	C_6H_6	液	48.04
辛烷	C_8H_{18}	气	-208.45
正辛烷	C_8H_{18}	液	-249.95
氧化钙	CaO	晶体	-635.13
碳酸钙	$CaCO_3$	晶体	-1211.27
氧	O_2	气	0
氮	N_2	气	0
碳（石墨）	C	晶体	0
碳（钻石）	C	晶体	1.88
水	H_2O	气	-241.84
水	H_2O	液	-285.85
丙烷	C_3H_8	气	-103.85
正丁烷	C_4H_{10}	气	-124.73
异丁烷	C_4H_{10}	气	-131.59
正戊烷	C_5H_{12}	气	-146.44
正己烷	C_6H_{14}	气	-167.19
正庚烷	C_7H_{16}	气	-187.82
丙烯	C_3H_6	气	20.42
甲醛	CH_2O	气	-113.80
乙醛	C_2H_4O	气	-166.36
甲醇	CH_3OH	液	-238.57
乙醇	C_2H_5OH	液	-277.65
甲酸	CH_2O_2	液	-409.20
醋酸	$C_2H_4O_2$	液	-487.02
乙二酸	$C_2H_2O_4$	固	-826.76
四氯化碳	CCl_4	液	-139.33
氨	NH_3	气	-41.02[*]
溴化氢	HBr	气	-35.98[*]
碘化氢	HI	气	25.10[*]

* 标准温度为291K。

应用物质的标准摩尔生成热数据可以计算标准状态下化学反应的热效应（反应热）。在标准状态下，对某个恒压化学反应而言，生成物焓的总和与反应物焓的总和之差（体系的焓增）即为标准反应热，可用下式计算：

$$h_r^0 = \sum n_i \Delta h_{f,i}^0 - \sum n_j \Delta h_{f,j}^0 \tag{2-16}$$

式中：n_i、n_j分别为生成物、反应物的摩尔数；$\Delta h_{f,i}^0$、$\Delta h_{f,j}^0$分别为生成物、反应物的标准生成热。

例如：

$$C(石墨) + O_2(g) \rightarrow CO_2(g)$$

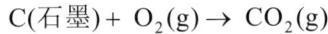

该反应的标准反应热可由式（2-16）求得

$$\Delta h_r^0 = n_{CO_2} \Delta h_{f,CO_2}^0 - (n_C \Delta h_{f,C}^0 + n_{O_2} \Delta h_{f,O_2}^0)$$
$$= 1 \times (-393.51) - (1 \times 0 + 1 \times 0)$$
$$= -393.51 \text{ kJ}$$

上式也意味着，如果反应物是稳定单质，生成物为 1mol 的化合物时，该式的反应热在数值上就等于该化合物的生成热。

四、燃烧热

物质燃烧时往往放出大量的热，并且可以直接测定燃烧时产生的热效应。在标准状态下，1 mol 物质完全燃烧时的热效应（反应热）称为该物质的标准摩尔燃烧热，简称标准燃烧热，用符号 Δh_c^0 表示，其单位是 kJ/mol。

如果说标准生成热是以反应起点即各种单质为参照物的相对值，那么标准燃烧热则是以燃烧终点为参照物的相对值。因此，必须对燃烧终点产物做严格规定，才能使燃烧热成为有用的热力学数据。

化学热力学规定，碳的燃烧产物为 CO_2（g），氢的燃烧产物为 H_2O（l），氮、硫和氯的燃烧产物分别为 N_2（g）、SO_2（g）和 HCl（aq）（盐酸溶液）。这也同时说明，以上燃烧产物如为 N_2（g）、SO_2（g）和 HCl（aq）等，则其燃烧热为零。单质氧没有燃烧反应，也可以认为其燃烧热为零。一些物质的标准燃烧热见表 2-2。

表 2-2　一些物质的标准燃烧热 [（298K，0.1MPa，产物为 H_2O（l）、CO_2（g）和 N_2（g）]

名称	分子式	状态	燃烧热/（kJ/mol）
碳（石墨）	C	固	-392.88
氢	H_2	气	-285.77
一氧化碳	CO	气	-282.84
甲烷	CH_4	气	-881.99
乙烷	C_2H_6	气	-1541.39
丙烷	C_3H_8	气	-2201.61
丁烷	C_4H_{10}	液	-2870.64
戊烷	C_5H_{12}	液	-3486.95
庚烷	C_7H_{16}	液	-4811.18

续表

名称	分子式	状态	燃烧热/（kJ/mol）
辛烷	C_8H_{18}	液	−5450.50
十二烷	$C_{12}H_{26}$	液	−8132.43
十六烷	$C_{16}H_{34}$	液	−10707.27
乙烯	C_2H_4	气	−1411.26
乙醇	C_2H_5OH	液	−1370.94
甲醇	CH_3OH	液	−712.95
苯	C_6H_6	液	−3273.14
环庚烷	C_7H_{14}	液	−4549.26
环戊烷	C_5H_{10}	液	−3278.59
醋酸	$C_2H_4O_2$	液	−876.13
苯酸	$C_7H_6O_2$	固	−3226.7
乙基醋酸盐	$C_4H_8O_2$	液	−2246.39
萘	$C_{10}H_8$	固	−5155.94
蔗糖	$C_{12}H_{22}O_{11}$	固	−5646.73
茨酮	$C_{10}H_{16}O$	固	−5903.62
甲苯	C_7H_8	液	−3908.69
一甲苯	C_8H_9	液	−4567.67
氨基甲酸乙酯	$C_5H_7NO_2$	固	−1661.88
苯乙烯	C_6H_8	液	−4381.09

由标准燃烧热的定义可知，标准燃烧热其实是标准反应热的特例，即当反应物中燃料为 1 mol 时，其参加反应生成的反应热就为燃烧热。因此，标准燃烧热亦可以使用式（2−16）计算。

例如：

$$H_2(g) + \frac{1}{2}O_2(g) \rightarrow H_2O(g)$$

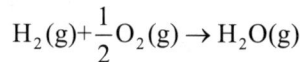

该反应的标准燃烧热可由式（2−16）求得

$$\Delta h_c^o = n_{H_2O}\Delta h_{f,H_2O}^0 - (n_{H_2}\Delta h_{f,H_2}^0 + n_{O_2}\Delta h_{f,O_2}^0)$$
$$= 1 \times (-285.77) - (1 \times 0 + 1/2 \times 0)$$
$$= -285.77 \text{kJ/mol}$$

五、绝热燃烧温度

某一等压、绝热燃烧系统，燃烧反应放出的全部热量完全用于提高燃烧产物的温度，则这个温度就称为绝热燃烧温度，以 T_f 表示。该温度取决于系统初始温度、压力和反应物成分。

通常用标准反应热来进行 T_f 的计算。为了便于计算，绝热燃烧温度也以 298 K 为起点，则有

$$\Delta h_r^0 = -\sum \int_{298}^{T_f} M_i c_{pi} \mathrm{d}T \tag{2-17}$$

其中标准反应热可按式（2-16）计算。

如果式（2-17）中燃烧产物各组分摩尔数 M_i 已知，则解该方程便可求出绝热燃烧温度 T_f。对于燃烧产物温度低于 1250 K 的反应系统，由于燃烧产物 CO_2、H_2O、N_2 和 O_2 等是正常的稳定物质，因而它们的摩尔数可以根据简单的质量平衡计算出来。然而大多数燃烧系统所达到的温度明显地高于 1250 K，这时就会出现上述稳定物质的离解。由于离解反应吸热很多，因此少量的离解将会显著地降低火焰温度。根据化学平衡原则，燃烧产物的组成极大地取决于最终温度。可以看出，在有离解的情况下，燃烧产物的确定变得更加复杂，式（2-17）中的 M_i 及 T_f 同样都是未知数。

第二节　热化学定律

化学反应的热效应可以用实验方法测得。但许多化学反应由于反应速率过慢，测量时间过长，或因热量散失而难以测准反应热；也有一些化学反应由于条件难以控制，产物不纯，也难以测准反应热。于是，如何通过热化学方法计算反应热，成为研究者关注的问题。常用的热化学定律有拉瓦锡-拉普拉斯定律和盖斯定律，这两条定律产生于热力学第一定律之前，并促进了热力学第一定律的形成。

一、拉瓦锡-拉普拉斯定律

1780 年，法国化学家安托万·洛朗·德·拉瓦锡和皮埃尔·西蒙·拉普拉斯提出，任何反应的能量变化与逆向过程的能量变化相等。对于一个化学反应而言，拉瓦锡·拉普拉斯定律指出，化合物的分解热等于它的生成热，而符号相反。

根据该定律，我们能够按相反的次序来写热化学方程式，从而可以根据化合物的生成热来确定化合物的分解热。

【例 2-1】求 CO_2 的分解热。

$$C(s) + O_2(g) \rightarrow CO_2(g)$$
$$\Delta h_f^0 = -393.51 \mathrm{kJ/mol}$$

据拉瓦锡-拉普拉斯（Laplace 定律）

$$CO_2(g) \rightarrow C(s) + O_2(g)$$
$$\Delta h_f^0 = 393.51 \mathrm{kJ/mol}$$

二、盖斯定律

1840 年前后，瑞士籍俄罗斯科学家亨利·吉尔伯特·盖斯指出，一个化学反应若能分解成几步来完成，则总的反应热效应等于各步反应的热效应之和。这就是盖斯定律。

【例 2-2】已知

$$C(石墨) + O_2(g) \rightarrow CO_2(g) \qquad 反应①$$

$$\Delta h_r^0(1) = -393.5 \text{kJ/mol}$$

$$CO(g) + \frac{1}{2}O_2(g) \rightarrow CO_2(g) \qquad 反应②$$

$$\Delta h_r^0(2) = -283.0 \text{kJ/mol}$$

求 $C(石墨) + \frac{1}{2}O_2(g) \rightarrow CO(g)$ 的 Δh_r^0。

解：反应②的逆反应

$$CO_2(g) \rightarrow CO(g) + \frac{1}{2}O_2(g) \qquad 反应③$$

$$\Delta h_r^0(3) = 283.0 \text{kJ/mol}$$

反应①+反应③得

$$C(石墨) + \frac{1}{2}O_2(g) \rightarrow CO(g)$$

由盖斯定律得

$$\Delta h_r^0 = \Delta h_r^0(1) + \Delta h_r^0(3)$$

$$= -393.5 \text{kJ/mol} + 283.0 \text{kJ/mol} = -110.5 \text{kJ/mol}$$

［例 2-2］具有重要的实际意义。虽然反应

$$C(石墨) + \frac{1}{2}O_2(g) \rightarrow CO(g)$$

属于经常发生的常见反应，但由于很难使反应产物中不混有 CO_2，故它的热效应很不容易测准。而［例 2-2］中反应①和②的反应热是易于测得的，所以盖斯定律为求解难以测得的反应热建立了可行的方法。

第三节　化学反应方向和平衡

一、反应方向

如何判断一个化学反应能否发生，一直是化学家极为关注的问题。水从高山流向平地是由势能差所决定的，电流的定向流动是由电势差决定的，热量的传递是由温度差所决定的。那么，化学反应的定向进行是由什么因素决定的呢？

人们首先想到的是反应的热效应，在反应过程中体系能量降低，这可能是决定反应进行方向的主要因素。

在众多的化学反应过程中，几乎所有放热反应都是自发的，自然界发生的过程都有一定的方向性。例如，水总是自动地从高水位流向低水位，而不会自动地反方向流动；又如，在 298 K 的标准状态下，氢和氧自动地化合成水（虽然其反应速度很慢），但在相同条件下它们的逆反应不能发生。这种在一定条件下不需要外部作用就能自动进行的过程称为自发过程。

例如，如下反应在 298 K 的标准状态下可自发进行：

$$2Fe(s)+\frac{3}{2}O_2(g) \rightarrow Fe_2O_3(s) \qquad \Delta h_r^0 = -822kJ/mol$$

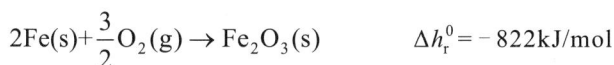

但也有不少吸热反应或者吸热的物理过程在一定的条件下也能自发进行，例如，冰的熔化、水的蒸发、NH_4Cl溶于水以及Ag_2O、NH_4HCO_3的分解等都是吸热过程，在298 K的标准状态下都能自发进行：

$$NH_4Cl(s) \rightarrow NH_4^+(aq) + Cl^-(aq) \qquad \Delta h_r^0 = 14.7kJ/mol$$

$$Ag_2O(s) \rightarrow 2Ag(s) + \frac{1}{2}O_2(g) \qquad \Delta h_r^0 = 31.0kJ/mol$$

$$NH_4HCO_3(s) \rightarrow NH_3(g) + CO_2(g) + H_2O(l) \qquad \Delta h_r^0 = 126.0kJ/mol$$

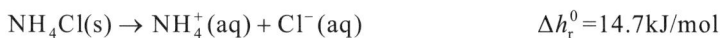

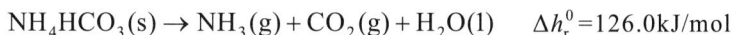

以上NH_4HCO_3的分解反应前后相比，不但物质的种类增加，更重要的是反应产生了热运动自由度很大的气体，使整个体系的混乱程度增大，以至体系混乱程度的增大足以克服因过程吸热对自发的阻碍。由此可见，体系的变化方向同时受控于两条重要的基本规律：① 体系倾向于取得最低势能状态；② 体系倾向于取得最大的混乱度。

二、吉布斯自由能

1878 年美国科学家约西亚·威拉德·吉布斯在总结了大量实验的基础上，把焓与熵综合在一起，同时考虑了温度的因素，提出了一个新的函数，称之为吉布斯自由能或吉布斯函数，人们用吉布斯自由能的变化值来判断反应的方向。

吉布斯 1839 年 2 月 11 日生于美国康涅狄格州的纽黑文（耶鲁大学驻地），其童年体弱多病，躺在病床上的时间多过在学校上学的时间，只好由母亲在家教育。1863 年吉布斯博士毕业留校任助教，1866—1869 年游学法、德，1869 年重回耶鲁，已无职缺，1871 年后耶鲁才勉强授予吉布斯数学物理教授衔（没有论文的教授），但由于吉布斯的研究被认为没有实际用处，因而引发了撤换他的运动。在他任教的十余年间，学校未付分文薪水，吉布斯只能靠父母留下的一点积蓄过活，一直和妹妹、妹夫住在耶鲁附近的小房子里，终生未婚，穷困一生。

1876 年吉布斯在康涅狄格科学院学报上发表了奠定化学热力学基础的经典之作《论非均相物体的平衡》的第一部分。1878 年他完成了第二部分。这一长达三百余页的论文被认为是化学史上最重要的论文之一，其中提出了吉布斯自由能、化学势等概念，阐明了化学平衡、相平衡、表面吸附等现象的本质。那个时代的杰出理论家麦克斯韦就在自己的著作中反复引证吉布斯的一篇热力学论文。德国物理化学家威廉·奥斯特瓦尔德认为吉布斯"无论从形式还是内容上，他推动了物理化学整整一百年"。苏联物理学家列夫·达维多维奇·朗道认为吉布斯"对统计力学给出了适用于任何宏观物体的最彻底、最完整的形式"。2005 年 5 月 4 日美国发行"美国科学家"系列纪念邮票，包括吉布斯、冯·诺伊曼、巴巴拉·麦克林托克和理查德·费曼。

虽然吉布斯取得了非常杰出的研究成果，但他始终和妹妹与妹夫住在离耶鲁不远的一间小屋子里，过着平静的生活。吉布斯性格内向，淡泊名利，寡言少语，从不愿宣传自己和自己的工作，导出的定律的含义时常要留给读者自己推敲。后来的科学家常常抱怨，如果当年吉布斯能够多说点，今日热力学也许就不会这么难学了。但也正是这种不求闻达、唯求真理的品格使他成为难以逾越的科学伟人，令后世久久景仰，时时怀想。

1. 吉布斯自由能

吉布斯自由能用符号 G 来表示，并定义为

$$G = H - TS$$

式中：H、T、S 为状态函数，所以吉布斯自由能 G 也是状态函数。

对于等温过程，吉布斯自由能的变化为

$$\Delta G = \Delta H - T\Delta S \tag{2-18}$$

此式称为吉布斯-亥姆霍兹（Gibbs-Helmholtz）方程，是热力学中非常重要而且经常使用的公式。

2. 吉布斯自由能变作为化学反应方向的判据

自发过程都可以对外做非体积功（或有用功）W'。经热力学证明，在等温定压条件下，体系对外所做的最大非体积功等于体系吉布斯自由能的减小，即

$$\Delta G = W'$$

由此推知，ΔG 与化学反应方向的关系（见表 2-3）如下：

$\Delta G < 0$，反应正向自发进行。

$\Delta G > 0$，正向反应不自发，逆向自发。

$\Delta G = 0$，反应达到平衡状态。

表 2-3   自由能变作为化学反应方向的判据

类别	ΔH	ΔS	$\Delta G = \Delta H - T\Delta S$	结论
1	（+）	（−）	（+）	任何温度下反应不能正向自发
2	（−）	（+）	（−）	任何温度下反应均能正向自发
3	（+）	（+）	低温（+） 高温（−）	低温时，反应正向不自发； 高温时，反应正向自发
4	（−）	（−）	低温（−） 高温（+）	低温时，反应正向自发； 高温时，反应正向不自发

表 2-3 中结论表明：对焓变和熵变符号相反的反应（如 1、2 两种情况），反应方向不受温度的影响，而当反应焓变和熵变的符号相同时（如 3、4 两种情况），温度对反应方向起决定性作用。

只要将化学反应的 ΔG 求出来，就能判断反应进行的方向。从吉布斯自由能的定义式 $G = H - TS$ 可以知道，G 的绝对数值不能求出，因此要采取定义标准生成热求解反应热时所采用的方法来解决吉布斯自由能改变量的求法。

化学热力学规定，某温度下由处于标准状态的各种元素的指定单质生成 1 mol 某纯物质的吉布斯自由能改变量，称为这种温度下该物质的标准摩尔生成吉布斯自由能，用符号 ΔG_f^0 表示 kJ/mol。按这种规定，处于标准状态的各种元素的指定单质的标准摩尔生成吉布斯自由能为零。

一些物质 298 K 下的标准摩尔生成吉布斯自由能数值列于表 2-4 中。对某一反应系统，可用类似标准反应热的定义方法，定义标准反应吉布斯自由能 ΔG_r^0 为

$$\Delta G_r^0 = \sum n_i \Delta G_{f,i}^0 - \sum n_j \Delta G_{f,j}^0 \qquad (2-19)$$

式中：ΔG_r^0 为化学反应的标准摩尔吉布斯自由能改变量，它是在标准状态下化学反应进行方向的判据。

表 2-4 　　　　　　　　　　一些物质的标准摩尔生成吉布斯自由能（298K）

物质	$\Delta G_f^0/(kJ/mol)$	物质	$\Delta G_f^0/(kJ/mol)$
$AgNO_3$（s）	−33.4	H_2O（g）	−228.6
B_2O_3（s）	−1194.3	H_2O（l）	−237.6
$BaCO_3$（s）	−1134.3	H_2O_2（l）	−120.4
CO（g）	−137.2	H_2S（g）	−33.4
CO_2（g）	−394.4	KCl（s）	−408.5
$CaCO_3$（s）	−1129.1	$MgCO_3$（s）	−1012.1
CaO（s）	−603.3	NH_3（g）	−16.4
$Ca(OH)_2$（s）	−897.5	NO（g）	87.6
CuO（s）	−129.7	NO_2（g）	51.3
HBr（g）	−53.4	$NaCl$（s）	−384.1
HCl（g）	−95.3	SO_2（g）	−300.1
HI（g）	1.7	ZnO（s）	−320.5
HNO_3（l）	−80.7	CH_4（g）	−50.5

三、反应平衡

1. 实验平衡常数

对于任意可逆反应

$$aA + bB \longleftrightarrow mG + nD$$

在一定温度下达平衡时，体系中各物质的浓度有如下关系：

$$K_c = \frac{c^m(G)c^n(D)}{c^a(A)c^b(B)} \qquad (2-20)$$

式中：K_c 为化学反应的浓度平衡常数，即在一定温度下，可逆反应达到平衡时，生成物的浓度幂的乘积与反应物的浓度幂的乘积之比是一常数 K_c。

对于气相反应，由于温度一定时，气体的分压与浓度成正比，可用平衡时气体的分压来代替气态物质的浓度，这样表示的平衡常数称为压力平衡常数，用符号 K_p 来表示。

任意可逆气体反应

$$aA(g) + bB(g) \longleftrightarrow mG(g) + nD(g)$$

在一定温度达到平衡时

$$K_p = \frac{p^m(\text{G})p^n(\text{D})}{p^a(\text{A})p^b(\text{B})} \qquad (2\text{-}21)$$

浓度平衡常数和压力平衡常数是由实验测定得出的，因此又将它们统称为实验平衡常数或经验平衡常数。实验平衡常数是有量纲的，其单位由平衡常数的表达式来决定。但在使用时，通常只给出数值，不标出单位。

2. 标准平衡常数

根据热力学函数计算得出的平衡常数称为标准平衡常数，又称为热力学平衡常数，用符号 K^0 表示。其表示方式与实验平衡常数相同，只是相关物质的浓度要用相对浓度（c/c^0）、分压要用相对分压（p/p^0）来代替，其中 $c^0 = 1$ mol/L，$p^0 = 100$ kPa。

对于可逆反应

$$a\text{A(aq)} + b\text{B(aq)} \longleftrightarrow m\text{G(aq)} + n\text{D(aq)}$$

$$K^0 = \frac{\left[\dfrac{c(\text{G})}{c^0}\right]^m \left[\dfrac{c(\text{D})}{c^0}\right]^n}{\left[\dfrac{c(\text{A})}{c^0}\right]^a \left[\dfrac{c(\text{B})}{c^0}\right]^b} = \frac{c^m(\text{G})c^n(\text{D})}{c^a(\text{A})c^b(\text{B})}(c^0)^{(a+b)-(m+n)}$$

$$K^0 = K_c(c^0)^{\Sigma\nu_\text{B}} \qquad (2\text{-}22\text{a})$$

因为 $c^0 = 1$ mol/L，所以 K^0 在数值上与 K_c 是相同的。

对于可逆气体反应

$$a\text{A(g)} + b\text{B(g)} \longleftrightarrow m\text{G(g)} + n\text{D(g)}$$

$$K^0 = \frac{\left[\dfrac{p(\text{G})}{p^0}\right]^m \left[\dfrac{p(\text{D})}{p^0}\right]^n}{\left[\dfrac{p(\text{A})}{p^0}\right]^a \left[\dfrac{p(\text{B})}{p^0}\right]^b} = \frac{p^m(\text{G})p^n(\text{D})}{p^a(\text{A})p^b(\text{B})}(p^0)^{(a+b)-(m+n)}$$

$$K^0 = K_p(p^0)^{\Sigma\nu_\text{B}} \qquad (2\text{-}22\text{b})$$

因为 $p^0 = 100$ kPa，所以当 $\Sigma\nu_\text{B} \neq 0$ 时，K^0 与 K_p 数值是不相等的。与经验平衡常数不同的是，标准平衡常数 K^0 是一个无量纲的量。

平衡常数是衡量化学反应进行程度的特征常数。对于同一类型的反应，在温度相同时，平衡常数的数值越大，表示反应进行越完全。在一定的温度下，不同的可逆反应有不同的平衡常数的数值。平衡常数的数值与温度有关，与浓度无关。

书写平衡常数表达式应注意的事项如下。

（1）如果有固态或纯液态物质参与反应，它们的浓度可视作常数，不必写入 K^0 的表达式中，如反应

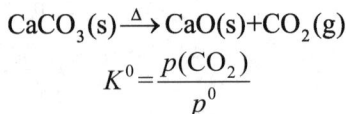

$$\text{CaCO}_3(\text{s}) \xrightarrow{\Delta} \text{CaO(s)} + \text{CO}_2(\text{g})$$

$$K^0 = \frac{p(\text{CO}_2)}{p^0}$$

（2）K^0 的表达式及数值与化学反应方程式的写法有关，如

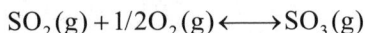

$$\text{SO}_2(\text{g}) + 1/2\text{O}_2(\text{g}) \longleftrightarrow \text{SO}_3(\text{g})$$

$$K^0 = \dfrac{\left[\dfrac{p(SO_3)}{p^0}\right]}{\left[\dfrac{p(SO_2)}{p^0}\right]\left[\dfrac{p(O_2)}{p^0}\right]^{\frac{1}{2}}}$$

$$2SO_2(g) + O_2(g) \leftrightarrow 2SO_3(g)$$

$$K^{0'} = \dfrac{\left[\dfrac{p(SO_3)}{p^0}\right]^2}{\left[\dfrac{p(SO_2)}{p^0}\right]^2\left[\dfrac{p(O_2)}{p^0}\right]} = (K^0)^2$$

（3）若有不同相的物质参与反应，那么气体物质用相对压力代入，溶液中溶质的浓度用相对浓度代入，如

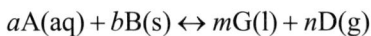

$$aA(aq) + bB(s) \leftrightarrow mG(l) + nD(g)$$

$$K^0 = \dfrac{\left[\dfrac{p(D)}{p^0}\right]^n}{\left[\dfrac{c(A)}{c^0}\right]^a}$$

第三章 燃烧反应动力学

第一节 燃烧化学反应速率

在燃烧化学反应进行过程中，燃料、氧气与燃烧产物的浓度或质量都是不断变化的，反应进行得越快，单位体积、单位时间内燃料与氧气消耗的量越多，产生的燃烧产物也越多，因此，通常采用化学反应速率来描述燃烧化学反应进行的快慢。

一、浓度

化学反应速率的描述首先与参与反应的物质的浓度有关，一般情况下，参加反应的气态物质均采用物质的浓度来表示。物质的浓度是以单位体积内所含的物质的量来确定的，对有质量浓度（kg/m³）、物质的量浓度（mol/m³），不同浓度之间可以进行换算。用质量、物质的量的相对值来表示某物质在混合物中的含量时，则相应的有质量分数（%）、物质的量分数（%）。

1. 质量浓度

质量浓度是单位体积的混合物中某一组分 A 的质量，可以用式（3-1）表示：

$$\rho_A = \frac{m_A}{V} \qquad \text{kg/m}^3 \tag{3-1}$$

式中：m_A 为 A 组分的质量，kg；V 为混合物的体积，m³。

2. 物质的量浓度

物质的量浓度用式（3-2）表示：

$$c_A = \frac{n_A}{V} \qquad \text{mol/m}^3 \tag{3-2}$$

式中：n_A 为某组成气体的物质的量，mol；V 为混合物的体积，m³。

在混合气体中，某组成气体的状态方程式为

$$p_A V = n_A RT \tag{3-3}$$

式中：R 为通用气体常数，$R=8.314$ J/（mol·K）。引入物质的量浓度的定义，可得

$$c_A = \frac{n_A}{V} = \frac{p_A}{RT} \qquad \text{mol/m}^3 \tag{3-4}$$

式（3-4）表明气体的物质的量浓度与其分压力成正比。

3. 物质的量分数

物质的量分数表示一种相对浓度，为某物质的物质的量与同一容积内混合物的物质的量之比值。

$$x_A = \frac{n_A}{n_A + n_B + \cdots} \times 100\% \tag{3-5}$$

式中：n_A、n_B 分别为组分 A、B 的物质的量。

物质的量分数与物质的量浓度之间存在如下关系：

$$x_A = c_A \frac{RT}{p} \tag{3-6}$$

二、化学反应速率

在单相化学反应中，化学反应速率是指单位时间内参与反应的初始反应物或反应产物的浓度变化量，其数学表达式为

$$w = \pm \frac{\Delta c_A}{\Delta \tau} \tag{3-7}$$

式中：w 为化学反应速率；Δc_A 为初始反应物或反应产物的浓度变化量；$\Delta \tau$ 为时间。如果采用初始反应物的浓度变化来计算，由于其浓度随反应进程而不断减少，为了使速率为正值，则在式前加"-"号。

式（3-7）所表示的化学反应速率是化学反应的平均速率，是指在某一时间间隔内反应物浓度的平均变化值，如果时间间隔 $\Delta \tau \to 0$ 而速率趋于极限，则可以得到反应的瞬时速率为

$$w = \pm \lim_{\Delta \tau \to 0} \frac{\Delta c_A}{\Delta \tau} = \pm \frac{dc_A}{d\tau} \tag{3-8}$$

在很多情况下，通常直接采用 $\pm \dfrac{dc_A}{d\tau}$ 的形式表示化学反应速率。

在化学反应中常有几种反应物同时参加反应，且生成一种或几种反应产物，在反应进程中，反应物的消耗与反应产物的生成是按一定的规律对应变化的，因此，化学反应速率可以用任一参与反应的物质浓度变化来表示。

对某一燃烧化学反应，以式（3-9）表示

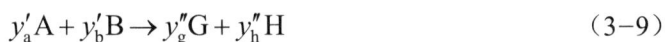

$$y_a' A + y_b' B \to y_g'' G + y_h'' H \tag{3-9}$$

式中：A、B 为参与燃烧反应的物质；G、H 为反应产物；y_a'、y_b'、y_g''、y_h'' 为各物质的化学计量系数。在反应过程中，各物质的浓度变化不同，由式（3-10）表征的各物质的燃烧反应速率各不相等，但它们之间存在如式（3-11）表示的关系。

$$w_A = -\frac{dc_A}{d\tau}, \quad w_B = -\frac{dc_B}{d\tau}$$
$$w_G = \frac{dc_G}{d\tau}, \quad w_H = \frac{dc_H}{d\tau} \tag{3-10}$$

$$-\frac{1}{y_a'}\frac{dc_A}{d\tau} = -\frac{1}{y_b'}\frac{dc_B}{d\tau} = \frac{1}{y_g''}\frac{dc_G}{d\tau} = \frac{1}{y_h''}\frac{dc_H}{d\tau} \tag{3-11}$$

因此，化学反应速率就可以按反应中任一物质的浓度变化来确定，其他可根据上式互相推算。

对于异相反应（即固态与气态同时存在），其反应速率是指在单位时间内、单位表面积上参加反应的物质的量。

在燃烧工程上，燃烧反应速率一般用单位时间、单位体积内烧掉的燃料量或消耗的氧气量来表示。

　　测定某一反应的化学反应速率是分析燃烧过程及设计燃烧设备的重要基础，对任一给定的化学反应，反应速率即为反应物消失的速率或者是产物生成的速率，由于某些反应速率很快（几毫秒）或很慢（数小时），因此，测量并非易事。目前，尚没有可以直接测定其反应速率的简单方法，通常是在反应进程中测定反应物浓度或反应产物的浓度（如图 3-1 所示），得到浓度随时间变化的平滑曲线，c_a 是反应物的初始浓度，c_x 是反应产物在任一时刻的浓度，任一时刻的反应速率可由反应物浓度变化曲线的斜率 $\dfrac{-\mathrm{d}(c_a-c_x)}{\mathrm{d}t}$ 确定。化学反应速率也可由产物浓度变化曲线的斜率确定。特别是在 $\tau=0$ 时的初始斜率，可以得到对应于实验开始时浓度的反应速率。

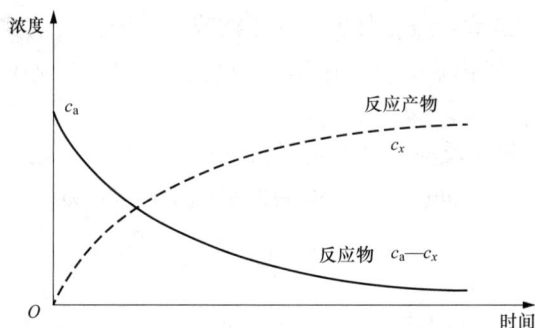

图 3-1　反应物与反应产物的浓度随时间的变化

三、基元反应与总包反应

　　物质的化学变化是物质的一种质的变化，一些物质经化学反应变化成另一些性质迥然不同的物质。绝大多数化学反应为复杂化学反应，所谓的复杂化学反应是指并非一步完成，而需要经过若干相继的中间反应，涉及若干中间产物才能生成最终产物的反应。由反应物分子、原子或原子团直接碰撞而发生的化学反应，称为基元反应，表明了化学反应的实际历程。若某个反应只包含一个基元反应，则该反应可称为简单反应，若包括多个基元反应则可称为总包反应或者复杂反应。总包反应是一系列若干基元反应的物质平衡结果，并不代表实际的反应历程。

　　多数燃烧反应都可以写出其总包化学反应方程式，从整体上表征反应物与反应产物之间的关系，譬如，式（3-12）表示氢气与氧气燃烧的总的化学反应方程式，但这仅仅表明了反应的总体效果，不能反映化学反应的真实过程与机理。

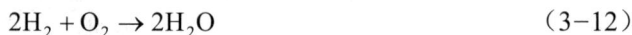

$$2H_2 + O_2 \rightarrow 2H_2O \tag{3-12}$$

　　采用总包反应来表示某一特定过程的化学反应机理是一种"黑箱"方法，虽然可以有效地用于某些燃烧反应的热量平衡与质量平衡计算，但是，并不有助于理解化学反应机理以及进一步解决控制化学反应过程的问题。

四、质量作用定律

　　质量作用定律阐明了反应物浓度对化学反应速率的影响规律。化学反应起因于能发生反应的各组成分子、原子或原子团间的碰撞，反应物的浓度越大，亦即单位体积内的分子数越多，分子碰撞次数越多，反应速率就越快。

在一定温度下，基元反应在任何瞬间的反应速率与该瞬间参与反应的反应物浓度幂的乘积成正比。该规律称为质量作用定律，由挪威科学家古德贝格和瓦格在 1864 年经实验发现并证实。某反应物浓度的幂次在数值上等于化学反应方程式中该反应物的化学计量系数。质量作用定律只能用于基元反应，而不能直接应用于总包反应。

如果式（3-13）所示为一步完成的化学反应，针对该式左侧的反应物

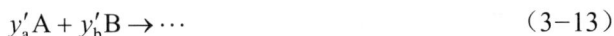

$$y_a'A + y_b'B \rightarrow \cdots \qquad (3-13)$$

相当于

$$\underbrace{A+A+\cdots+A}_{y_a'} + \underbrace{B+B+\cdots+B}_{y_b'} \rightarrow \cdots$$

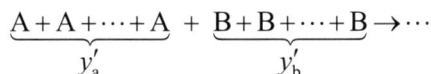

则根据质量作用定律，反应速率与反应物浓度间成如下关系：

$$w = kc_A^{y_a'}c_B^{y_b'} \qquad (3-14)$$

式中：k 为化学反应速率常数。实际上 k 并非常数，有文献称之为速率系数。k 反映了化学反应的难易程度，与反应的种类和温度有关，它也表示各反应物均为单位浓度时的反应速率，因此，反应速率常数也可以表示化学反应速率。式中的浓度指数与所讨论的反应级数有关。

对一个化学反应过程来说，可直接观察到的现象只是系统中化学组分的净变化率。对任意复杂的一步化学反应（整体化学反应或基元反应），均可以由以下一般化学反应方程式表示：

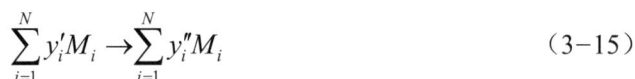

$$\sum_{i=1}^{N} y_i'M_i \rightarrow \sum_{i=1}^{N} y_i''M_i \qquad (3-15)$$

式中：y_i'、y_i'' 分别为反应组分 i 与反应产物的化学计量系数；M_i 为第 i 个化学组分，可出现在方程式一侧，也可以出现在两侧；N 为总的参与反应的组分数目。根据质量作用定律，M_i 的净生成速率为

$$\frac{d[M_i]}{dt} = (y_i'' - y_i')k\prod_{i=1}^{N}[M_i]^{y_i'} \qquad (3-16)$$

如果 M_i 代表的某一组分没有作为反应物在方程左侧出现，则 $y_i' = 0$；如果没有作为反应产物在方程右侧出现，则 $y_i'' = 0$。

质量作用定律表达式的内涵浓度的改变仅由化学反应所引起的，其他可能引起浓度变化的因素还包括系统体积的变化、组分流入或流出系统等情况。

严格地讲，质量作用定律仅适用于气体化学反应（单相反应），且为理想气体，实际中，只要是气相反应，一般均可假设气体为理想气体，因而，可以应用质量作用定律及其推论。

在很多实际燃烧工程中，参与燃烧的反应物是气相与固相共存的两相系统（异相反应），应用最广泛的典型示例是煤粉燃烧设备。异相反应的机理非常复杂，但是，反应速率与参与反应的反应物的浓度乘积成正比的规律还是适用的。

五、反应级数

反应级数定量地表示了反应物浓度变化对化学反应速率的影响程度，反应级数常被用

来进行燃烧过程的化学动力学分析。

对一步完成的简单化学反应与所有的基元反应，反应速率表达式中的反应物浓度指数之和为该反应的反应级数，基元反应的反应级数总为整数。如果化学反应速率与反应物浓度的一次方成正比，该反应就是一级反应；如果化学反应速率与反应物浓度的二次方成正比，或者与两种物质浓度的一次方的乘积成正比，该反应就是二级反应；以此类推。三级反应很少见，在气相反应中，仅有若干与 NO 有关的反应为三级反应。三级以上的反应几乎没有。

以 n 表示化学反应级数，对于一般化学反应方程式（3-15），则反应级数一般表述为

$$n = \sum_{i=1}^{N} y_i' \tag{3-17}$$

譬如，对基元反应：
$$H + H + H \rightarrow H_2 + H$$

两个 H 原子在第三个 H 原子存在的条件下反应生成一个 H_2 分子，第三个 H 原子在碰撞中获得能量。对 H 原子与 H_2 可写出如下反应速率表达式：

$$\frac{dc_H}{d\tau} = (1-3)k_f c_H^3 = -2k_f c_H^3 \tag{3-18}$$

式中：k_f 为正向反应速率常数。

$$\frac{dc_{H_2}}{d\tau} = (1-0)k_f c_H^3 = k_f c_H^3 \tag{3-19}$$

因此，
$$\frac{dc_H}{d\tau} = -2\frac{dc_{H_2}}{dt} = -2k_f c_H^3 \tag{3-20}$$

式（3-20）表明，H 的消耗速率是 H_2 的形成速率的 2 倍。该基元反应的反应级数为

$$n = \sum_{i=1}^{N} y_i' = 3$$。

由化学反应速率表达式（3-14），速率常数的单位为

$$\frac{1}{s}\frac{kmol}{m^3} \cdot \frac{1}{(kmol/m^3)^n} = kmol^{1-n} \cdot m^{3n-3} \cdot s^{-1} \tag{3-21}$$

式中：n 为反应级数。对一级反应，速率常数的单位为 s^{-1}。对二级反应，速率常数的单位为 $kmol^{1-2} \cdot m^{6-3} \cdot s^{-1} = m^3/(kmol \cdot s)$，依次类推，因此，化学反应速率常数的单位与反应级数有关。

总包反应是由一系列简单的基元反应所组成，它的反应级数不能直接按总化学反应方程式所表示的参与反应的分子数目来确定，一般往往低于其参与反应的分子数，可以是整数，也可以是分数，其具体数值需要根据实验测定反应速率与反应物浓度的关系来确定。对某些化学反应，实验得到的反应级数与化学反应方程式的反应物分子数相等的情况仅是巧合。

对于异相反应，譬如煤粉燃烧，其燃烧反应速率与氧气浓度及参与反应的煤粉表面积成正比，可借用质量作用定律近似表示为

$$w = k s_A c_{O_2}^n \tag{3-22}$$

式中：s_A 为单位容积煤粉与空气混合物内的煤粉表面积。反应级数也只能由实验或工程

经验求得。一般燃烧反应的级数见表 3-1。

表 3-1　　　　　　　　　　　　燃 烧 反 应 级 数

燃用燃料	反应级数的大概数值	燃用燃料	反应级数的大概数值
煤气	2	重油	1
轻油	1.5~2	煤粉	~1

六、基元反应的化学反应速率

基元反应发生在分子、原子、离子和自由基水平，并严格符合质量作用定律。每一个基元反应的反应速率均源于各自分子间的碰撞，并不取决于混合物的环境因素。因此，在比较理想化的实验条件下（压力不高，仅存在反应物等）测定的基元反应速率可以直接应用到压力较高且存在其他成分的场合。

基元反应的化学计量系数代表参与反应的组分的物质的量，基元反应分为以下形式。

1. 双分子反应

燃烧中发生的大多数基元反应是双分子反应，即两个分子碰撞发生的化学反应，分子碰撞理论可以比较合理地解释双分子化学反应。譬如，化学反应

$$A + B \rightarrow C + D$$

其反应速率与两个参与反应的组分的浓度成正比，反应速率常数为 k_{bi}，则有

$$\frac{dc_A}{dt} = -k_{bi} c_A c_B \tag{3-23}$$

所有的双分子基元反应均为整体上的二级反应，对每一反应物为一级反应。速率常数是温度的函数，是基于分子碰撞理论得出的，与总包化学反应的速率常数不同。

譬如，对氢气与氧气的燃烧，其总包反应的化学反应方程式为

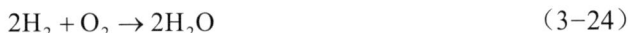

$$2H_2 + O_2 \rightarrow 2H_2O \tag{3-24}$$

但是，为了使 H_2 与 O_2 反应生成水，要发生一系列的基元反应，以下为其中主要的双分子反应式：

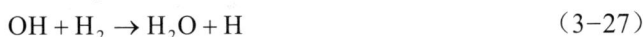

$$H_2 + O_2 \rightarrow HO_2 + H \tag{3-25}$$

$$H + O_2 \rightarrow OH + O \tag{3-26}$$

$$OH + H_2 \rightarrow H_2O + H \tag{3-27}$$

由反应（3-25）可知，当 O_2 与 H_2 分子碰撞时，并没有形成水，而是形成中间产物 HO_2 与氢原子 H，即所谓的自由基，该反应只需要断裂一个化学键、形成一个化学键。产生的 H 原子与 O_2 反应生成另外两个自由基 OH 与 O［反应式（3-26）］，在反应式（3-27）中，OH 自由基与分子 H_2 反应形成水。事实上，描述 H_2 与 O_2 燃烧的完整过程需要考虑 20 多个基元反应。

用于描述一个化学反应过程的全部基元反应构成其反应机理，反应机理可以少则只有几步基元反应，多则数百个基元反应。对某一特定的化学反应，选择最小数目的关键基元反应来合理描述化学反应机理也是一个重要的研究领域。

2. 单分子反应

单一组分发生化学分解，形成 1 个或 2 个产物组分，譬如

$$A \to B$$
$$A \to B + C$$

与燃烧有关的典型的单分子基元反应如

$$O_2 \to O + O$$
$$H_2 \to H + H$$

单分子反应在较高压力下是一级反应：

$$\frac{dc_A}{dt} = -k_{uni} c_A \tag{3-28}$$

在较低压力下，反应速率还取决于任一其他高能分子 M 的浓度，M 分子是任意可与反应组分碰撞的分子，反应速率为

$$\frac{dc_A}{dt} = -k_{uni} c_A c_M \tag{3-29}$$

式中：k_{uni} 为单分子反应速率常数。

3. 三分子反应

$$A + B + M \to C + M$$

例如

$$H + H + M \to H_2 + M \tag{3-30}$$
$$H + OH + M \to H_2O + M \tag{3-31}$$
$$H + O_2 + M \to HO_2 + M \tag{3-32}$$

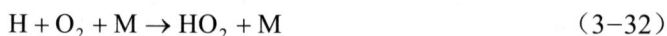

等基元反应均是燃烧中发生的三分子反应的重要例子，三分子反应是三级反应，反应速率常数为 k_{ter}，反应速率表示为

$$\frac{dc_A}{dt} = -k_{ter} c_A c_B c_M \tag{3-33}$$

在自由基之间的基元反应中，两个分子消失而形成组分 C，需要"第三者"参与才能完成该反应过程。在碰撞期间，新生成的分子的热力学能传递给分子 M，并表现为 M 的动能，以带走形成稳定组分的能量，如果没有这一能量传递过程，新形成的分子会分解形成它的组成原子。

实际上，在三分子反应中三个分子相互碰撞的概率很小，因此，化学反应速率极低。在气相反应中，三分子反应很少见，属于这类反应的只有 NO 参加的某些反应。目前还没有发现三分子以上的碰撞反应。

必须经过实验的方法才能确定化学反应的机理，并得到反应途径、中间组分及写出反应过程中的各个基元反应方程式，之后才能应用质量作用定律来正确地表达反应物浓度影响反应速率的幂次。

气相燃烧尤其是详细的基元反应的化学反应动力学的研究，在近 20 年积累了大量的数据，研究文献数以万计，众多气相燃烧过程中发生的基元反应的活化能与前置因子等化学反应动力学参数都已经由科学实验测定，并可由相关文献或数据库检索查询，譬如，在线数据库网站 http://kinetics.nist.gov/kinetics、http://www.me.berkeley.edu/gri_mech/等。已商业化的气相化学动力学模拟计算工具 CHEMKIN（chemical kinetics，美国 Sandia 国家实验室），可

应用于处理与计算燃烧过程中的气相化学反应动力学问题。

七、总包反应的化学反应速率

对总包反应，不能按照其总的反应方程式直接应用质量作用定律来表征反应速率与反应物浓度的关系，写出的反应速率表达式并无重要的意义，质量作用定律只有应用于描述正确反应机理的基元反应方程式时才具有意义。

对最常用的碳氢燃料来说，基元反应十分复杂，目前只有为数不多的燃料燃烧可以写出描述其反应机理的基元反应，譬如 H_2、CO、甲烷、甲醇、乙烯等。因此，在分析实际燃烧系统时，全面考虑所有的化学反应组分及其反应速率通常是不现实的。为了简化起见，基于总包反应的概念，写出碳氢燃料燃烧的总反应方程式，并借用质量作用定律的形式写出其反应速率表达式。在将燃烧反应动力学模型应用于燃烧过程分析时，一般采用一步整体反应方程。

对碳氢燃料，a mol 的燃料与 b mol 的氧气发生燃烧反应，生成 c mol 的 CO_2 与 d mol 的水，一步整体反应方程表达为式（3-34），式中各个系数 a、b、c、d 为化学计量系数。

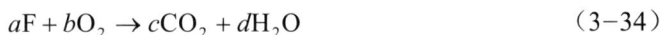

$$aF + bO_2 \rightarrow cCO_2 + dH_2O \tag{3-34}$$

事实上，认为 b 个氧化剂分子瞬时与 a 个燃料分子碰撞而形成 c 与 d 个产物分子是完全不真实的，因为这要求同时断裂若干化学键并马上形成若干新化学键。一步整体反应仅是一种不计所有中间反应及中间产物的简化处理方法。

根据质量作用定律，燃料的消耗速率表示为

$$\frac{dc_F}{dt} = -kc_F^a c_{O_2}^b \tag{3-35}$$

式中：负号"-"代表燃料的浓度在随时间减少。

一步整体反应方法将燃烧产物的反应处理为完全彻底的，而在实际燃烧过程中，CO 的氧化要持续到所有燃料全部氧化之后，因此，在一步整体反应的基础上，也可以采用二步整体反应模型，即

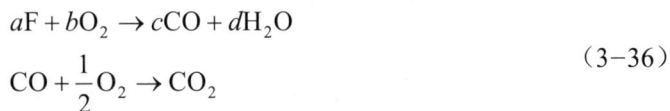

$$aF + bO_2 \rightarrow cCO + dH_2O$$
$$CO + \frac{1}{2}O_2 \rightarrow CO_2 \tag{3-36}$$

此时，燃料的消耗速率仍采用式（3-35）表达。

对总包化学反应，指数 a、b 与反应级数有关，但未必是整数，是由试验曲线拟合而得。一般来说，上述形式的特定整体反应表达式仅在实验限定的温度、压力范围内成立，并还可能取决于测定速率常数的手段，速率常数通常不能应用到实验范围以外。在不同的温度区间，需要采用不同的速率表达式及不同的 a、b 取值。

第二节　影响化学反应速率的因素

不论何种化学反应，其反应速率主要与反应的温度、反应物的性质（活化能）、反应物的浓度及压力等因素有关。

一、温度和活化能对化学反应速率的影响——阿累尼乌斯定律

1. 温度的影响

在影响化学反应速率的诸多因素中，温度对反应速率的影响最为显著。试验表明，大多数化学反应速率随温度升高而急剧加快。根据范特荷夫由试验数据归纳的反应速率与温度的近似关系，在温度升高 10 ℃且其他条件不变的情况下，化学反应速率将增至 2～4 倍；当温度提高 100 ℃，化学反应速率将随之加快 2^{10}～4^{10} 倍，平均为 3^{10} 倍。也就是说，当温度以算术级数升高时，反应速率将做几何级数增加。例如，氢与氧在室温条件下的反应异常缓慢，以至于无法检测到，然而当温度提高到一定数值后（600～700 ℃），反应就成为爆炸反应，瞬间就可完成。

如果在化学反应的反应物浓度相等的条件下考察化学反应速率与温度的关系，则温度对化学反应速率的巨大影响主要体现在反应速率常数 k 上。1889 年瑞典科学家阿累尼乌斯（Arrhenius）由实验总结出一个温度对反应速率影响的经验关联式，后来他又基于理论加以论证，该式被称为阿累尼乌斯定律，表达为

$$k = A\exp(-\frac{E}{RT}) \tag{3-37}$$

式中：k 为化学反应速率常数，其单位与反应级数有关，见式（3-21），也称为比反应速率；A 为频率因子；E 为活化能，单位为 J/mol，E 可由实验测定；T 为热力学温度，K。

式（3-37）又可以称为阿累尼乌斯方程，或速率常数表达式。对式（3-37）两侧取对数，则阿累尼乌斯定律改写为

$$\ln k = \ln A - \frac{E}{RT} \tag{3-38}$$

在 $\ln k$ 对 $1/T$ 的坐标上就得到如图 3-2 所示的直线，即速率常数 k 的对数值与温度 T 的倒数成直线关系，常数决定直线在纵坐标轴上的截距，而其斜率为 $\tan\theta = -\frac{E}{R}$。这一关系正确地反映出反应速率随温度的变化，大量实验结果均符合这一规律。因此，将各个温度下测定的速率常数值取其自然对数后，与温度的倒数绘制出图 3-2，便可求出活化能 E。

图 3-3 所示的实际中测量的化学反应速率与温度的变化关系曲线，在很大的温度范围内均完全符合阿累尼乌斯定律。当温度由低到高逐渐升高时，反应速率常数不断增加，而且增加的速率越来越快，符合按等比数列增加的规律。但是，反应速率的增加速率最终将减慢下来，因此，存在着一个转变点（数学上称为拐点），其对应的反应温度可以采用二次求导的方法求出为 $\frac{E}{2R}$，如图 3-3 所示。通常该点的温度为 2500～25000 K，因此，温度对反应速率的影响在温度 $T < \frac{E}{2R}$ 时比较突出。这一拐点温度在一般燃烧设备上是不可能达到的，因此，通常只关注拐点前的曲线区段。

提高温度对化学反应速率的影响可由下式看出：

$$\frac{\mathrm{d}}{\mathrm{d}T}(\ln k) = \frac{E}{RT^2} \tag{3-39}$$

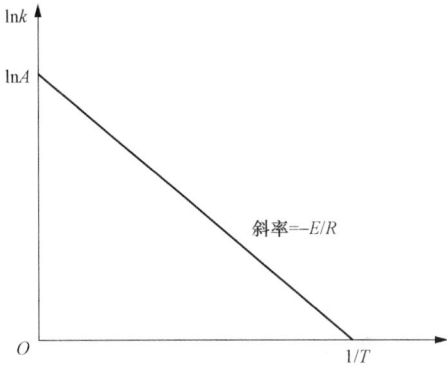

图 3-2　反应速率与温度的关系

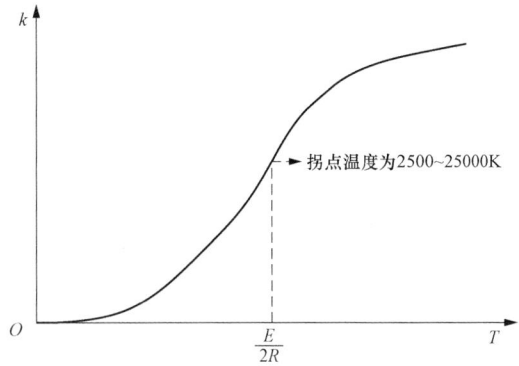

图 3-3　反应速率常数与温度的关系

因此，对于活化能数值较大的化学反应来说，温度对化学反应速率的影响比活化能数值较小的化学反应更为显著。

碳在燃烧过程中会发生碳的氧化反应

$$C + O_2 = CO_2$$

与还原反应

$$C + CO_2 = 2CO$$

还原反应的活化能约比氧化反应大 2.2 倍，因此，只有到温度很高且缺氧时，还原反应才会占优，实践也证明了这一点。

严格意义上，前置因子并非常数，根据分子碰撞理论，它取决于温度的平方根 $\sqrt{T}$。

另一种在实验研究中常采用的阿累尼乌斯定律表达式为三参数函数表达式：

$$k = AT^m \exp(-\frac{E}{RT}) \tag{3-40}$$

式中：A、m 与 E 为三个实验关联参数。

对碳氢燃料与氧气发生燃烧反应式（3-34）与式（3-36），燃料的化学反应速率表示为

$$\frac{dc_F}{dt} = -AT^m \exp(-\frac{E}{RT})c_F^a c_{O_2}^b \tag{3-41}$$

大多数情况下，$m = 0$。

譬如，对甲烷及丙烷燃烧反应，采用一步或两步反应模型的总包反应的动力学常数见表 3-2。

表 3-2　　　　　　　　　甲烷及丙烷燃烧总包反应动力学常数

燃料	A（一步反应）	A（两步反应）	活化能 $E/$（J/mol）	指数 a	指数 b
CH_4	1.3×10^9	2.8×10^9	48.4×4.18	-0.3	1.3
C_3H_8	8.6×10^{11}	1.0×10^{12}	30.0×4.18	0.1	1.65

特别值得注意，速率常数不仅取决于温度，还取决于温度范围，某一特定表达式只适用于一定的温度区间，阿累尼乌斯方程一般不能够描述很大温度范围的燃烧过程，按较低温度范围实验数据拟合的阿累尼乌斯方程则可能完全不适用高温范围的实验数据，如图 3-4 所

示，因此，不能轻易将速率常数外推到实验温度区间以外。

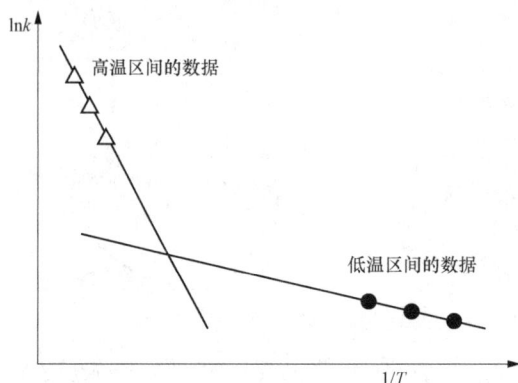

图 3-4   温度区间与速率常数的关系

有两类反应并不遵守阿累尼乌斯定律，一类是活化能很小的基元反应，在这些反应中，温度的影响主要体现在前置因子；另一类是自由基化合反应，当简单自由基化合形成一个产物时需要释放能量，以形成稳定的分子，因此必须要有"第三者"带走这部分能量，这种第三者参与化合反应的速率不符合阿累尼乌斯定律，而与系统压力密切相关。

2. 活化能 E 的影响

化学反应活化能是阿累尼乌斯在解释反应速率常数与温度关系的经验方程式时提出的，为了揭示阿累尼乌斯定律的本质，需要进一步了解化学反应活化能的物理意义。

目前，关于化学反应活化能的解释主要基于两种理论，即活化分子碰撞理论与过渡状态理论。根据气体分子运动学说的理论，分子无时无刻不在做无规则的热运动，分子之间发生化学反应的必要条件是相互接触、碰撞并破坏物质原有的化学键，这样才有可能形成新的化学键，产生新的物质。分子之间的碰撞次数是很大的，例如，一秒钟内，每个分子与其他分子互相碰撞的机会是很多的，可达十几亿次。如果所有的碰撞都能引起化学反应，那么即使在低温下无论什么反应都会在瞬间完成，甚至爆炸。但事实上远非如此，化学反应是以有限的速率进行的，不是所有的分子碰撞都能破坏原有的化学键，并形成新的化学键，只有在所谓的"活化分子"之间的碰撞才会引起反应。在一定温度下，活化分子的能量较其他分子所具有的平均能量大，正是这些超过一定数值的能量才能破坏原有分子内部的化学键，使分子中的原子重新组合排列而形成新的反应产物，如果撞击分子的能量小于这一能量，则其间就不发生反应。分子发生化学反应所必须达到的最低能量，就被称为活化能 E。能量达到或超过 E 的分子，被称为活化分子。不同的反应，活化能是不相同的。

过渡状态理论在解释活化能的物理意义时认为：化学反应之所以发生，是具有足够大能量的反应物分子在有效碰撞（能使反应物分子转变成产物分子的碰撞）后先形成了一种活化配合物，它处于不稳定的、高度活性的过渡状态，然后再最终形成产物。例如，基元反应

$$CO + NO_2 \rightarrow NO + CO_2$$

按照过渡状态理论，该基元反应的历程可说明如下：

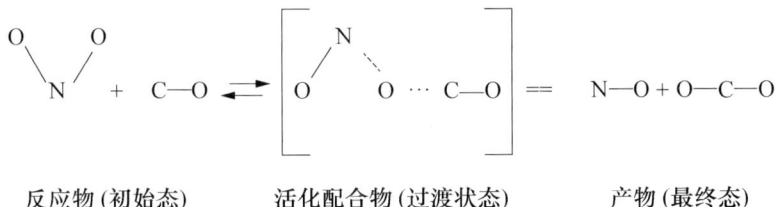

反应物(初始态)　　　活化配合物(过渡状态)　　　产物(最终态)

具有足够高能量的反应物 NO_2 与 CO 分子发生有效碰撞后，首先形成活化配合物 [ONOCO]。在该活化配合物中，原有的靠近 C 原子的 N—O 键被拉长至将断裂而未完全断裂，新的化学键（C—O）将形成而尚未完全形成。在这种不稳定的过渡状态下，既可以生成产物，又有可能转变回原反应物。当活化配合物 ONOCO 中靠近 C 原子的 N—O 键完全断开，新形成的 C—O 键中 C 与 O 间的距离进一步缩短而成键，即有产物 NO 和 CO_2 形成，达到反应的终态。

反应的活化能是衡量反应物反应能力的一个主要参数，活化能较小的化学反应的速率较快。普通化学反应的活化能在 40~400 kJ/mol，活化能小于 40 kJ/mol 时，化学反应速率极快，以至于瞬间可完成。活化能大于 400 kJ/mol 的化学反应速率极慢，可以认为不发生化学反应。

活化分子发生化学反应过程中的能量变化可用图 3-5 表示，反应物 A 与反应产物 C 之间存在一个活化态 B，在化学反应之初，反应物 A 的分子要吸收一定能量，在克服化学反应的能量 E 后，才能达到活化态，E 就是该反应的活化能，随着反应的进行，生成 C，放出大批能量，释放出的能量除抵消活化能以外，多余的能量就是化学反应的反应热 Q，或称为发热量。基于过渡状态理论的化学反应进程中能量变化也可用图 3-5 做出类似的说明。

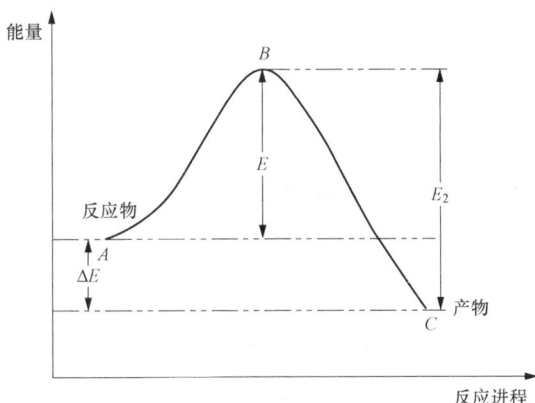

图 3-5　活化能示意

活化能 E 是通过实验测定不同温度下的反应速率常数而得到的。将在实验中测定的某一反应在各个温度下的反应速率常数绘制成 $\ln k - \dfrac{1}{T}$ 线，拟合直线，计算其斜率 $\left(-\dfrac{E}{R}\right)$（见图 3-2），便可由图求出活化能的数值。

某一反应的活化能还可以直接由在两个不同温度下测定的速率常数计算得到，在温度

T_1 时 $\ln k_1 = \ln A - \dfrac{E}{RT_1}$，在温度 T_2 时 $\ln k_2 = \ln A - \dfrac{E}{RT_2}$，二式相减得到

$$\ln \frac{k_1}{k_2} = \frac{E}{R}\left(\frac{1}{T_2} - \frac{1}{T_1}\right)$$

整理得

$$E = \frac{RT_1T_2}{T_1 - T_2}\ln\frac{k_1}{k_2} \tag{3-42}$$

代入两温度值及其对应的速率常数值，即可计算得到活化能。

还可以再由同一组 k、T 及计算得到的 E，计算速率常数表达式中的前置因子 A。

通过实验测量得到的活化能数值显然与实验的温度区间有关，因为速率常数与温度的关系在不同的温度区间是不同的，如图 3-4 所示。因此，不同文献对同一反应过程给出的活化能数值常出入很大，除了实验方法的差异外，温度范围不同也是一个重要原因，在采用时需要考察其实验温度范围。

二、压力对化学反应速率的影响

在很多实际燃烧过程中，考虑压力对化学反应速率的影响是很重要的。

由热力学知，对于理想气体混合物中的每一组分（譬如 A、B）可写出其状态方程式：

$$p_A V = n_A RT$$

$$p_B V = n_B RT$$

式中：p_A、p_B 分别为两组分的分压力；V 为总容积；n_A、n_B 分别为两组分的物质的量。反应物的组分浓度分别为

$$c_A = \frac{n_A}{V}, \quad c_B = \frac{n_B}{V}$$

带入各自的状态方程可知，在等温条件下，气体组分的浓度与气体的分压力成正比。根据质量作用定律，即式（3-14）表达的反应速率与反应物浓度之间的关系，反应速率与反应物分压力之间存在如下的关系：

$$w \propto p_A^{y_a} p_B^{y_b} \tag{3-43}$$

当系统的总压力 p 变化而其中各组分的物质的量的分数保持不变时，分压力也与 p 成比例变化。所以，在等温条件下，系统压力变化对反应速率的影响与其反应级数 n 成指数关系：

$$w \propto p^n \tag{3-44}$$

因此，根据质量作用定律，提高系统压力就能增加气体的浓度，提高反应速率，而且，压力对不同级数的化学反应速率的影响程度是不同的。

如果采用气体的相对浓度随时间的变化率来表示反应速率时，则

$$w = -\frac{\mathrm{d}x_A}{\mathrm{d}\tau} \tag{3-45}$$

将式（3-6）中 $x_A = c_A\dfrac{RT}{p}$ 带入得到

$$w = -\frac{\mathrm{d}c_A}{\mathrm{d}\tau}\frac{RT}{p}$$

式中：$-\dfrac{\mathrm{d}c_A}{\mathrm{d}\tau}$ 为以绝对浓度表示的化学反应速率，由式（3-44）可知，它与压力呈 n 次方关系，因此，以相对浓度表示的化学反应速率与系统压力的关系为

$$w \propto p^{n-1} \tag{3-46}$$

因此，在温度不变的条件下，以相对浓度表示的反应速率与压力的 $n-1$ 次方成比例。

压力对化学反应速率的影响，有时也会用燃尽时间来描述。压力与燃尽时间的关系可作如下分析。

设有某一定量的燃料空气混合物，当压力 p 变化时，其体积就会有如下变化：

$$V \propto p^{-1} \tag{3-47}$$

因此在这一定质量的混合物中，单位时间内烧掉的反应物为

$$wV \propto p^{n-1} \tag{3-48}$$

燃尽时间 τ 应该与 wV 成正比，所以就和 p^{n-1} 成反比

$$\tau \propto p^{-(n-1)} \tag{3-49}$$

三、反应物浓度对化学反应速率的影响

质量作用定律描述了反应物浓度对反应速率的影响。在化学反应系统中，反应物的相对组成也对反应速率具有重要的影响。

譬如，对双分子反应 $A + B \rightarrow C + D$，其反应速率表达式为

$$w = -k_{bi}c_A c_B$$

组分 A、B 的相对浓度分别为 x_A 与 x_B，$x_A + x_B = 1$，且两反应物的相对组成互等，将

$$c_A = \frac{x_A p}{RT} \ 与 \ c_B = \frac{x_B p}{RT}$$

代入反应速率表达式，得到

$$w = -k x_A x_B \left(\frac{p}{RT}\right)^2 \tag{3-50}$$

在一定温度与压力下，式（3-50）中的 $-k\left(\dfrac{p}{RT}\right)^2$ 是一定值，取为 e，并代入 $x_B = 1 - x_A$，得

$$w = e x_A (1 - x_A) \tag{3-51}$$

可见，化学反应速率仅随反应物的相对浓度 x_A 变化而变化。欲使反应速率最大，则令 $\dfrac{\mathrm{d}w}{\mathrm{d}x_A} = 0$，由此可得：$x_A = x_B = 0.5$，即当反应物的相对组成符合化学当量比时，化学反应速率为最大。当 $x_A = 1$ 或 $x_B = 1$ 时反应速率均等于零，如图3-6所示。

大多数工程燃烧装置均采用空气作为氧化剂，因此，空气中的氮气将作为惰性气体混杂在反应混合气中。

以燃料气 A 与空气 B 组成的可燃混合气体为例，分析在反应物中掺有惰性气体的情况下反应物浓度对反应速率的影响。仍采用相对浓度，且 $x_A + x_B = 1$，采用 τ 表示氧气在 B 中所占的份额，β 表示不可燃气体所占份额，则 $\tau + \beta = 1$。仍考查双分子反应，反应速率可以写为

$$w = e\tau x_A(1 - x_A) \qquad (3-52)$$

化学反应速率下降为原来的 $1/\tau$，但化学反应最大速率对应的燃料气 A 与空气 B 混合气体的相对组成关系仍然与纯混合气相同，即 $x_A = x_B = 0.5$。

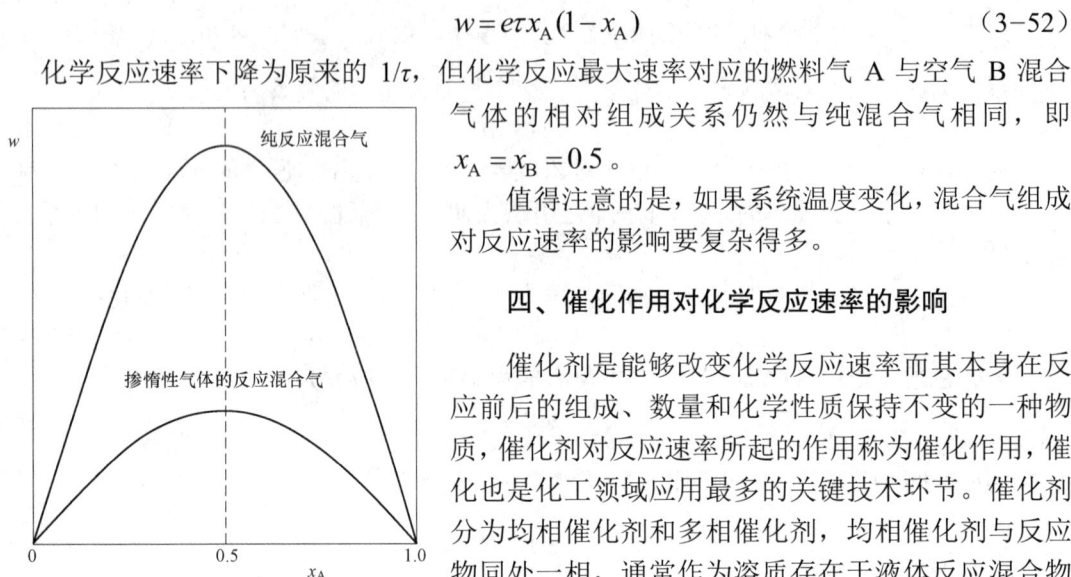

图 3-6　反应速率与混合气组成的关系

值得注意的是，如果系统温度变化，混合气组成对反应速率的影响要复杂得多。

四、催化作用对化学反应速率的影响

催化剂是能够改变化学反应速率而其本身在反应前后的组成、数量和化学性质保持不变的一种物质，催化剂对反应速率所起的作用称为催化作用，催化也是化工领域应用最多的关键技术环节。催化剂分为均相催化剂和多相催化剂，均相催化剂与反应物同处一相，通常作为溶质存在于液体反应混合物中；多相催化剂一般自成一相，通常是用固体物质催化气相或液相中的反应。催化剂之所以能加快反应速率，是因为降低了化学反应的活化能。对均相催化反应，一般认为催化剂加快反应速率的原因是形成了"中间活化配合物"。

有固体物质参与的催化反应，是一种表面与反应气体间的化学反应，属于表面反应的一种。表面反应速率会因为存在很少量具有催化作用的其他物质而显著增大或减小，一般是用吸附作用来说明。表面催化反应的关键是气体分子或原子必须先被表面所吸附，然后才能发生反应，反应产物再从表面解吸。

催化反应的一个例子是氨的燃烧氧化得到 NO。如果氨的燃烧发生在金属铂（Pt）的表面时，会发生反应

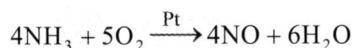

$$4NH_3 + 5O_2 \xrightarrow{Pt} 4NO + 6H_2O$$

几乎所有的氨全部转化为 NO，气体反应能力的增加是由于气体分子被吸附在铂的表面，铂起到催化剂的作用。在不存在催化剂时，几乎得不到 NO，而是 N_2，则反应式为

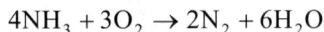

$$4NH_3 + 3O_2 \rightarrow 2N_2 + 6H_2O$$

气体分子被吸附在表面，气体分子与表面分子间发生化学反应以及反应产物从表面解吸过程均为化学动力学过程。因此，吸附反应速率常数 k_{ads} 与解吸反应速率常数 k_{des} 均可写成阿累尼乌斯定律的形式，式（3-53）与式（3-54）中的 A_{ads} 与 A_{des} 仍称为前置因子，E_{ads} 与 E_{des} 分别为吸附与解吸动力学过程的活化能。

$$k_{ads} = A_{ads} \exp(-\frac{E_{ads}}{R\,T}) \qquad (3-53)$$

$$k_{des} = A_{des} \exp(-\frac{E_{des}}{R\,T}) \qquad (3-54)$$

气体分子在表面的吸附率存在一个上限值，不可能超过气相分子与表面的碰撞率。吸附与解吸是同一化学过程的正反应过程与逆反应过程，吸附、解吸与化学反应并存，同时发生。

第三节　链式化学反应

许多气相反应都是在较低的反应温度下发生的，几乎所有的燃烧反应都不是简单地遵守质量作用定律和阿累尼乌斯定律。这些反应的许多特点根本无法用活化分子碰撞理论解释，例如，氢气与空气的混合物在某些温度和压力下会发生爆炸，而在另一些温度与压力下则不发生爆炸；又如，干燥的 CO 与氧气的混合物很难发生反应，但是少量水蒸气介入将会使反应大大加速；再如乙醚蒸气磷等物质在较低温度下就会氧化而产生冷焰，就是其温度尚未达到着火温度却已出现火焰而达到很高的反应速率。这些现象均不能用活化分子碰撞理论进行合理的解释，因此产生了链式反应理论。链式反应理论是化学反应机理的两个基础理论之一。

一、链式反应的特点

链式反应理论认为，很多化学反应不是一步就能完成从反应物向反应产物的转化，而是由于形成极其活跃的组分而引发一系列连续、竞争的中间反应，导致从反应物转化形成产物。中间反应会生成若干不稳定的自由基或自由原子，称为活性中心，这些活性中心以很高的化学反应速率与原始反应物分子进行化学反应，本身消失，同时也会产生新的活化中心，使反应一直进行下去直至结束，生成最终产物，活化中心起到了中间链节的作用，所以被称为链式反应。

链式反应是化学反应中最普通、最复杂的反应形式，其各个中间反应均属于基元反应，各个反应具有各自不同的反应速率常数，是燃烧过程中必然发生的复杂化学反应。虽然链式反应的概念尚难以详细地应用于复杂反应系统的分析，但有助于认识反应机理。

链式反应经历链的激发、传播与终止。链的激发是在外界因素（热力、高能分子碰撞）作用下由稳定的组分产生一个自由基或若干个自由基，在链的传播过程中接着又产生一个或若干个新的自由基，这一过程一直持续到由两个自由基形成一个稳定的组分，直至反应物浓度消耗至尽，或者由于自由基销毁的速度大于其生成的速度，导致链的终止。产生自由基的基元反应为启链反应，而自由基被破坏的基元反应为终链反应。

自由基可以是一个原子或一组原子，是由气体分子的化合键断裂而形成，具有不匹配的电子，带电荷或不带电荷，在化学反应中以一个独立的组分存在，能与其他分子迅速发生反应。最具反应活性的组分通常为原子（如 H、O、N、F 与 Cl），或者是原子团（如 CH_3、OH、CH 与 C_2H_5 等）。

如 H 原子由 H_2 断键分解而得，H 在失去其电子后就成为一个带正电荷的自由基。

又如碳氢燃料 CH_4 分解，CH_4 分子分离出一个 H 原子，则形成两个自由基：

$$CH_4 \rightarrow CH_3 + H$$

又如，CH_4 与 O_2 反应生成两个自由基：

$$CH_4 + O_2 \rightarrow CH_3 + HO_2$$

再如，氮氧化物在高能分子作用下，产生 N 原子与 O 原子两个自由基：

$$NO + M \rightarrow N + O + M$$

在链的传播过程中，如果产物中的自由基的数目与反应物中自由基的数目的比值 $\psi=1$，称为不分支链式反应；如果 $\psi>1$，则称为分支链式反应。分支链式反应具有更高的化学反应速率，即爆炸性。链式反应过程总结为以下步骤：

（1）链激发。

（2）不分支，$\psi = 1$。

（3）分支，$\psi > 1$。

（4）终止，形成稳定的反应产物。

（5）终止，与壁面碰撞消失。

二、不分支链式反应

以氯和氢化合为例，实验研究表明，尽管其总的化学反应方程式可写为下式，但其反应机理并非简单反应，而是复杂的不分支链式反应。

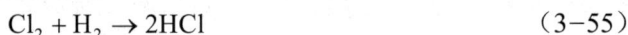

$$Cl_2 + H_2 \rightarrow 2HCl \tag{3-55}$$

在该链式反应中，Cl 原子充当了活性中心的作用，Cl 原子的产生可以源自热力活化或光作用等。譬如，发生反应①，它起到链的激发作用，导致反应开始，对应的速率常数为 k_1：

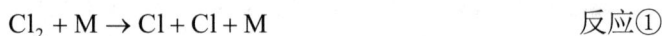

$$Cl_2 + M \rightarrow Cl + Cl + M \qquad \text{反应①}$$

Cl 原子很容易与氢分子发生反应②（活化能很小，25.12kJ/mol），对应的速率常数为 k_2：

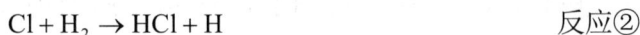

$$Cl + H_2 \rightarrow HCl + H \qquad \text{反应②}$$

反应②所产生的 H 原子很快与氯分子发生化学反应③而产生 Cl 原子，该反应的活化能更小，反应更快，几乎在瞬间完成，对应的速率常数为 k_3：

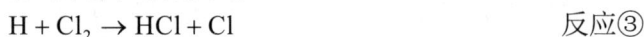

$$H + Cl_2 \rightarrow HCl + Cl \qquad \text{反应③}$$

将反应②与反应③相加，得到

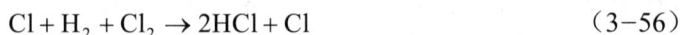

$$Cl + H_2 + Cl_2 \rightarrow 2HCl + Cl \tag{3-56}$$

式（3-56）表明，一个活性中心（Cl 原子）在产物生成过程中仍形成一个活性中心，因此这种反应是不分支链式反应。实际上，基元反应步骤②与③本身即为不分支反应。Cl 原子在不发生链中断的情况下可以继续存在下去，直到系统中反应混合物完全耗尽为止。如果发生了链的中断，则链式反应就会终止。链的激发环节的反应速率是整体反应过程的控制环节。

Cl 原子或 H 原子会与器壁碰撞，或与惰性气体分子碰撞而失去能量，使活性分子销毁，而形成对应的分子，即发生反应④与反应⑤，对应的速率常数分别为 k_4 与 k_5：

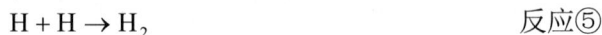

$$Cl + Cl \rightarrow Cl_2 \qquad \text{反应④}$$

$$H + H \rightarrow H_2 \qquad \text{反应⑤}$$

根据上述反应机理，可写出反应产物 HCl 的生成速率

$$\frac{dc_{HCl}}{d\tau} = k_2 c_{Cl} c_{H_2} + k_3 c_H c_{Cl_2} \tag{3-57}$$

由于 Cl 原子和 H 原子的浓度很难测量，所以采用此式计算反应速率是很难的，需要进行合理的简化。

在分析由高反应中间组分（譬如自由基）形成的复杂化学反应系统时，可以采用稳态近似方法进行简化。在这些组分的浓度经过快速初始积累后，其销毁与形成将同样迅速，可以认为销毁速度与形成速度相等。这通常发生在形成中间产物的反应相对缓慢而消耗该中间产物的反应极其迅速的场合，所以，该组分的浓度与其他反应物与反应产物相比很小。

以下采用稳态近似方法估算 Cl 原子和 H 原子的浓度。

由于反应③比反应②的反应速率快得多，反应②消耗一个 Cl 原子后，反应③将很快产生一个 Cl 原子补充上来，因此，可近似认为系统中 Cl 原子的浓度不变，即

$$\frac{\mathrm{d}c_{\mathrm{Cl}}}{\mathrm{d}\tau} = k_3 c_{\mathrm{H}} c_{\mathrm{Cl}_2} - k_2 c_{\mathrm{Cl}} c_{\mathrm{H}_2} = 0 \tag{3-58}$$

由此得到 H 原子的浓度为

$$c_{\mathrm{H}} = \frac{k_2 c_{\mathrm{Cl}} c_{\mathrm{H}_2}}{k_3 c_{\mathrm{Cl}_2}} \tag{3-59}$$

在反应稳定进行（链传递）中，可以近似认为氯分子由于外界因素形成 Cl 原子的速率与 Cl 原子销毁而形成氯分子的速率相等，即

$$k_1 c_{\mathrm{Cl}_2} = k_4 c_{\mathrm{Cl}}^2$$

由此得到 Cl 原子的浓度为

$$c_{\mathrm{Cl}} = \sqrt{\frac{k_1}{k_4} c_{\mathrm{Cl}_2}} \tag{3-60}$$

将 Cl 原子和 H 原子的浓度表达式带入反应产物 HCl 生成速率的表达式（3-58），得到

$$\frac{\mathrm{d}c_{\mathrm{HCl}}}{\mathrm{d}\tau} = k_2 c_{\mathrm{Cl}} c_{\mathrm{H}_2} + k_3 c_{\mathrm{H}} c_{\mathrm{Cl}_2} = 2k_2 \left(\frac{k_1}{k_4}\right)^{\frac{1}{2}} c_{\mathrm{H}_2} c_{\mathrm{Cl}_2}^{\frac{1}{2}} \tag{3-61}$$

对总化学反应方程式（3-55），可写出总包反应的速率表达式为

$$\frac{\mathrm{d}c_{\mathrm{HCl}}}{\mathrm{d}\tau} = k_G c_{\mathrm{Cl}_2}^a c_{\mathrm{H}_2}^b \tag{3-62}$$

比较以上两式可得到氯与氢反应生成 HCl 的总包反应动力学参数：速率常数 k_G、a 与 b 为

$$k_G = 2k_2 \left(\frac{k_1}{k_4}\right)^{\frac{1}{2}}, \quad a = 1/2, \quad b = 1$$

总的反应级数为 $n=1.5$，显然，其值并不等于总包反应中反应物的化学计量系数之和。从上式可知，不分支链式反应速率所遵循的规律类似于阿累尼乌斯律，即反应速率随温度升高按指数规律急剧增大，所不同的是链式反应的活化能较之简单反应更小，反应是否发生或持续进行取决于中间产物的形成与销毁。

这里 k_G 为与温度有关的该链式反应的速率常数，包括了氯分子离解的因素。根据该式计算的 HCl 形成速率值与实际反应速率接近，但远大于直接按总化学反应方程计算的速率值，实际的反应速率会因混合气体中含有杂质和器壁的存在有所降低。

三、分支链式反应

在链式反应过程中，如果一个基元反应中消耗一个自由基的同时生成两个或多个新的自由基，则视为存在分支反应步骤，该总的反应过程即被称为分支链式反应，自由基的浓度会成指数关系累积，迅速形成产物，且具有爆炸效应。此时分支基元反应步骤的反应速率是总体反应的控制环节，而不是链的激发环节的反应速率。分支链式反应是火焰自行传播的动力，是火焰化学动力学机理中的基本内容。譬如，以下三个基元反应均为产物中自由基的数

目大于反应物中自由基的数目的例子。

$$CH_4 + O \rightarrow CH_3 + OH$$
$$H_2 + O_2 \rightarrow OH + O$$
$$O + H_2 \rightarrow OH + H$$

在反应过程中，还存在自由基被破坏而消失的情况，譬如，发生气相反应而形成稳定的正常分子，或与壁面碰撞而消失。如果自由基被销毁的速度大于其生成速度，则发生链终止。以下示例为自由基被销毁的基元反应：

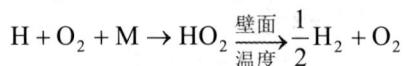

$$H + OH + M \rightarrow H_2O + M$$
$$H + O_2 + M \rightarrow HO_2 \xrightarrow[\text{温度}]{\text{壁面}} \frac{1}{2}H_2 + O_2$$
$$2O + M \rightarrow O_2 + M$$
$$M + 2H \rightarrow H_2 + M$$

其中，M 为高能量的活化分子或其他高能量分子，高能分子的碰撞激发反应，其自身继续存在或销毁。

研究链终止的反应机理对确定可燃混合物的爆炸极限是很重要的。以下分别以氢气、碳氢化合物、一氧化碳与氧气的燃烧过程来比较详细地说明分支链式反应的机理。

1. H_2 与 O_2 燃烧

氢的氧化反应是最典型的、研究最多并理解最深入的分支链式反应。氢燃烧的总的化学反应方程式为

$$2H_2 + O_2 \rightarrow 2H_2O$$

假如该反应的实际进程与反应方程式一致，则应该是三个分子之间的碰撞反应，但三个分子同时碰撞并反应的概率几乎不存在，因此，其反应速率理应很低。但事实上，在某些条件下，氢的氧化反应速率极高，会发生爆炸。目前的研究结果一致认为，其反应过程是按分支链式反应形式进行的，需要 20 余个基元反应描述其反应机理。

（1）活化中心 H 原子产生——链的激发。

$$H_2 + M \rightarrow H + H + M$$

高能量分子 M 与氢气分子碰撞使氢分子断键分解成氢原子，成为最初的活性中心 H。也有观点认为，由于热力活化等作用发生以下反应，同样产生了活性中心 H。H 原子形成了链式反应的起源。

$$H_2 + O_2 \rightarrow HO_2 + H$$

（2）链的传播——链式反应的基本环节。

氢原子与氧分子发生反应①：

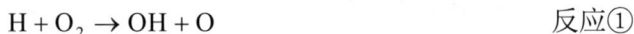

$$H + O_2 \rightarrow OH + O \qquad\qquad 反应①$$

该反应是吸热反应，热效应 Q=71.2 kJ/mol，所需要的活化能为 75.4 kJ/mol，所产生的氧原子与氢分子发生反应②：

$$O + H_2 \rightarrow OH + H \qquad\qquad 反应②$$

该反应是放热反应，热效应 Q=2.1 kJ/mol，所需要的活化能为 25.1 kJ/mol。反应①②所产生的两个 OH 自由基与氢分子发生反应③与④（两个反应式相同），形成最终产物水。

$$OH + H_2 \rightarrow H_2O + H \qquad\qquad 反应③$$

$$OH + H_2 \rightarrow H_2O + H \qquad\qquad 反应④$$

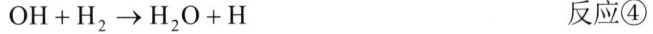

反应③与④均为放热反应，热效应 Q=50.2 kJ/mol，所需要的活化能为 42.0 kJ/mol。

比较各个反应方程式两侧活性中心的数目可以看出，反应①与反应②为分支反应，反应③与反应④为不分支反应。

吸热反应①所需活化能最大，因此反应速率最慢，限制了整体的反应速率，在 H_2 的燃烧中 OH 自由基在链传播进程中起到了突出作用。

将上述 4 个反应综合后得到

$$H + 3H_2 + O_2 \rightarrow 2H_2O + 3H \qquad\qquad （3-63）$$

1 个 H 原子参加反应，在经过一个基本环节链后，形成最终产物 H_2O，并同时产生 3 个 H 原子；这 3 个 H 原子又会重复上述基本环节，产生 9 个 H 原子。随着反应的进行，活化中心 H 原子的数目以指数形式增加，反应不断加速，直至爆炸。这种活性中心不断繁殖的反应就是分支链式反应。反应链的分支示意如图 3-7 所示。

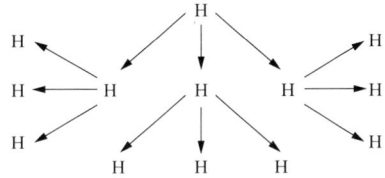

图 3-7　链分支示意

（3）链的终止。在分支链式反应中，因为随着活性中心的浓度不断增加，碰撞的概率也会越来越大，形成稳定分子的机会也越来越大；另外，活性中心也会由于在空中互相碰撞使其能量被夺走，或撞到容器壁面等原因而销毁，使它失去活性而成为正常分子，因此活性中心的数目不会无限制地增加，甚至会出现撞到壁面而被销毁的活性中心数目大于产生的活性中心数目，销毁速度大于繁殖速度，造成链的终止，从而不会发生化学反应。

抑制链式反应的理论基础就是促进链终止，其主要技术措施包括：

1）增加反应容器的表面与容积的比值，以提供更多的表面积（器壁）去充当第三者物体来吸收两活性中心碰撞时所释放的能量。

2）提高反应系统中的气体压力，在较高压力下，两个活性中心与第三者物体碰撞的机会增多，促进链终止。

3）在系统中引入易于和活性中心起作用的抑制剂，也可以促进链终止。

虽然质量作用定律与阿累尼乌斯定律不能直接应用于氢被氧化的总化学反应方程式（3-12），但对于链式反应的每一步基元反应是适用的。

由于化学反应速率取决于反应基本环节中最慢的反应①，所以，以形成水表示的氢燃烧的化学反应速率可以写成为

$$w_m = \frac{dc_{H_2O}}{d\tau} = 2kc_Hc_{O_2} = 2A\exp(-\frac{7.54\times10^4}{RT})c_Hc_{O_2} \qquad\qquad （3-64）$$

可以看出，氢燃烧化学反应速率除了与温度、氧浓度等存在关系外，还与氢原子的浓度成比例。式中的系数 2 是考虑每一环节链产生两个水分子而引入的。

2. 一氧化碳的燃烧

总的化学反应方程式为

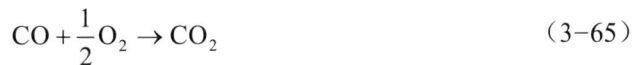

$$CO + \frac{1}{2}O_2 \rightarrow CO_2 \qquad\qquad （3-65）$$

但是，真实的 CO 和 O_2 的氧化反应与 H_2 和 O_2 的氧化反应类似，是由一系列基元反应组成的分支链式反应。CO 和 O_2 混合物发生链式反应的必要条件是其中含有一定数量的 H

原子或水蒸气，即所谓"潮湿"条件。

在"干燥"无水的条件下，其基元反应为

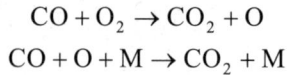

$$CO + O_2 \rightarrow CO_2 + O$$

$$CO + O + M \rightarrow CO_2 + M$$

以及氧气离解形成附加的 O 原子：

$$O_2 + M \rightarrow O + O + M$$

干燥的 CO 和纯氧混合物要在 740℃以上才会发生缓慢的反应。

在"潮湿"条件下，如混合物中存在 H 原子，H 原子与 O 分子发生反应为

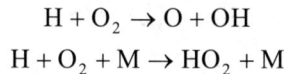

$$H + O_2 \rightarrow O + OH$$

$$H + O_2 + M \rightarrow HO_2 + M$$

O 原子与 OH 自由基分别与 H_2 发生以下两个化学反应：

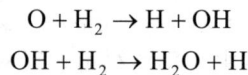

$$O + H_2 \rightarrow H + OH$$

$$OH + H_2 \rightarrow H_2O + H$$

最重要的基元反应是 CO 分别与 OH 自由基及 HO_2 发生的反应：

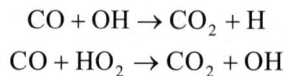

$$CO + OH \rightarrow CO_2 + H$$

$$CO + HO_2 \rightarrow CO_2 + OH$$

如果掺在混合物中的不是 H_2，而是水蒸气，H_2O 将会有一部分转化成 OH 自由基，也会引发上述反应过程。H、O 和 OH 自由基作为活性中心的基元反应大大加速了 CO 的氧化过程，所导致的燃烧速率要快得多。目前，比较详细的机理描述需要 20 余个基元反应，涉及 H、OH、HO_2、H_2O_2、O、H_2O、H_2 与 O_2。

3. 碳氢化合物的燃烧

碳氢化合物的燃烧化学反应比氢及一氧化碳的分支链式反应更为复杂，目前尚无明确一致的动力学机理描述。一般情况下，碳氢化合物的燃烧化学反应大都属于分支链式反应，其反应的特殊性在于新的链式环节要依靠中间反应产物分子的分解才能发生，因此，其化学反应速率不仅比氢燃烧慢，也比一氧化碳燃烧慢。

碳氢化合物的种类繁多，可简化写作 RH，某一个具有足够能量的 O_2 分子使 RH 中的一个 C—H 化学键断开而形成自由基时，氧化反应开始进行，即

$$RH + O_2 \rightarrow R \cdot + HO_2$$

式中：$R \cdot$ 为碳氢自由基（具有自由键，以 · 表示）；HO_2 为过氧化氢自由基。

另一种认为可以激发链式反应的机理为某一高能分子 M 导致一个 C—H 化学键断开而形成两个不同的碳氢自由基 $R' \cdot$ 与 $R'' \cdot$ 的反应，即

$$RH + M \rightarrow R' \cdot + R'' \cdot + M$$

碳氢自由基与氧气分子迅速反应产生过氧化自由基：

$$R \cdot + O_2 \rightarrow RO_2$$

过氧化自由基在高温下发生分解形成醛与 OH 自由基：

$$RO_2 \rightarrow RCHO + OH$$

醛与氧气反应是一个分支反应，自由基的数目增加：

$$RCHO + O_2 \rightarrow RCO + HO_2$$

RCO 热分解导致初始形成 CO：

$$RCO + M \rightarrow R \cdot + CO + M$$

CO 氧化为 CO_2 是碳氢燃料燃烧的最后一步：

$$CO + OH \rightarrow CO_2 + H$$

对某一特定的碳氢化合物，其详细的氧化机理会涉及数百个基元反应，反应途径亦很复杂。

甲烷（CH_4）属于一种最简单的碳氢化合物，甲烷燃烧也是一种分支链式反应。由于天然气的广泛应用，人们对甲烷的氧化反应的研究比较深入。目前的研究表明，甲烷燃烧的化学反应动力学模型包括了 200 余个基元反应，涉及 40 余个中间产物，基本的基元反应机理如下。

链的激发反应为

$$CH_4 + O_2 \rightarrow CH_3 + HO_2$$

在链传播中，发生不分支反应，式中自由基的数目不变，但产生不同的自由基：

$$CH_4 + OH \rightarrow CH_3 + H_2O$$

对 CH_4 的主要碰撞反应来自 OH，生成甲烷自由基 CH_3 和水。

同时也发生分支反应，O 原子销毁，而生成甲烷自由 CH_3 和 OH 自由基

$$CH_4 + O \rightarrow CH_3 + OH$$

CH_3 的氧化主要是与过氧化氢自由基 HO_2 反应：

$$CH_3 + HO_2 \rightarrow CH_3O + OH$$

丙烷（C_3H_8）的燃烧应用也很广泛。丙烷及高级碳氢化合物的动力学机理与甲烷不同，因为形成了比甲烷自由基 CH_3 更易氧化的乙烷自由基 C_2H_5，乙烷自由基迅速分解产生 C_2H_4 与 H 原子，H 原子发生以下分支链式反应：

$$H + O_2 \rightarrow O + HO$$

然后，H、O 与 OH 将加速丙烷及高级碳氢化合物的脱氢反应，导致迅速的链式反应，该反应机理也包括了数百个基元反应。

作为大致的简化，可认为碳氢燃料的基本反应途径为

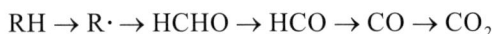

$$RH \rightarrow R \cdot \rightarrow HCHO \rightarrow HCO \rightarrow CO \rightarrow CO_2$$

目前，在工程燃烧分析上，通常根据此反应途径将其处理为若干个总包反应。

对以上所述的各个反应机理的理解在不同的文献中有不尽相同的论述，有待于更先进的实验分析手段、大量实验数据的积累与理论模型的进一步发展。

四、分支链式反应的孕育与爆炸特点

分支链式反应在开始阶段的反应速率很小，当活性中心积累到一定程度后，反应速率才会急剧增大，从反应开始到化学反应速率增大到可以感觉到的程度时的这段时间被称为孕育时间，孕育时间不是反映反应混合气体的物理化学常数，其长短取决于活性中心的浓度、温度、容器形状以及壁面材料等，它的数值不是一个确定值。经过一段孕育时间后，当活化中心浓度迅速增大时，反应速率也猛烈地上升，一直到活化中心的浓度达到最大值，形成所谓分支反应的爆炸现象。在这之后，虽然活性中心仍然非常多，但反应物的浓度都已显著减

少，反应速率过了最大点后还要下降，如图 3-8 所示。

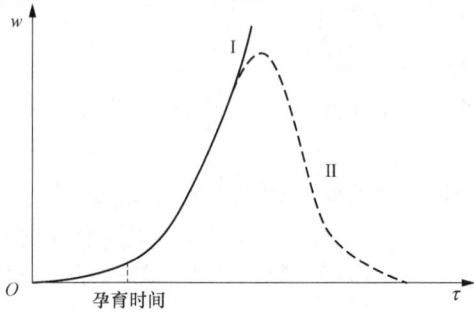

图 3-8　爆炸过程中反应速率的变化

这种分支链式反应的爆炸现象与热爆炸有本质的区别，热爆炸是由于温度的提高而使活化分子增多所致，链式爆炸则是由于活性中间产物迅速繁殖的结果，这种爆炸即使在等温下也会发生。

碳氢化合物与空气的混合物在 100～300 ℃的温度下就会发生链式反应，但由于某种机理仍使活性中心的销毁速度大于繁殖速度，这时的链式反应还不能引起爆炸，这种现象称为冷焰。可燃性液体燃料（燃料油）受热后在表面产生的蒸气与周围空气的混合物与火焰接触，会出现蓝色火焰的闪光，即以上所述的冷焰，与初次出现闪光对应的温度称为闪点。

达到一定条件时，冷焰也会导致爆炸。液体燃料在无压或非密闭容器中加热时，加热温度不得超过其闪点，以免发生爆炸。但在密闭且受压系统中加热时可不受此限制，可以加热到雾化所要求的黏度的对应温度。

在工程燃烧装置中，如果系统的热损失较小，则可将反应视为在绝热条件下进行的。由于系统内不仅存在活性中心的增殖，同时还有热量积累使温度逐渐升高，因此，其孕育时间明显缩短。另外，实际的燃烧装置一般均为稳定燃烧，由于燃料与氧化剂是连续不断送入的，因此，燃烧反应将保持最大的化学反应速率。

目前，链式反应理论尚局限于等温分支链式反应的机理分析，而实际燃烧过程的温度是持续提高的，要比等温分支链式反应复杂得多，在不同温度与压力下的反应机理可能都不同，而且热爆炸与链式爆炸等因素是同时存在且相互促进的。

第四章　燃烧空气动力学特性

第一节　直流射流空气动力学

一、直流射流的基本特点

在燃烧技术中，由燃烧器喷射到炉膛空间的气流可作为自由射流来处理。所谓自由射流是指一股射流从喷口射入一个无限大空间中可自由扩散，与周围静止流体进行紊流混合和传质过程不受固体边界的限制和影响，其结构如图 4-1 所示。

假定气流沿 x 轴的正方向自喷嘴流出，初速度为 v。在射流进入空间后，由于微团的不规则流动，特别是微团的横向脉动速度引起和周围介质的动量交换，并带动周围介质流动，使射流的质量增加、宽度变大，但射流的速度却逐渐衰减，并一直影响到射流的中心轴线上。根据图 4-1 所示的速度分布，可发现自由射流有如下几个主要特征。

射流的横向速度分量 v_y 远远小于轴向速度分量 v_x，可认为射流的速度 v 就等于轴向分速度 v_x。进入无限大空间的自由射流，其压力梯度很小，可认为自由射流内部的压力是不变的，等于周围介质压力。

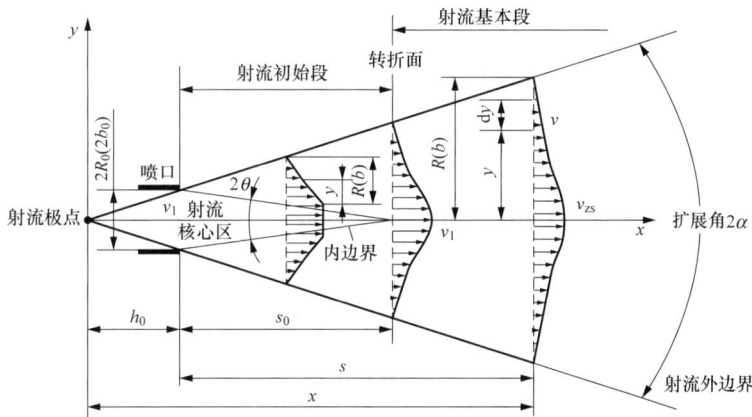

图 4-1　自由射流结构和速度分布示意

（1）射流极点。射流外边界线的汇合点称为射流极点。外边界线的夹角称为射流扩展角，用 2α 表示。射流外边界上的气流速度等于周围介质的速度，对淹没紊流自由射流，外边界上的速度为 0，从射流极点到射流任一截面的轴向距离用 x 表示，从喷口到任一截面的轴向距离用 s 表示。

（2）射流初始段。射流从当量直径为 $2R_0$ 的轴对称喷口（平面喷口为高度 $2b_0$）射出时，出口截面上的初始速度 v_0 的区域逐渐缩小。射流速度等于初始速度 v_0 的区域称为射流核心区，其边界称为射流内边界。只有射流中心线上一点的速度仍保持为 v_0 的射流截面称为转折（断）面。从喷口至转折面的区域就是射流初始段。射流初始段的特点是射流内外边界间的区域就是紊流混合边界层 R。外边界的速度为 0，内边界的速度为射流初始速度 v_0。

（3）射流基本段。转折面以后的射流区域称为射流基本段。射流基本段的特点是射流中心线上的速度 v_z 随射流一路减小，从外边界到射流中心（或轴心）线的区域为射流基本段的紊流混合边界层。射流基本段的速度分布呈单峰形，在外边界和轴心处的速度梯度 $dv/dy=0$。

（4）混合边界层厚度，用 $R(b)$ 表示。

1）对射流基本段，有

$$\tan\alpha = \frac{R(b)}{x} = \frac{R_0(b_0)}{h_0} = a\varphi \quad (4-1)$$

或

$$\left.\begin{array}{l} R(b) = ax\varphi \\ R_0(b_0) = ah_0\varphi \end{array}\right\}$$

式中：a 和 φ 为由实验研究整理的经验系数，见表 4-1。

表 4-1 a 和 φ 的试验结果

喷口形状	喷口形状系数 φ	紊流结构系数 a	射流扩展角 2α
轴对称喷口 $2R_0$（包括圆形及长宽比<3～4 的矩形喷口）	3.4（$R=3.4ax$）	0.066（收缩良好[①]）	≈25°20′
		0.076（普通直喷口[②]）	≈29°
平面喷口 $2b_0$（指长宽比≥5 的矩形喷口）	2.4（$b=2.4ax$）	0.108（收缩良好[①]）	≈29°30′
		0.118（普通直喷口[②]）	≈30°10′

[①] 收缩良好是指喷口处速度分布均匀，即最大速度 v_{max} 与平均速度 v_0 的比为 1。

[②] 普通直喷口是指喷口出口速度分布均匀性差，即最大速度 v_{max} 与平均速度 v_0 的比为 1.25。

苏联学者舒尔金认为，紊流结构系数 a 不仅取决于射流出口的速度分布均匀性，也取决于射流初始湍动度，他和略霍夫斯基用人工方法提高圆形喷口射流的初始湍动度，使紊流结构系数 a 明显增大。如在圆形射流喷口处用圆棍做成扰乱气流的网格，使 a 值达到 0.089，继而在圆管内加装与管轴线成 45° 的导流片，使 a 值提高到了 0.27。

2）射流初始段的射流核心区存在如下几何关系，即

$$\tan\theta = \frac{R_0(b_0)}{s_0}$$

式中：s_0 为转折面至喷口的距离。

射流初始段边界层厚度 R 为

$$R = x\tan\alpha - (x_0 - x)\tan\theta \quad (4-2)$$

式中：x_0 为转折面至极点的距离，$x_0=h_0+s_0$；x 为射流初始段中任一截面至极点的距离。

（5）紊流自由射流的无量纲射程距离为 $\dfrac{ax}{R_0(b_0)}$。从式（4-1）中可得到射流极点到喷口

出口处的无量纲距离为

$$\frac{ah_0}{R_0(b_0)} = \frac{1}{\varphi} = \begin{cases} 0.29(\text{轴对称喷口}) \\ 0.41(\text{平面喷口}) \end{cases}$$

对于圆形喷口射流的无量纲射程 $\quad \dfrac{ax}{R_0} = \dfrac{a(s+h_0)}{R_0} = \dfrac{as}{R_0} + 0.29$

　　　　　　　　　　　　　　　　　　　　　　　　　　　　　　　　　（4-3）

对于平面喷口射流的无量纲射程 $\quad \dfrac{ax}{b_0} = \dfrac{as}{b_0} + 0.41$

二、自由射流的自模化特性

　　自由射流射入周围静止的大空间中，一面与周围介质进行着紊流混合，并把介质卷吸进射流之中，同时，射流的外边界宽度随着离开喷口的轴向距离 x 成正比例增大。射流截面上的速度分布从轴心线 x 向外边界逐渐减小至 0。在很大的雷诺数范围内，自由射流任一截面上的流动参数可以用一个与雷诺数无关的、普遍的无量纲坐标 y/R 来描写，即式（4-4）。紊流自由射流的这个特性称为速度等参数分布的相似性，也就是紊流射流的自模化特性。

　　根据阿勃拉莫维奇的实验研究，各截面上的速度、温度、浓度等参数分布的相似性，用如下半经验公式表示，即

$$\sqrt{\frac{v}{v_z}} = \frac{\Delta T}{\Delta T_z} = \frac{\Delta c}{\Delta c_z} = 1 - \left(\frac{y}{R}\right)^{1.5} \tag{4-4}$$

　　式中：v 为射流任一截面上任一点（其坐标位置为 y，以下同）的速度；v_z 为射流任一截面轴心线上的速度；ΔT 为射流任一截面上任一点的温度 T 与周围介质温度 T_2 之差，即 $\Delta T = T - T_2$；ΔT_z 为射流任一截面轴心线上的温度 T_z 与 T_2 之差，即 $\Delta T_z = T_z - T_2$；Δc 为射流任一截面上任一点浓度 c 与周围介质浓度 c_2 之差，即 $\Delta c = c - c_2$；Δc_z 为射流任一截面轴心线上的浓度 c_z 与 c_2 之差，即 $\Delta c_z = c_z - c_2$；y 为射流截面上任一点的坐标位置，对射流基本段，y 为任一点到轴心线的距离，对射流初始段，y 为任一点到射流核心区内边界的距离；R 为射流截面的尺寸大小，对射流基本段，R 是射流半径，即射流外边界到轴心线的距离，也就是紊流混合边界层厚度，对射流初始段，R 是射流内、外边界的距离，即混合边界层厚度。

　　若把自由射流基本区域中各截面上的轴向速度分布表示在 v/v_z-$y/y_{0.5}$ 的无因次坐标上（这里 v_z 表示该截面上射流在 x 轴线上的速度，$y_{0.5}$ 表示该截面上速度为 $0.5v_z$ 的点与 x 轴之间的距离），则得如图 4-2 所示的速度无因次值分布。

　　由图 4-2 可知，在基本区域中自由射流各截面上的轴向速度分布是相似的，并且可用比较简单而通用的关系式来描述。通常用的有下列几种经验关联式，即

$$\frac{v}{v_z} = \left[1 - \left(\frac{y}{y_{0.5}}\right)^{3/2}\right]^2 \tag{4-5}$$

$$\frac{v}{v_z} = \exp\left[-k\left(\frac{y}{s}\right)^2\right] \tag{4-6}$$

$$\frac{v}{v_z} = 0.5\left(1 + \cos\frac{\pi y}{2s\tan\alpha}\right) \tag{4-7}$$

式中：y 为横截面上任一点到轴线之间的垂直距离；s 为横截面距喷嘴出口的轴向距离；k 为实验常数，其值为 82～96；α 为射流半角。

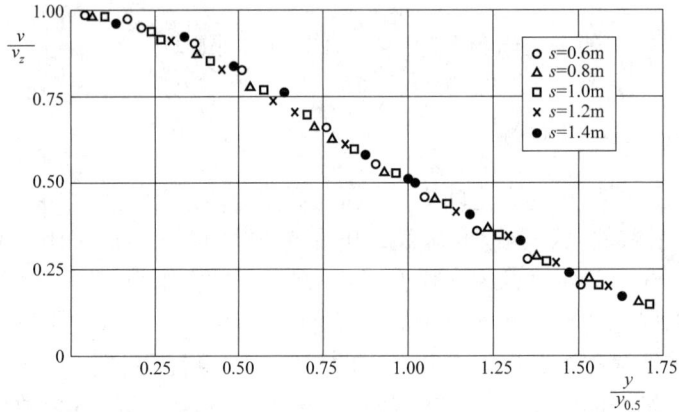

图 4-2　自由射流基本区域中各截面无因次速度分布

三、自由射流轴心线上参数的变化

由实验可知，自由射流中的压力改变是不大的，可认为射流中的压力等于周围空间介质的压力。所以在射流的任何一个截面上，总动量 P 保持不变，其数学表达式为

$$P = \int_0^m v\mathrm{d}q_m = \mathrm{const}(常量) \tag{4-8}$$

式中：v 为射流任一横截面上某点的轴向速度；$\mathrm{d}q_m$ 为单位时间内流过该横截面上某微元横截面的射流质量流量；m 为射流流过该横截面的总质量。

通过对射流控制体列动量方程，亦可推导出射流任意截面与周围介质动量差是一个不变的常数，恒等于出口截面上射流与周围介质之间的动量差。当周围介质速度为零时，即射流任意截面的动量守恒。根据"三传"（传热、传质、传动量）的可比拟性，还可推导出焓差和浓度差的守恒。

自圆形喷嘴喷出的自由射流的横截面也是圆形的，则该横截面上某微元横截面积 $\mathrm{d}A$ 为

$$\mathrm{d}A = 2\pi r\mathrm{d}r \tag{4-9}$$

而流过 $\mathrm{d}A$ 的射流质量流量 $\mathrm{d}q_m$ 为

$$\mathrm{d}q_m = \rho v2\pi r\mathrm{d}r \tag{4-10}$$

圆形喷口出口处的初始动量为

$$P_0 = \pi\rho_0 v_0^2 R_0^2 \tag{4-11}$$

式中：R_0 为喷嘴的半径；v_0 为喷嘴出口处射流的初始速度；设气体为不可压缩流体，即 $\rho = \rho_0 =$ 常数。

将式（4-9）～式（4-11）代入式（4-8）可得

$$2\int_0^R \left(\frac{v}{v_0}\right)^2 \frac{r}{R_0} \frac{\mathrm{d}r}{R_0} = 1 \qquad (4-12)$$

令 $\dfrac{r}{R_0} = \dfrac{r}{R}\dfrac{R}{R_0} = \eta\dfrac{R}{R_0}$，$\dfrac{v}{v_0} = \dfrac{v}{v_z}\dfrac{v_z}{v_0}$，代入式（4-12）可得

$$2\int_0^1 \left(\frac{v}{v_z}\frac{v_z}{v_0}\right)^2 \eta\left(\frac{R}{R_0}\right)^2 \mathrm{d}\eta = 1 \qquad (4-13)$$

式中的 $\dfrac{R}{R_0}$ 和 $\dfrac{v_z}{v_0}$ 只取决于该截面到极点的距离，与该射流截面上的位置无关，故式（4-13）可改写为

$$2\left(\frac{v_z}{v_0}\right)^2 \left(\frac{R}{R_0}\right)^2 \int_0^1 \left(\frac{v}{v_z}\right)^2 \eta\mathrm{d}\eta = 1 \qquad (4-14)$$

由于无因次速度分布是相似的，对于圆形射流来说，$\int_0^1 \left(\dfrac{v}{v_z}\right)^2 \eta\mathrm{d}\eta = 0.0464$，因此最终结果为

$$\frac{R}{R_0} = 3.3\frac{v_0}{v_z} \qquad (4-15)$$

式（4-15）给出了圆形自由射流某一截面上的边界层宽度与该截面轴心线上的中心速度之间的关系。在转折截面上 $v_z = v_0$，故有

$$\left(\frac{R}{R_0}\right)_{\mathrm{tr}} = 3.3 \qquad (4-16)$$

另外，流经任一横截面的气体质量流量为

$$q_m = \int_0^R \rho v \cdot 2\pi r\mathrm{d}r \qquad (4-17)$$

初始流量为 $q_{m0} = \pi R_0^2 \rho u_0$，则由同样的方法可得射流卷吸量为

$$\frac{q_m}{q_{m0}} = 2.13\frac{v_0}{v_z} \qquad (4-18)$$

同样，在转折截面上 $v_z = v_0$，故有

$$\left(\frac{q_m}{q_{m0}}\right) = 2.13 \qquad (4-19)$$

定义某一截面上的质量流量 q_m 和该截面面积 A 之比称为射流在该截面上的面积平均速度 $\bar{v}$，即

$$\bar{v} = \frac{q_m}{\rho A} \qquad (4-20)$$

用相同的方法可得在某一截面上的平均速度和该截面上的最大速度（即射流轴心线上的速度 v_z）之间的关系式为

$$\bar{v} = 0.2 v_z \tag{4-21}$$

以上所列公式说明射流在任一截面上的特性都和该截面的中心速度 v_z 有关。由于射流中心速度 v_z 在基本区域内是沿着 x 轴方向改变，为了计算出射流任一截面的边界层宽度、流量及平均速度，就必须求出中心速度 v_z 与距离 s 的关系。其经验公式为

$$\frac{v_z}{v_0} = \frac{0.96}{\dfrac{ax}{R_0}} = \frac{0.96}{\dfrac{as}{R_0} + 0.29} \tag{4-22}$$

式中：实验常数 a 的取值范围为 $0.07 \sim 0.08$。

最后要指出的是，以上所列各种关系式只适用于圆形射流的基本区域。

讨论：

（1）当 $s=s_0$ 或 $x=x_0$ 时，此时在射流转折面上 $v_z=v_0$，代入式（4-22）可得

$$\frac{ax_0}{R_0} = \frac{as_0}{R_0} + 0.29 = 0.96$$

那么

$$\frac{as_0}{R_0} = 0.96 - 0.29 = 0.67 \tag{4-23}$$

（2）射流核心区的内夹角 2θ。按几何关系和式（4-23）则有

$$\tan\theta = \frac{R_0}{s_0} = \frac{a}{0.67} = 1.49a \tag{4-24}$$

对普通圆形直喷口，从表4-4可知，$a=0.07$，所以，射流核心区内半角 $\theta=6.5°$。

（3）射流轴心线上无量纲剩余温度 $\Delta T_z / \Delta T_0$ 和无量纲剩余浓度 $\Delta c_z / \Delta c_0$ 的变化规律，根据射流焓差及浓度差积分守恒条件及截面速度分布相似性，同样可推导出轴对称射流的无量纲轴心线剩余温度 $\dfrac{\Delta T_z}{\Delta T_0} = \dfrac{T_z - T_\infty}{T_0 - T_\infty}$ 和剩余浓度 $\dfrac{\Delta c_z}{\Delta c_0} = \dfrac{c_z - c_\infty}{c_0 - c_\infty}$ 随无量纲距离 ax/R_0 的变化规律为

$$\frac{\Delta T_z}{\Delta T_0} = \frac{\Delta c_z}{\Delta c_0} = \frac{0.70}{\dfrac{ax}{R_0}} = \frac{0.70}{\dfrac{as}{R_0} + 0.29} \tag{4-25}$$

从式（4-22）和式（4-25）可知，在轴对称射流中，速度、温度和浓度三个无量纲量的变化与距离 x/R_0 成反比。

为助于读者深入思考和研究，现将紊流自由射流的基本特性关系及一部分重要数据汇总在一起，见表4-2。

表 4-2   紊流自由射流的基本特性

物理量	轴对称射流	平面射流
无量纲截面速度分布相似性	$\sqrt{\dfrac{v}{v_z}} = \dfrac{\Delta T}{\Delta T_z} = \dfrac{\Delta c}{\Delta c_z} = 1 - \left[\dfrac{y}{R(b)}\right]^{1.5}$	
射流半扩展角的正切函数值 $\tan\alpha$	$R/x = 3.4a$	$b/x = 2.4a$

续表

物理量	轴对称射流	平面射流
射流核心区半角的正切函数值 $\tan\theta$	$1.49a$	$0.97a$
极点深度 $\dfrac{ah_0}{R_0(b_0)}$	0.29	0.41
无量纲核心区长度 $\dfrac{as_0}{R_0(b_0)}$	0.67	1.032
无量纲轴线线速度 $\dfrac{v_z}{v_0}$	$\dfrac{0.96}{ax/R_0}=\dfrac{0.96}{as/R_0+0.29}$	$\dfrac{1.20}{\sqrt{ax/b_0}}=\dfrac{1.20}{\sqrt{as/b_0+0.41}}$
无量纲轴心线剩余温度和浓度 $\dfrac{\Delta T_{zs}}{\Delta T_1}=\dfrac{\Delta c_z}{\Delta c_0}$	$\dfrac{0.70}{\dfrac{ax}{R_0}}=\dfrac{0.70}{\dfrac{as}{R_0}+0.29}$	$\dfrac{1.032}{\sqrt{\dfrac{ax}{b_0}}}=\dfrac{1.032}{\sqrt{\dfrac{as}{b_0}}+0.41}$
无量纲外边界 $\dfrac{R(b)}{R_0(b_0)}$	$3.3\dfrac{v_0}{v_z}$	$3.46\left(\dfrac{v_0}{v_z}\right)^2$
无量纲截面流量 $\dfrac{q_v}{q_{v0}}$	$2.15\dfrac{v_0}{v_z}=2.22\dfrac{ax}{R_0}$	$1.42\dfrac{v_0}{v_z}=1.18\sqrt{\dfrac{ax}{b_0}}$
面积平均速度 $\bar{v}$	$0.2\,v_z$	$0.41\,v_z$
质量平均速度 $\bar{v}_m$	$0.48\,v_z$	$0.70\,v_z$
紊流结构系数 a	$0.07\sim0.08$	$0.1081\sim0.118$

四、影响自由射流热质交换的因素

1. 出口紊流度

从燃烧器喷出的射流都是紊流射流。由于燃烧器的设计和加工各不相同，因而射流喷出时具有不同的起始紊流度，将导致射流喷出后扩散和衰减规律有较大的差异。图 4-3 所示为不同初始紊流度的等温射流和不等温射流的相对动压头沿射流轴线的变化规律。图中 $\rho_z v_z^2$ 为不同距离处射流轴心的动压头，$\rho_0 v_0^2$ 为射流出口的动压头。曲线 3 为根据式（4-22）计算所得的射流衰减规律；曲线 1 是在喷嘴前装了细的网格，使其喷出的紊流度降低至如图 4-3 中右上方所示的 1.8% 时射流的衰减规律；曲线 2 所示的射流由普通管道喷出，其喷出时横截面速度场服从管道紊流流动的 1/7 次方分布规律，相应的紊流度为 3.05%；曲线 4 为收缩喷嘴喷出的射流，其紊流度为 2.8%；曲线 5 为在喷嘴喷出前装置了紊流强化器的射流，喷出的起始紊流度达 4.8%；曲线 6、7 是不等温射流，曲线 6 为 1200 K 高温射流喷入空间介质，两者的相对密度为 3.6；曲线 7 为 4000 K 的高温射流喷入空间介质，两者的相对密度高达 14。由于高温射流具有较大的温度梯度和速度梯度，因而气流的紊流脉动水平将明显提高，亦即有较高的紊流度。

从图 4-3 的试验曲线可以明显发现，随着喷出射流的起始紊流度的增大，紊流射流的初始段缩短，射流卷吸量增大，轴心速度的衰减变快，亦即射流实验常数 a 相应增大。目前

的试验尚不足以得出实验常数 a 和起始紊流度的直接关系，在工程计算中可根据喷嘴的情况估计其紊流度。对起始紊流度较高的燃烧器喷嘴，应选取较高的 a 值。通常工程粗糙管道内喷出的射流，其起始紊流度可达 7%～10%。

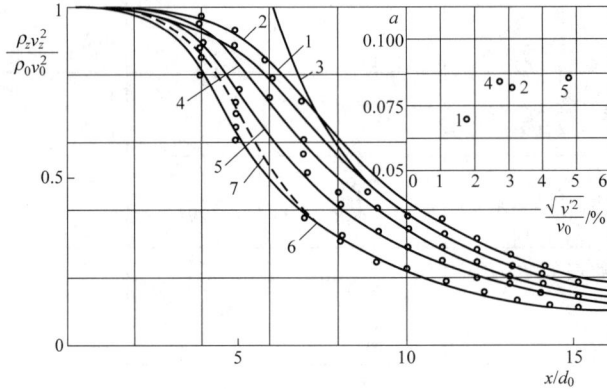

图 4-3　不同初始紊流度对动压头的衰减规律

2. 出口速度场

在射流理论中，为了研究方便，往往假定射流以恒等不变的直角方波形速度分布喷出，如图 4-4（a）所示，因而推导出一系列的近似计算公式。但实际的直流燃烧器喷嘴所喷出射流的出口速度场往往不是方波形的，最常见的是如图 4-4（b）所示的 1/7 次方速度分布，即

$$\frac{v_0}{v_{0z}} = \left(1 - \frac{r}{R_0}\right)^{1/7} \tag{4-26}$$

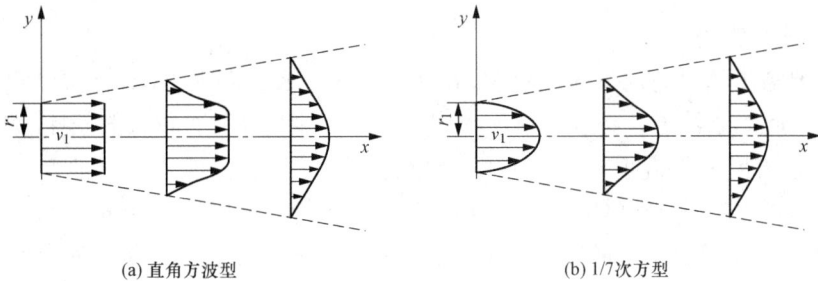

(a) 直角方波型　　　　　　　　　　　　　(b) 1/7次方型

图 4-4　喷嘴出口速度场

比较这两种不同的出口速度场对自由射流的影响，发现在射流初始段两者有显著差别。在图 4-5 中，右边（a）是以方波喷出的射流离喷嘴不同距离处的横截面上轴向速度分布的试验曲线，左边（b）则是以 1/7 次方速度分布喷出时的情况。从图中可以清楚地发现，以 1/7 次方速度分布喷出的射流比方波射流要衰减得快，初始段长度也较小，即射流实验常数 a 值较大。因此，研究燃烧射流时，应密切注意射流喷出时速度分布的影响。

3. 射流温度

在燃烧技术中，经常会碰到射流的温度和周围介质温度不同的情况，这种自由射流称为不等温自由射流。根据动量差和焓差守恒条件及气体状态方程等，可推导出如下公式：

$$\frac{ax}{R_0} = \frac{0.96}{v_z/v_0}\sqrt{\frac{1+0.535(\theta_T-1)v_z/v_0}{\theta_T}} \tag{4-27}$$

式中：θ_T 表示射流初始温度 T_0 与周围介质温度 T_∞ 的比值。

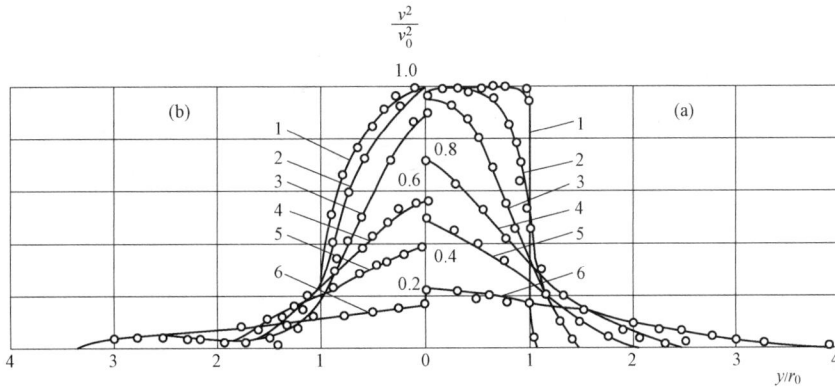

图 4-5　出口速度场对自由射流速度分布及衰减的影响

按式（4-27）作曲线如图 4-6 所示：

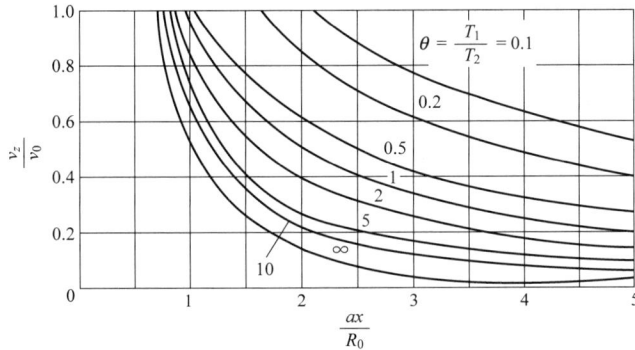

图 4-6　沿炽热射流轴心线无量纲速度的变化

从图 4-6 中可以看出，射流出口的无量纲温度 $\theta_T = \dfrac{T_0}{T_\infty}$ 越大，即主射流温度 T_0 越高，则速度沿射流轴心线下降得越快，射流初始段越短。这说明炽热射流射入冷空间，其速度衰减越快，射程越短。

炽热射流轴心线上无量纲剩余温度 $\Delta T_z/\Delta T_0$ 和无量纲剩余浓度 $\Delta c_z/\Delta c_0$ 的变化为

$$\left.\begin{array}{l}\dfrac{ax}{R_0} = \dfrac{0.70}{\Delta T_z/\Delta T_0}\sqrt{\dfrac{1+0.735(\theta-1)\Delta T_z/\Delta T_0}{\theta_T}} \\[4mm] \dfrac{ax}{R_0} = \dfrac{0.70}{\Delta c_z/\Delta c_0}\sqrt{\dfrac{1+0.735(\theta-1)\Delta c_z/\Delta c_0}{\theta_T}}\end{array}\right\} \tag{4-28}$$

按式（4-28）作曲线如图 4-7 所示。

从图 4-7 中可知，提高主射流的无量纲初始温度 θ_T（即增大 T_0），则沿轴心线上无量纲剩余温度和剩余浓度衰减加快，无量纲温度和浓度保持定值的核心区缩短，这说明射流与周围介质的质、热交换加快。

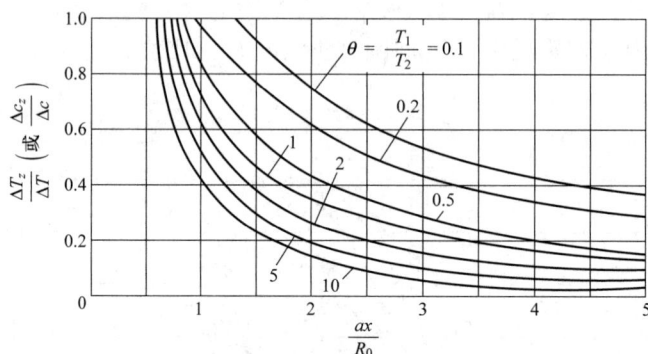

图 4-7　沿炽热射流轴心线无量纲剩余温度及剩余浓度的变化

4. 射流本身因燃烧而不断升温

前面讨论的不等温情况，是指射流在喷口初始温度 T_0 与不变的外界温度 T_∞ 之间，由于 $\theta = T_0/T_\infty \neq 1$ 的情况下的混合与传质过程。在气体燃烧器中，往往是燃料空气混合物离开喷口后一路加热并着火燃烧，同时放出大量热量，此时就应该考虑射流本身因燃烧而引起温度的升高对混合和传质的影响。如图 4-8 所示，射流喷口 0—0 截面的当量半径为 R_0，其他热力及流动参数分别为密度 ρ、温度 T_0、压力 p_0 和出口流速 v_0，并已知 1—1 截面的流体温度为 T_1（即燃料气流的着火温度）。射流从 0—0 截面喷出，被加热并燃烧的过程是在很短的距离 Δl 内完成的，可近似认为在 0—1 区段内流体内压力和流体质量流量不变，即 $p_1 = p_0$。

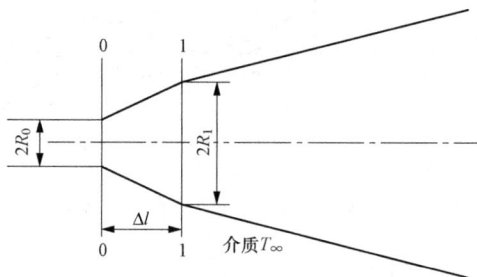

图 4-8　射流本身因燃烧升温示意

若射流初始温度 T_0 等于周围介质温度 T_∞，着火燃烧温度为 T_1，可推导如下关系式：

$$\frac{ax}{R_0} = \frac{0.96 v_0}{v_z} \sqrt{1 + 0.535 \left(\frac{T_1}{T_0} - 1 \right) \left(\frac{v_z}{v_0} \right)} \tag{4-29}$$

按式（4-29）作曲线，如图 4-9 所示，可得出如下结论：由于主射流离开喷口 R_0 后，不断加热燃烧，温度从 T_0 升高到 1—1 截面上的 T_1，从图 4-9 可看出，当 T_0 一定时，T_1/T_0 越高，则射流沿轴心线上的速度衰减越缓慢（即在相同的无量纲距离 ax/R_0 下，v_z/v_0 越大），与周围介质间的素流混合减弱。相反，如果提高射流出口初始温度 T_0，对某一特定的燃料，其着火燃烧温度 T_1 一定，这样 T_1/T_0 随 T_0 的增加而减小，射流的衰减加快，与周围介质间的紊流混合加强。显然，从着火燃烧的角度来看，提高射流初始温度 T_0 对改善着火燃烧条件是十分有利的。

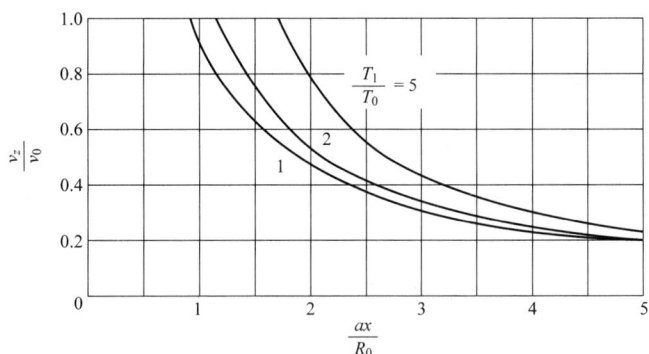

图 4-9　射流本身有燃烧时沿轴心线上无量纲速度的变化

如果把截面 1—1 上的参数代入式（4-29），可得到射流因本身燃烧而不断加热升温条件下，炽热射流轴心线上无量纲剩余温度 $\Delta T_z / \Delta T_1$ 和无量纲剩余浓度 $\Delta c_z / \Delta c_1$ 的变化规律，可推导出如下关系式：

$$\left.\begin{array}{l} \dfrac{ax}{R_0} = 0.70 \dfrac{\Delta T_1}{\Delta T_z} \sqrt{1 + 0.735 \times \left(\dfrac{T_1}{T_0} - 1\right)\dfrac{\Delta T_z}{\Delta T_1}} \\[4mm] \dfrac{ax}{R_0} = 0.70 \dfrac{\Delta c_1}{\Delta c_z} \sqrt{1 + 0.735 \times \left(\dfrac{T_1}{T_0} - 1\right)\dfrac{\Delta c_z}{\Delta c_1}} \end{array}\right\} \qquad (4-30)$$

按式（4-30）作曲线，如图 4-10 所示，由此可得出与图 4-9 相似的结论，即 T_1 增大（一般对于难着火燃烧的燃料），当射流初始温度 T_0 一定时，T_1/T_0 增大，则本身有燃烧的射流与周围介质的热、质交换减弱。对某一特定的燃料，如果提高射流初始温度 T_0，T_1/T_0 减小，则主射流与周围介质的热、质交换增强。显然，提高主射流初始温度 T_0 对改善着火燃烧是十分有利的。比较图 4-9 和图 4-10，也证实了在动量、热量、质量交换的"三传"过程中，热、质传递的强度高于动量的传递。

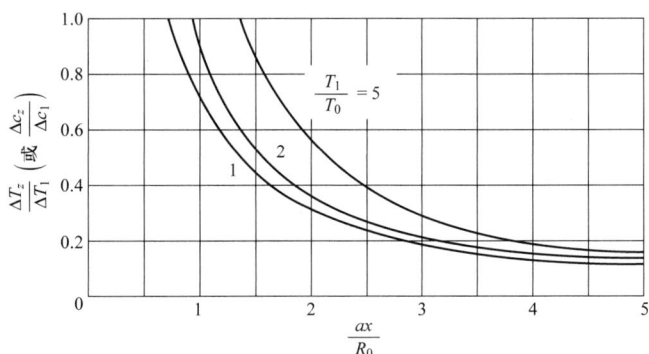

图 4-10　射流本身有燃烧时沿轴心线上无量纲剩余温度和剩余浓度的变化

第二节　气固多相射流的流动特性

一、气固两相流的特性

在多相流技术实践中，经常碰到的大量气固两相流动问题，例如煤粉在制粉管道中的流动、煤粉和二次风的混合燃烧及各种除尘设备内粉尘的分离过程，都是在一定的颗粒浓度情况下进行运动的，其典型特性见表4-3。

表 4-3　　　　　　　　　　　多相燃烧工程中的颗粒浓度特性

名称	单位	煤粉管道中煤粉	水煤浆管道中煤粉	煤粉炉飞灰	锅炉除尘器后粉尘	燃油炉炭黑	流化床
浓度范围	g/m³	500 ~ 1000	（1000 ~ 1400）×10³	3 ~ 15	0.1 ~ 1.0	0.001 ~ 0.01	（200 ~ 1000）×10³
流速范围	m/s	12 ~ 25	0.5 ~ 2.0	3 ~ 15	3 ~ 15	3 ~ 15	1.5 ~ 4.0
颗粒平均直径	μm	40 ~ 100	40 ~ 80	15 ~ 50	5 ~ 20	0.1 ~ 1.0	800 ~ 2500

由表4-3可见，颗粒浓度范围从高浓度到低浓度变化很大。因此，和单相流动相比较，在研究两相流动时还要考虑如下问题：

（1）颗粒是分散相，有大有小，其运动规律各异。

（2）由于颗粒的浓度不同，颗粒之间及颗粒与管壁之间相互碰撞对运动带来了较大的影响。

（3）在紊流工况下，气流脉动对颗粒运动规律的影响及颗粒的存在对气流脉动速度的影响均需深入研究。

（4）由于气流和颗粒惯性不同，气流与颗粒之间存在着相对速度，因而存在着各自运动规律的相互影响。

（5）颗粒之间、颗粒与管壁之间的相互碰撞和摩擦所产生的静电效应。

（6）在不等温流动过程中会产生热泳现象。

（7）由于流场中压力梯度和速度梯度的存在，颗粒形状不对称，颗粒之间及与管壁相互碰撞等原因都会引起颗粒高速旋转，从而产生升力效应。

（8）燃烧技术中还会遇到变质量运动问题，如煤粉输送过程中粉粒的碰碎、着火、燃烧过程中燃烧的失重等。

由此可见，无论是管内两相运动还是炉内两相射流，其运动规律都十分复杂，很多问题还未研究清楚。因此，这里只能对某些简化了的流动问题进行近似讨论。

二、颗粒在气流中的受力分析

1. 阻力 F_R

如果燃料颗粒的速度 v_g 和气流的速度 v_p 不同，则颗粒将受到阻力作用。牛顿对在黏性流体中做定常运动的圆球所受阻力进行实验时发现，圆球所受的阻力与相对速度（$v_g - v_p$）的平方成正比。斯托克斯在低雷诺数下通过解析法求解纳维–斯托克斯方程，得出气流绕过半径为r_p的颗粒时的速度分布、压力分布和切应力分布分别为

径向速度

$$u = u_\infty \cos\theta \left(1 - \frac{3}{2}\frac{r_p}{r} + \frac{1}{2}\frac{r_p^3}{r^3} \right) \tag{4-31}$$

切向速度

$$v = -u_\infty \sin\theta \left(1 - \frac{3}{4}\frac{r_p}{r} - \frac{1}{4}\frac{r_p^3}{r^3} \right) \tag{4-32}$$

压力

$$p = -p_\infty + \frac{3}{2}\frac{\mu u}{r_p} + \cos\theta \tag{4-33}$$

切应力

$$\tau_{r-r_p} = -\frac{3}{2}\frac{\mu u_\infty}{r_p}\sin\theta \tag{4-34}$$

沿颗粒表面对压力分布和应力分布进行积分，则可得出颗粒所受的压差力和摩擦力，即

$$F_p = \int_0^{2\pi}\int_0^{\pi} p_{r-r_p}\cos\theta r_p^2 \sin\theta \mathrm{d}\theta \mathrm{d}\varphi = 2\pi\mu u_\infty r_p \tag{4-35}$$

$$F_t = \int_0^{2\pi}\int_0^{\pi} -\tau_{r-r_p}\sin\theta r_p^2 \sin\theta \mathrm{d}\theta \mathrm{d}\varphi = 4\pi\mu u_\infty r_p \tag{4-36}$$

而作用于颗粒的总阻力为

$$F_R = F_p + F_t = 6\pi\mu u_\infty r_p \tag{4-37}$$

在实际的多相流动中，颗粒的阻力大小受到许多因素的影响，它不但和颗粒的雷诺数Re_p有关，而且还和流体的紊流运动、流体的可压缩性、流体的温度、颗粒的温度、颗粒的形状、颗粒的燃烧、壁面的存在和颗粒群的浓度等因素有关。因此，颗粒的阻力很难用统一的形式表示。为了研究的方便，常引入阻力系数的概念，它的定义式为

$$C_D = \frac{F_R}{\frac{1}{2}\rho_g A_p \left| v_g - v_p \right| (v_g - v_p)} \tag{4-38}$$

式中：v_g、v_p分别为气体和颗粒的速度；F_R为颗粒的阻力。

根据式（4-38），颗粒运动时所受的阻力可表示为

$$F_R = \frac{1}{2}\rho_g A_p C_D \left| v_g - v_p \right| (v_g - v_p) \tag{4-39}$$

式中：A_p为颗粒的受风面积，对球形颗粒来说$A_p = \pi r_p^2$。

根据阻力系数的定义，低雷诺数下的阻力系数为

$$C_D = \frac{6\pi\mu u_\infty r_p}{\frac{1}{2}\rho_g u_\infty^2 \pi r_p^2} = \frac{12\mu}{\rho_g u_\infty r_p} = \frac{24}{Re_p} \tag{4-40}$$

式（4-40）就是著名的斯托克斯阻力公式。

2. 重力F_g和浮力F_o

设一球形颗粒在静止的流体中自由下落，求所受到的力有重力、浮力和阻力。

颗粒受到的重力F_g为

$$F_g = m_p g = \frac{1}{6}\pi d_p^3 \rho_p g \qquad (4\text{-}41)$$

式中：m_p 为颗粒的质量；d_p 为颗粒的直径；g 为重力加速度。

流体施加在颗粒上的浮力为

$$F_o = m_g g = \frac{1}{6}\pi d_p^3 \rho_g g \qquad (4\text{-}42)$$

3. 压力梯度 F_p

颗粒在有压力梯度的流场中运动时，除受黏性阻力外，还受到由压力梯度引起的作用力，其计算公式为

$$F_p = -V \mathrm{grad} p \qquad (4\text{-}43)$$

式中：V 为颗粒的体积；负号为压力梯度的方向和流场中的压力梯度的方向相反，压力梯度一般很小，通常可忽略不计。

4. 颗粒旋转时的马格纽斯升力 F_1

无论在管道内或炉膛内，燃料颗粒都会边运动边高速旋转。产生燃料颗粒高速旋转的原因可能有下列几方面：

（1）流场中有速度梯度存在，使冲刷颗粒的力量不均匀。

（2）煤粉形状不规则，使各点所受摩擦阻力不同，从而产生旋转力矩。

（3）煤粒之间相互碰撞和摩擦，或煤粒与管壁、炉壁碰撞和摩擦而产生旋转。

（4）由于不均匀蒸发、挥发分释出及燃烧等热量交换、质量交换过程而产生的旋转效应。

颗粒的旋转速度数量级约为 $10^3\,\mathrm{r/s}$。设燃料颗粒的旋转速度为 n（r/s），半径为 r_p，则颗粒因旋转而产生的总摩擦力矩为

$$M = -8\pi\mu\omega r_p^3 \qquad (4\text{-}44)$$

式中：ω 为旋转角速度，$\omega = 2\pi n$。

根据升力定理可知，由于颗粒的旋转将产生升力，这种升力常称为马格纽斯（Magnus）升力。设颗粒在静止流体中旋转，引起颗粒表面附近的流体也跟着产生旋转，此时，颗粒周围的速度分布 $u_g = r\omega$，球形颗粒表面微元面积为 $\mathrm{d}A = r\mathrm{d}\varphi\mathrm{d}z$，而 $r^2 = r_p^2 - z^2$，则沿球形颗粒表面的速度环量为

$$\Gamma = \iint_A \varphi r \cdot r\mathrm{d}\varphi\mathrm{d}z = 2\int_0^{2\pi}\mathrm{d}\varphi\int_0^z \omega\left(r_p^2 - z^2\right)\mathrm{d}z = \frac{1}{3}\pi\omega d_p^2 \qquad (4\text{-}45)$$

根据升力计算公式可得旋转升力为

$$F_1 = \rho_g u_g \Gamma = \frac{1}{3}\pi d_p^2 \rho_g u_g \qquad (4\text{-}46)$$

式（4-46）是在静止流体中颗粒由于自身旋转而形成的升力。若燃料颗粒在流体中边运动边旋转，则升力可由下式计算：

$$F_1 = \frac{1}{8}\pi d_p^2 \rho_g \omega(u_g - u_p) \qquad (4\text{-}47)$$

式（4-47）只适用于颗粒相对雷诺数较小的情况。

5. 萨夫曼升力 F_s

颗粒在有速度梯度的流场中运动时，由于颗粒上下两处的速度不同，即使颗粒不旋转，

颗粒也将受到一个升力作用，这种升力称为萨夫曼（Saffman）升力。特别应注意的是，萨夫曼升力与马格纽斯升力是两种概念完全不同的力。

萨夫曼升力的表达式为

$$F_s = 1.61(\mu\rho_g)^{1/2} d_p^2 (u_g - u_p) \left| \frac{du_g}{dy} \right|^{1/2} \tag{4-48}$$

式（4-48）对 $Re_p < 1$ 有效。在雷诺数比较高时，萨夫曼升力还没有相应的计算公式。从式（4-48）可见，萨夫曼升力和速度梯度相关。在主流区，速度梯度通常很小，可忽略萨夫曼升力的影响；仅仅在速度边界层中，萨夫曼升力才变得更明显。

6. 虚假质量力 F_{vm}

当颗粒相对于流体做加速运动时，不但颗粒的速度越来越大，而且在颗粒周围流体的速度也会增大。推动颗粒运动的力不但增加颗粒本身的动能，而且也增加了流体的动能，故这个力将大于加速颗粒本身所需的力，这好像是颗粒质量增加了一样。所以加速这部分增加质量的力就称为虚假质量力，或称为表观质量效应。

如果流体的瞬时速度为 v_g、颗粒的瞬时速度为 v_p，则虚假质量力 F_{vm} 的计算公式为

$$F_{vm} = \frac{1}{2} \rho_g V \left(\frac{dv_g}{dt} - \frac{dv_p}{dt} \right) \tag{4-49}$$

从式（4-49）可知，虚假质量力的数值等于颗粒同体积（V）的流体质量附在颗粒上做加速运动时的惯性力的一半。

对于气固多相流动，由于气体密度 ρ_g 远小于固体密度 ρ_p，因此虚假质量力和颗粒惯性力之比是很小的，通常可以忽略不计。

7. 贝塞特力 F_B

当燃料颗粒在黏性流体中做变速运动时，除受黏性阻力和虚假质量力外，还将受到一个瞬时流动阻力的作用，这个力称为贝塞特（Basset）力。贝塞特力只发生在黏性流体中，它与边界层的不稳定性有关，并且依赖于相对加速度的发展历程，其值的大小可由下式计算：

$$F_B = \frac{3}{2} d_p^2 \sqrt{\pi \rho_g \mu} \int_0^t \left(\frac{dv_B}{dt} - \frac{dv_p}{dt} \right) \frac{dt'}{(t-t')^{1/2}} \tag{4-50}$$

8. 紊流脉动力

在燃烧技术中，流动通常为均匀紊流工况，并且有较大的气流脉动速度，因此紊流脉动频谱的分布和紊流强度对燃料颗粒的运动有着很大的影响。

设颗粒在 x 方向运动时，受到气流横向脉动速度 v_g' 作用，如果仅考虑气流脉动对颗粒的作用力平衡，则

$$m_p \frac{dv_g'}{dt} = m_p - \frac{C_D (\pi d_p^2)}{4} \frac{\rho_g (v_g' - v_p')^2}{2} \tag{4-51}$$

9. 热泳力

燃料颗粒处在有温度梯度的流场中，受来自高温区的热压力而向低温区迁移，这种现象称为热泳。热泳现象是由于燃料面向高温区的那一侧面受到的热压力和速度较高的气体

分子碰撞比低温区侧面来得多所引起的。在有温度梯度的流场中，使颗粒由高温区向低温区运动的力称为热泳力。实验表明，热泳力的大小与温度梯度、颗粒直径、气流黏度、气体和颗粒的导热系数 k_g 和 k_p，以及气体分子自由程 l 有关。

布罗克（Brock）通过求解能量方程和运动方程，得到 $l/r_p<1$ 时热泳力的计算公式，即

$$F = -9\frac{\pi\mu_g^2}{\rho_g T_g}r_p\frac{1}{1+3C_m\dfrac{l}{r_p}}\frac{\dfrac{k_g}{k_p}+C_t\dfrac{l}{r_p}}{1+2\dfrac{k_g}{k_p}+2C_t\dfrac{l}{r_p}}\frac{\mathrm{d}T}{\mathrm{d}x} \qquad (4-52)$$

式中：C_m、C_t 分别为热力和动量调节系数，和试验对比的近似值为 1。

10. 颗粒间及颗粒与壁面的相互碰撞

在燃烧装置中颗粒浓度均较大，因此颗粒之间的相互作用，以及颗粒与壁面的碰撞使颗粒群的运动和单个颗粒时有很大不同。从实验及计算数据可知，炉内飞灰的平均浓度为 $0.1\sim0.2\ \mathrm{kg/m^3}$，其颗粒间平均间距为 $l\approx20\ d_p$，在煤粉燃烧器出口处的煤粉浓度为 $0.4\sim0.6\ \mathrm{kg/m^3}$，此时 $l/d_p=10\sim15$。但在流化床内煤粉浓度却达 $400\sim700\ \mathrm{kg/m^3}$，颗粒间的平均距离很小（$l/d_p\approx1$），因此颗粒之间的碰撞频率很大，在研究高浓度多相流动时必须考虑碰撞的影响。

塔巴科夫等人在试验固体颗粒对汽轮机叶片的磨损时，曾对颗粒和金属壁面的碰撞过程进行了大量的研究，提出了计算颗粒碰壁前后的速度公式为

$$\frac{u_2}{u_1}=1.0-0.4159\beta_1-0.4994\beta_1^2+0.292\beta_1^3 \qquad (4-53)$$

$$\frac{v_2}{v_1}=1.0-2.12\beta_1+3.0775\beta_1^2-1.1\beta_1^3 \qquad (4-54)$$

上两式中：u_1、u_2 和 v_1、v_2 分别为颗粒碰壁前后的法向速度和切向速度；β_1 为颗粒碰壁前的速度和壁面切向之间的夹角。

11. 燃料不均匀水分蒸发、挥发分析出和焦炭燃烧时所受的力

燃料在不均匀的水分蒸发、挥发分析出、焦炭燃烧过程中，都有物质流向外喷出，即产生物质源项（史蒂芬流）。由于蒸发速度、挥发分析出速度以及焦炭燃烧速度不均匀，将产生一定的作用力，或使颗粒旋转，或使颗粒反向运动（向热解等速度快的方向运动）。由于蒸发、挥发分析出以及燃烧等情况非常复杂，目前仍缺乏计算燃料颗粒在蒸发、热解和燃烧过程中出现的附加作用力的较成熟的公式。

三、气固射流流动特性

由于颗粒相的存在，多相射流的流动特性变得更为复杂。目前由于理论上和试验技术上的困难，即使对最简单的多相自由射流研究得也很不够，更不用说工程中使用的复杂形式的多相射流了。为了能对多相射流的流动特性有一个初步了解，根据目前已有的关于多相射流流动特性的试验数据，把多相射流按其浓度的大小分为低浓度多相射流和高浓度的多相射流两种情况进行讨论。

1. 低浓度射流

当射流中固体颗粒的尺寸足够小，且浓度也不大时，可称为低浓度细颗粒多相射流。最简单的处理方法是把低浓度多相射流看作具有较高密度（ρ_m）的多相射流喷入较低密度（ρ_g）的空气中，即假定：

（1）喷嘴出口处及沿射流射程内、颗粒速度和气流速度近似相等。

（2）颗粒相在射流中所占的容积很小，可略去不计。

（3）颗粒相的存在只是改变了射流的密度，多相射流的密度 ρ_m 可以用颗粒的质量浓度 C 来修正，即

$$\rho_m = \rho_g(1+C) \tag{4-55}$$

根据上述假定，低浓度细颗粒多相射流可近似采用有关不同气体成分组成的射流的公式计算。

另外，阿勃拉莫维奇曾建议在颗粒浓度较小时，多相射流横截面无因次速度分布和浓度分布可近似地采用单相空气射流的通用形式来表示，即

$$\frac{v_g}{v_{gz}} = (1-\eta^{3/2})^2 \tag{4-56a}$$

$$\frac{C}{C_m} = 1-\eta^{3/2} \tag{4-56b}$$

试验表明，当颗粒的浓度 $C=8\times10^{-7}\sim4\times10^{-6}\,\mathrm{m^3}$（固）$/\mathrm{m^3}$（气）、颗粒平均直径 $d_p=15\sim20\,\mathrm{\mu m}$、喷出速度 $v_0=20\sim100\,\mathrm{m/s}$ 时，其多相射流中气相速度分布和纯空气射流近似相同，符合上式的规律。

气-固（液）两相射流中，无量纲速度 v_z/v_0 和浓度 c_z/c_0 随无量纲轴心线距离 ax/R_0 的变化规律，即

$$\frac{ax}{R_0} = 0.96\frac{v_0}{v_z}\sqrt{\frac{1+c_0}{1+0.56c_0v_z/v_0}} = 0.70\frac{c_0}{c_z}\sqrt{\frac{1+c_0}{1+0.77c_z}} \tag{4-57}$$

按式（4-57）分别作曲线如图 4-11 和图 4-12 所示。

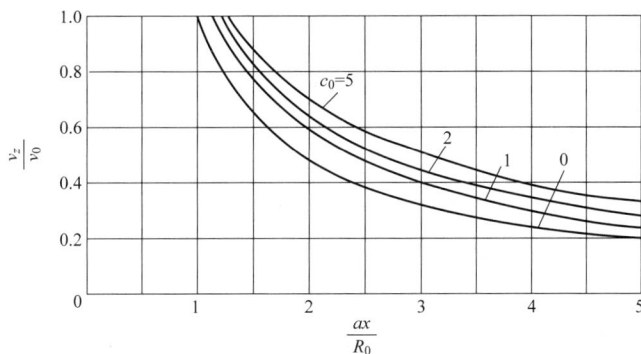

图 4-11　两相射流中无量纲速度随射流轴心线的变化

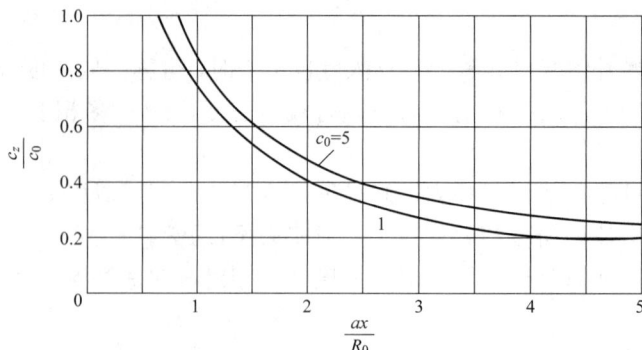

图 4-12　两相射流中无量纲浓度随射流轴心线的变化

从图 4-11 和图 4-12 中看出：随着射流出口截面上固（液）体颗粒浓度 c_0 的增加，整个射流沿轴心线的速度 v_z/v_0 衰减和浓度 c_z/c_0 衰减都减慢，紊流混合减弱。当初始截面上的浓度 $c_0 = 0$ 时（即单相自由射流），速度衰减最快。

2. 高浓度射流

（1）概念。当射流中的颗粒为较粗的分散相并且浓度较大时，可称之为高浓度的多相射流。大多数煤粉射流或工程气固多相射流均属高浓度的多相射流。此时，由于气固相之间存在明显的滑移速度，再用低浓度多相射流的处理方法显然是不行的。

（2）特征。高浓度的多相射流可从以下五个方面分析其特点。

1）喷嘴出口处颗粒相和气相的相对速度。在喷嘴出口处，颗粒的速度可能有如下三种情况。

a. 当颗粒在喷嘴出口前的管道内已有足够的加速段或颗粒足够细时，此时出口处的颗粒速度和气相的速度十分接近，可近似认为两者是相等的。

b. 当颗粒在管内加速段还不够长时，喷嘴出口处颗粒速度要低于气流速度。

c. 当射流喷嘴前有截面扩大的管道或渐扩喷嘴时，射流出口处颗粒的速度将会大于气流速度，此时由于颗粒惯性的带动使气流加速；同时，阻力的影响又使颗粒速度衰减加快。

2）多相射流的速度衰减。由于颗粒的存在和颗粒所具有的惯性作用，多相射流中气相速度沿射流轴向的衰减比单相射流时有所减慢，从而增加了多相射流的射程。

在颗粒直径相同的情况下，随着颗粒质量浓度的增加，气相中心速度的衰减将更加缓慢；而在相同的质量浓度情况下，随着颗粒直径的减小，气相中心速度的衰减也将变慢。

3）多相射流的速度分布和浓度分布。煤粉沿射流横截面的分布对燃料的着火、燃烧及炉内结渣等影响较大。当射流中有固体颗粒时，喷嘴喷出的气流仍基本服从 1/7 次方速度分布规律，但颗粒速度分布比较均匀。

多相射流的气相速度分布比单相射流窄一些，即气固多相射流的扩散率比单相射流小，并且随着颗粒浓度或颗粒度的增加，扩散率减小的趋势更加明显。固相速度分布则和气相相反，其分布相对均匀。

由于颗粒的惯性较大，径向扩散率比气相小，因此其浓度分布在很窄的范围内，通常为气相射流宽度的 1/2～1/3，颗粒的直径及颗粒的浓度均对颗粒相的扩散有较大的影响。颗粒浓度越大，多相射流的外边界就越窄。

4）多相射流的紊流特性。射流的紊流特性在很大程度上决定了射流的形状、热量交换和质量交换过程。

多相射流中气相的紊流强度比单相射流低。对于气固多相射流来说，由于固体颗粒的密度比气流密度大得多，颗粒具有较大的惯性，因此在射流中颗粒的紊流脉动落后于气流的紊流脉动，当颗粒的直径大于某一临界值后就基本上不随气流脉动；相反，气流由于要曳引颗粒脉动，就要多耗费一部分脉动能量，从而使气流的脉动速度和强度减弱。

单相射流的脉动速度及紊流脉动动能比多相射流中气相脉动强烈，而颗粒相的脉动速度和脉动动能则明显低于气相。

颗粒越大、浓度越高，颗粒相的脉动速度比气相脉动速度就低得越多，即表明颗粒的存在削弱了紊流脉动的水平。颗粒沿径向的脉动速度大大小于气相。

5）多相射流中颗粒的紊流扩散。对气固多相射流而言，颗粒紊流扩散比气体速度扩散慢。小颗粒的扩散系数和紊流射流中动量扩散系数相近；对大颗粒来说，其扩散速率将明显小于小颗粒。当颗粒直径一定时，随着颗粒浓度的增加，颗粒扩散系数降低。

第三节　钝体射流中的流动特性

当流体绕流物体时，遇到尖角或急剧地改变迎面流束的方向时，压力急剧增大，结果脱体现象在未离开绕体时提前发生了，于是阻力增大，速度的大小甚至速度方向发生了较大的变化，在钝体后部产生负压区域，出现倒流现象。这样的物体称为不良绕体，或称钝体。倒流区域称为回流区。工程上有时需要用钝体来产生回流区，如稳燃问题。圆柱体是典型的钝体，其绕流流场如图 4-13 所示。后驻点 B 与钝体之间，$v_n=0$ 速度线以内就是回流区。后驻点与圆柱体中心线之间的距离称为回流区长度 L，零流速线之间的最大距离称为回流区宽度 $2r$。

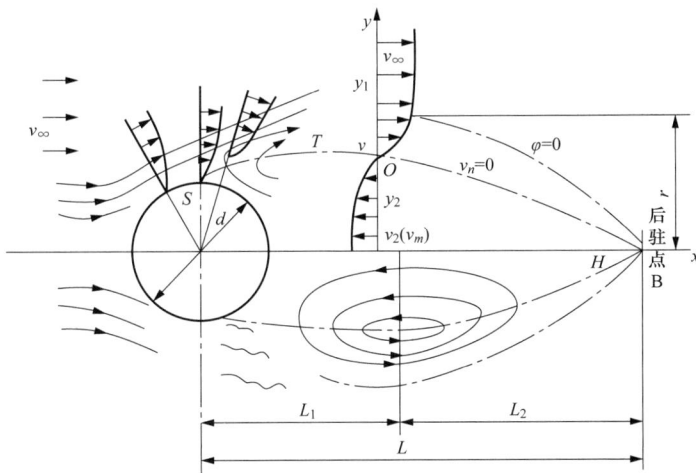

图 4-13　圆柱绕流流场

钝体形状很多，如图 4-14 所示。1 为圆柱体，2 为半圆柱体，3、4、5、6 基本属于 V 形钝体，7 为平板钝体，8 为沙丘体（也称为新月形沙丘、沙丘驻涡稳定器），9 称为船形体（也属于 V 形钝体），椭圆体也是钝体。

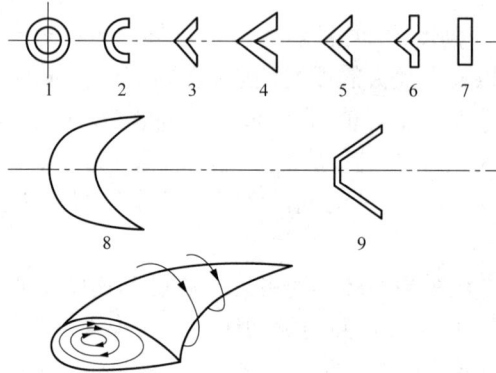

图 4-14 各种钝体形状

一、V 形钝体空气动力学

V 形钝体较早被航空发动机采用，后来也被电站锅炉广泛采用。V 形钝体尾迹区的轴向速度 v 分布及流线如图 4-15 所示。r_1 表示零速度线（$v_x=0$）在 y 方向的坐标，r_2 表示零流量线（$\phi=0$）在 y 方向的坐标，钝体高度为 h（垂直纸面的维度），气流密度为 ρ，根据零流量线的定义，进出回流区的流体质量等于零，有

$$2h\rho\int_0^{r_1} v_x \mathrm{d}r + 2h\rho\int_{r_1}^{r_2} v_x \mathrm{d}r = 0 \qquad (4-58)$$

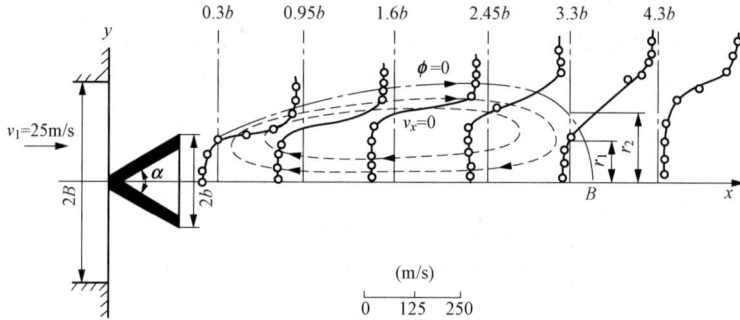

图 4-15 V 形钝体尾迹区域流场

随着钝体结构参数的变化，布置位置（阻塞率）的不同，对钝体尾迹回流区的尺寸、负压值和质量回流率均有较大影响。有研究者进行了钝体参数对回流区影响的试验，结果如下。

1. 阻塞率 ε 的影响

阻塞率是指钝体布置对喷口的阻塞程度，如果钝体塞进喷口后被重叠的宽度为 $2b'$，则阻塞率为

$$\varepsilon = 2b' / 2B \qquad (4-59)$$

如果钝体全部塞进喷口，则 $\varepsilon=2b/2B$，如果 $b=B$，则喷口全部被堵住。当钝体正好放置在喷口出口边缘时，$2b'=0$，则 $\varepsilon=0$。

当钝体锥角 α 一定时，改变阻塞率 ε 的实验结果如图 4-16 所示。实验表明，回流区相对宽度 $2r/2b'$ 受 ε 的影响小。ε 主要影响回流区相对长度 $L/2b'$ 和回流率 g（回流的气体流量与该喷口初始主流量之比）。很明显，阻塞率增大，$L/2b'$ 减小，即回流区变短，但 k 增加十分显著。

仅从燃料的着火和燃烧稳定性考虑，增大钝体锥角 α 和阻塞率 ε 是十分有效的，但是从工程上考虑，α 和 ε 的增大将会显著增大流动的阻力，所以工程上应综合优化考虑，既有利于着火燃烧，又不至于增加更多的阻力损失。

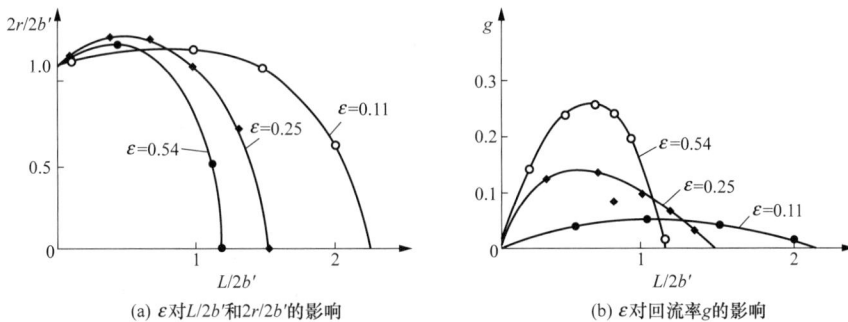

(a) ε 对 $L/2b'$ 和 $2r/2b'$ 的影响   (b) ε 对回流率 g 的影响

图 4-16 ε 对回流特性的影响

2. 钝体锥角 α 的影响

钝体锥角的变化对回流区影响是较大的。图 4-17 所示为钝体边宽 $2b$ 和喷口宽 $2B$ 之比为 $2b/2B=0.75$，阻塞率等于零（$\varepsilon=0$）时锥角 α 变化对回流区边界的影响。

从图 4-17 可看出，回流区的长度 L 和宽度 $2r$ 都随钝体锥角 α 的增大而增大。这种变化的原因分析如下：钝体锥角越大，则动量的径向分量越大，气流越容易产生较大的偏折，促使回流区宽度增加。由于同样的原因，气流轴线卷曲的能力也有所减弱，使两侧主流的汇合点（后驻点）B 后移，因而回流区也变长。总之，这种变化是由于气流的动量在不同的锥角 α 时，其轴向分量和径向分量之比不同而引起的。

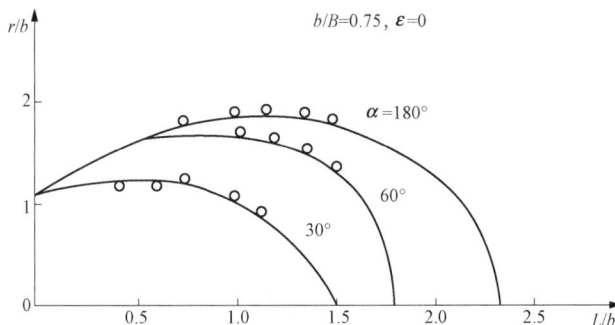

图 4-17 α 变化对回流区边界的影响

如果将上述试验结果表示为回流区相对长度 $L/2b$ 随 α 变化的关系（见图 4-18），则有

$$L/2b = 3.475\sin^2\alpha - 3.906\sin\alpha + 2.548 \tag{4-60}$$

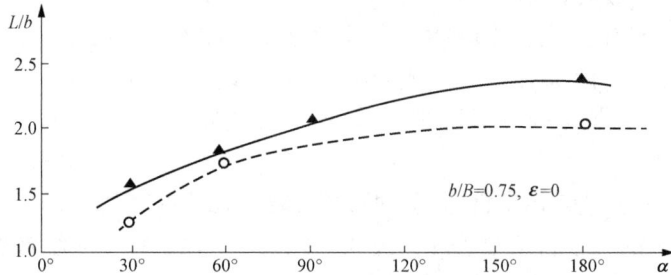

图4-18　回流区相对长度与α的关系

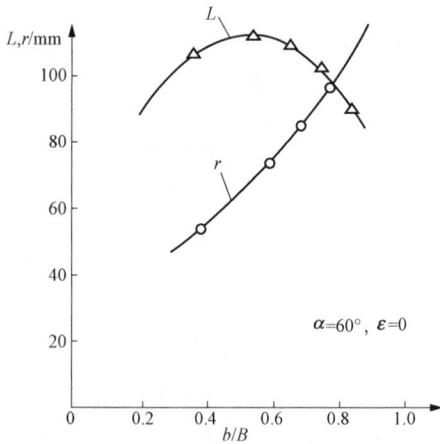

图4-19　钝体边宽对回流区的影响

3. 钝体边宽 2b（或 2b/2B）的影响

试验的钝体锥角α保持不变（α=60°），阻塞率 ε=0，钝体相对边宽 2b/2B = 0.40、0.55、0.65、0.75、0.85，结果如图4-19所示。

试验结果发现，钝体的边宽对回流区直径 2r 的影响很大，几乎呈直线关系，但当 2b/2B=1.0 时，由于气流的径向动量过大，不能形成稳定的闭合回流区。当 2b/2B>0.65 时回流区长度相对缩短，只有在 2b/2B=0.55 左右时回流区长度达到较大值。

由试验结果可得，钝体的边宽存在一个最优值。因为边宽过大，尽管回流区的直径较大，但气流的扩散角也增大，会使气流贴墙，产生结渣、高温腐蚀和冲刷磨损水冷壁管的问题。过大的边宽反而使回流区的长度缩短了，不能卷吸下游的高温烟气回流，火焰的稳定性也受到影响。钝体的相对边宽为 2b/2B=0.5 左右为好。

4. 钝体参数对回流区形状的影响

回流区形状的研究比较重要，因为回流区的大小直接影响回流区和煤粉气流的热量和质量交换、着火和火焰稳定的分析等。

回流区的体积 V_R 一般可用式（4-61）计算，即

$$V_R = S_R h \tag{4-61}$$

式中：S_R 为回流区横截面积；h 为钝体高度。

回流区横截面积计算公式为

$$S_R = C_s L r_{max} \tag{4-62}$$

$$C_s = \frac{S_R}{(L/2b)(r_{max}/2b)b^2} \tag{4-63}$$

式中：C_s 为回流区形状系数；L 为回流区长度；r_{max} 为回流区最大半宽度。

不同钝体参数的试验结果见表4-4和表4-5。

表 4-4　　　　　　不同 α 的回流区形状 C_s 值（$\varepsilon=0$，$2b/2B=0.75$）

α	S_R/b^2	$L/2b$	$r_{max}/2b$	C_S
30°	1584	74	26.5	0.807
60°	2791	90	39.0	0.795
180°	4072	118	43.5	0.793

表 4-5　　　　　　不同 ε 的回流区形状 C_s 值（$\alpha=60°$，$2b/2B=0.75$）

ε	S_R/b^2	$L/2b$	$r_{max}/2b$	C_S
0	2791	90	39	0.795
0.2	2329	94	33	0.803
0.35	2610	100	33	0.790
0.5	2625	104	32	0.789

从表中可以看出，各种 α 和 ε 时的形状系数 C_s 变化不大，可近似地当作常数。对于 V 形钝体，取 $C_s=0.79\sim0.80$。确定了 C_s 之后，只要测出回流区最大半宽 r_{max} 和回流区长度 L，便可计算回流区的横截面积 S_R 和体积 V_R。在热态情况下，也基本认为形状系数是常数。

5. 钝体的阻力

流体绕流物体时流动阻力 D 由两部分组成：由黏性引起的摩擦阻力 D_F 和流束变形及旋涡等产生的压差阻力 D_P，即 $D=D_F+D_P$。

加装钝体后，总的阻力系数为

$$\zeta = \zeta_0 + C_D = 1 + \frac{D}{\frac{1}{2}\rho v^2} \tag{4-64}$$

式中：ζ_0 为未加钝体时的阻力系数；$\dfrac{D}{\frac{1}{2}\rho v^2}$ 为静压与动压之比，这里静压是指 D，是气流绕流后产生的压力降（静压损失），是由于摩擦和气流涡流损失引起的。实验结果表明：

（1）α 增大时，阻力系数也增大。

（2）α 一定时，阻力系数随 ε 增大而增大。原因是 α 和 ε 增大时，流束变形和涡流加强，因此增加了压力损失。

（3）虽然 ζ 随 $2b/2B$ 的不同而略有差别，但变化不大，和其他因素的关系也大致如此，一般可认为钝体的阻力系数为空口的阻力系数的 $1.72\sim1.75$ 倍。

总之，由于无钝体时阻力系数较小，加上钝体后总阻力增加也不多，所以恰当的使用钝体其增加的阻力消耗不会影响它的工程应用。

6. 回流卷吸率

回流卷吸率是指在钝体后，由于负压较大，将尾部高温烟气向前抽吸，回流的气体量与该喷口初始主流量之比，或称为回流率 g。回流率可以看作回流强度的尺度。

对于 V 形钝体，回流区任意截面的回流量为

$$M_g = \int_0^{r_1} 2h\rho v_x \mathrm{d}r \tag{4-65}$$

喷口初始主流量为

$$M_0 = 2Bhv_0\rho \qquad (4-66)$$

则回流率 g 为

$$g = M_g / M_0 \qquad (4-67)$$

试验结果如图 4-20 和图 4-21 所示。

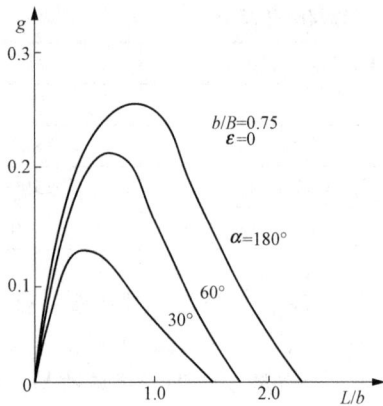

图 4-20 不同 α 时回流率的变化   图 4-21 不同阻塞率 ε 时回流率的变化

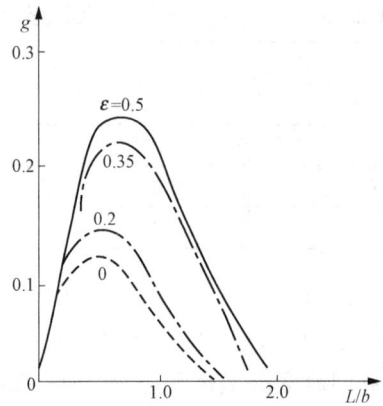

试验结果表明，回流率 g 不仅随锥角 α 增大而增大，而且当 α 一定时，亦随阻塞率 ε 的增大而增大。产生这些变化的原因，是由于锥角 α 越大，阻塞率 ε 越大，回流区内的负压力梯度也越大，因此卷吸的烟气量也大。

二、钝体尾迹回流区特性

1. 温度分布

钝体尾迹回流区温度分布特性如图 4-22 所示。回流区外边界是煤粉气流，温度基本维持初始温度（200～250 ℃），由于内外吸热，温度会逐渐升高。煤粉气流外部是火焰区，高浓度的煤粉-空气流内外缘是明亮的火焰，温度很高（1200～1500 ℃），是着火的边界，也是稳定的外点火热源。在回流区内，温度较高（800～1000 ℃），是稳定的内点火热源。在尾迹的恢复区内，上下两股主气流开始汇合，也是几乎完全着火的可燃混合物开始汇合，表面看来是一般火焰，接着是耀眼的火焰。

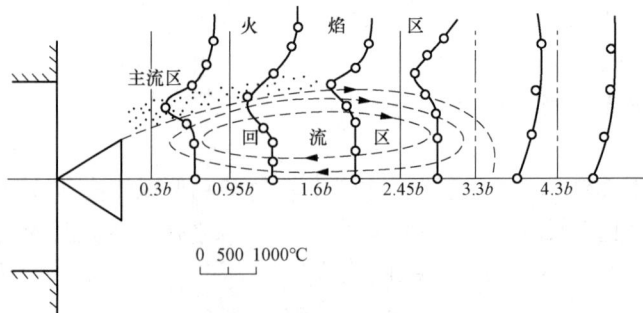

图 4-22 回流区温度分布

2. 煤粉浓度分布

钝体尾迹回流区煤粉浓度分布特性如图 4-23 所示。回流区外边界是煤粉气流，煤粉气流经过钝体分流浓缩，煤粉浓度提高。回流区及煤粉气流外部的火焰区，煤粉浓度都很低，主要起到加热作用。

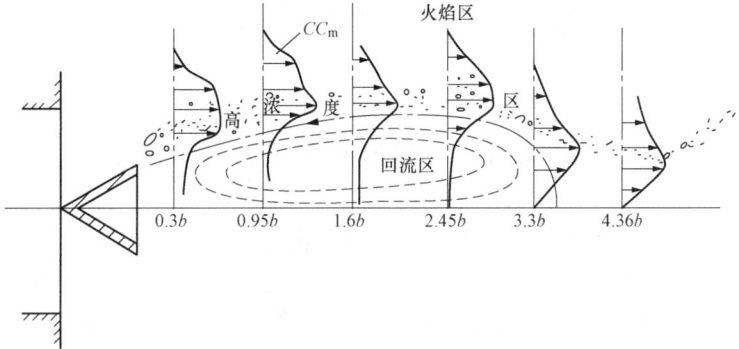

图 4-23　回流区煤粉浓度分布

3. 钝体稳燃原理

钝体能够稳燃是基于两个方面的原因，即产生回流区使煤粉受到内外两面加热和一定程度使煤粉实现浓淡分离。

由于钝体产生了内回流区，增加了对煤粉气流的加热热量，煤粉气流受到内外双面加热。内回流区的热量是自由射流火焰所没有的，它对煤粉气流的迅速加热着火起着较大的作用。根据某电厂 65 t/h 锅炉直流燃烧器改装钝体后的热态测量结果，有回流区长度 $L=500\ mm$，火焰平均温度 $T_f=1300\ ℃$，回流区温度 $T_t=900\ ℃$，煤粉气流初始温度 $T_0=150\ ℃$。如果着火距离为 $x_i=400\ mm$(在回流区末端)，计算结果表明，煤粉气流吸收回流区的热量 $Q_r=2663\ kJ$，而回流区拥有的热量为 $Q_{r0}=8354.7\ kJ$，回流区供给煤粉的热量占本身拥有热量为 $Q_r/Q_{r0}=32\%$。由此可见，回流区这个稳定的蓄热体为煤粉气流的稳定着火和燃烧提供了可靠的热量保证，这就是回流区稳燃的主要原因。回流区稳燃的原理可简单地用图 4-24 来说明。

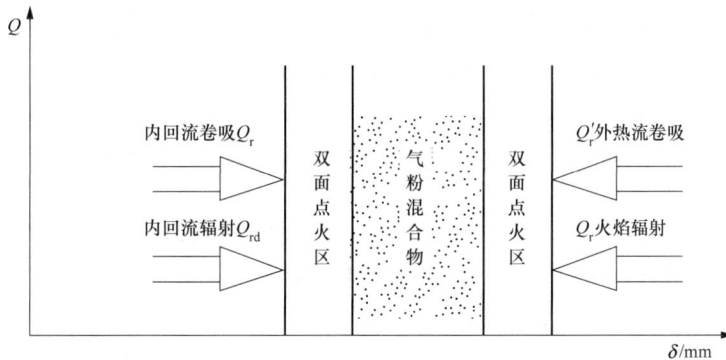

图 4-24　回流区稳燃原理

另外，经过钝体的分流，煤粉气流分成两股并被浓缩，如图 4-23 所示，在钝体之后存在高浓度煤粉区域，使煤粉气流的燃烧得到强化。提高煤粉浓度是稳燃的重要措施，因为煤粉浓度提高后，单位质量煤粉中空气量减少，煤粉气流总质量减小，而且实验表明，煤粉浓度增加着火温度会下降，加热到着火温度所需要的着火热就减小，着火时间减少，着火距离缩短，化学反应速度和火焰传播速度也相应的加快，从而起到稳燃和强化燃烧的作用。提高煤粉浓度首先要保证输粉系统的安全顺畅，一般在燃烧器出口附近采取浓淡分离措施，如钝体、离心分离等。

第四节　旋转射流空气动力学

目前在燃烧过程中应用最广的燃烧器有直流燃烧器和旋流燃烧器两种基本类型。旋流燃烧器是以旋转射流为基础来组织燃烧过程的。旋转射流因其较大的扩张角和较好的卷吸高温烟气的作用，能够获得较高的燃烧强度及较好的燃烧稳定性，因此被广泛地应用于燃烧技术中。

一、旋转射流的基本特点

当从喷口喷出来的射流同时存在着向前的轴向速度 v_x、圆周向的切向速度 v_t 和沿半径方向的径向速度 v_r 时，这种射流称为旋转射流。当旋转射流一脱离喷口射入大空间时，由于失去了喷口边壁的约束作用，流体在离心力和惯性力的联合作用下，与周围介质进行动量、热量和质量的交换，一边扩散，同时向前，形成了一个喇叭状外形。旋转射流最重要的流体动力学特征在于，轴向、切向和径向三个方向上的速度大小都有相当的数量级而不容忽略。更重要的是，这三个方向的速度沿射流半径方向上的分布都不均匀，使得射流内部沿径向和轴向的静压力分布也不均匀，也不等于周围介质的静压力。旋转射流的这种速度特征和静压力特征与自由射流是完全不同的。

旋转射流与直流射流不同，它具有如下基本特征。

（1）存在轴向速度、径向速度和切向速度。在旋转射流中除了具有直流射流中存在的轴向速度和径向速度外，还有切向速度，而且其径向速度比直流射流中的径向速度大得多。从旋流发生器出来的流体质点既有旋流前进的趋势，又有沿切向飞出的趋势。这些趋势同时也受黏滞力的约束和径向压力的影响。旋转气流的速度矢量分布如图 4-25 所示，此时旋流强度 $s=2.07$。三个方向的速度沿射流半径的分布都不均匀，轴向速度沿半径分布的不均匀性，造成射流内部分别形成了正流区和回流区；切向速度沿半径分布的不均匀性，造成射流内部形成了势流旋转区和准刚体式旋转区（有旋的强制涡流动）。径向速度沿半径分布的不均匀性，形成了点汇（源）流动的特点。

（2）存在回流区。由于旋转的结果，在旋转射流的中心部分形成了一个低压区，从而建立了一个反向的轴向压力梯度，这个压力梯度随着旋流强度的加大而加大。因而，在强旋转的情况下，反向的轴向压力梯度大到足以引起沿轴线的反向流动，并在旋转射流内建立了一个回流区。

中心回流区长度 L/d_0 随着 s 的增大而不断变长，回流区宽度随 s 的增大而相应增大，s 稍有增加，中心回流区的回流量却增大很多，但最大回流量的位置和 s 的大小无关，均位于

$L/d_0 = 0.5$ 处。

（3）存在中心回流区卷吸周围介质现象。强旋转射流是从两个方面来卷吸周围介质的。一方面，从中心回流区卷吸介质，它将高温烟气卷吸到火焰根部来加热煤粉空气混合物，对稳定着火有利；另一方面，从射流的外边界上卷吸介质，这在实际的燃烧过程中对提高二次风温也是有利的。旋转射流从内面和从外面卷吸的介质数量也是其重要特性之一。

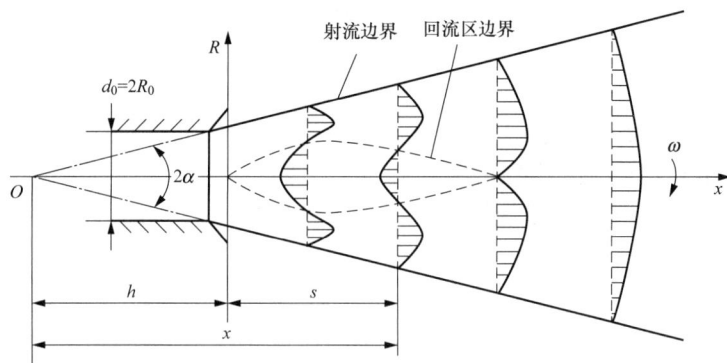

(a) 轴向速度分布

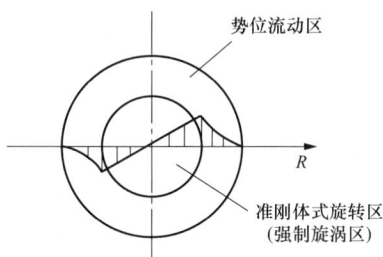

(b) 切向速度分布

图 4-25　旋转射流场结构示意

中心回流区结束后，随着旋转火焰向前发展，总的射流卷吸量仍不断增加，旋流强度的增加大大强化了射流的卷吸能力。

在通常的旋流强度下，回流区相对长度 $L/d_0 \leqslant 5$，旋转射流比直流射流的卷吸量大得多。当 $L/d_0 \leqslant 5$ 时，随着旋流强度的增加，射流卷吸量增加十分迅速；当 $L/d_0 > 5$ 时，旋转射流卷吸量增加速度减慢。当 $L/d_0 \geqslant 10$ 时，旋转速度基本消失，即射流已不旋转。

（4）旋转射流喷出后，在旋转前进的过程中，由于径向分速度的影响逐渐扩张，就像一个扭曲的喇叭一样，其扩张的程度由扩张角来表示。气流的旋转和射流最大速度与离喷嘴的距离等有关，距喷嘴越远，射流最大速度下降得越快，当旋流强度增加时，这种衰减速度加快。轴向速度 v_x 和径向速度 v_r 按 x^{-1} 的规律衰减，而切向速度 v_t 则按 x^{-2} 的规律衰减。

（5）旋转射流的射程较小。旋流强度增加时，不同方向局部最大速度均增加，但火焰射程却衰减很快。和直流自由射流相比，旋转射流的轴向速度衰减要快得多，因此可用改变旋流强度的办法来调节火焰射程。

二、旋流强度和旋流发生器

1. 旋流数

旋流数的大小表征旋流强度的高低。实验表明，在自由旋转射流或火焰中，在射流或火焰的任一截面上，其旋转的动量矩和轴向动量通量都是保持不变的，即

$$J_t = \int_0^R v_t v_x 2\pi r \mathrm{d}r = 常数 \tag{4-68}$$

$$J_x = \int_0^R \rho v_x{}^2 2\pi r \mathrm{d}r + \int_0^R p 2\pi \mathrm{d}r = 常数 \tag{4-69}$$

式中：J_t 为旋转动量矩；J_x 为轴向动量通量；v_x、v_t 分别为轴向分速和切向分速；p 为射流任意截面上的静压；r 为射流截面的半径。

由于这些动量通量可以看成旋转射流空气动力学的特征，所以可以用这些特征量组成一个无因次准则来表征旋转射流的强弱，这个准则称为旋流强度准则或旋流数 S，即

$$S = \frac{J_t}{J_x R_0} \tag{4-70}$$

式中：R_0 为旋流发生器的定性尺寸，一般取其出口半径。

由于在射流的任一截面上，J_t 和 J_x 都是不变的，故可取出口截面上的 J_t 和 J_x 来计算 S，此时可忽略 J_x 中的压力项，并假定在出口截面上轴向速度的分布是均匀的。当然这种计算只有定性的意义，因为轴向速度特别是切向速度不是均匀的，所以定量差异较大。但是为了分析旋流数的物理意义，作这样的假定也是有用的，于是有

$$S = \frac{J_t}{J_x R_0} = \frac{\rho m_0 v_t l}{\rho m_0 v_x R_0} = \frac{v_t l}{v_x R_0} \approx \frac{v_t}{v_x} \tag{4-71}$$

从式（4-71）可以看出，实际上 S 表示出口截面上（或任意截面上）切向速度和轴向速度的比值。S 大则意味着切向速度高，气流旋转加强，因而旋流数也称为旋流强度。旋流数 S 也是由几何相似的旋流发生器所产生的旋转射流的重要相似准则。旋转射流的速度分布、卷吸量、中心回流区的尺寸、扩张角和射流的射程等重要参数都与旋流数 S 有关。

2. 旋流发生器

使流体发生旋转的方法可分为三种：① 将流体或其中的一部分切向引进一个圆柱导管；② 在轴向管内流动中应用导向叶片；③ 利用旋转的机械装置使通过该装置的流体发生旋转运动。这类装置包括旋转导叶、旋转格栅和旋转管。

目前工业燃烧中常用的旋流发生器有四种：蜗壳式旋流发生器、轴向导叶式旋流发生器、径向导叶式旋流发生器和上述形式的组合。不同旋流发生器的旋流数计算表达式不同，具体可参考相关资料。

在旋流发生器进出口间只有部分压降转变为旋转射流流动的动能。通过旋流发生器喉部旋转射流的动量与进气口至旋流发生器喉部间静压降的比值称为旋流发生器的效率，用 η 表示。

图 4-26 所示为不同类型的旋流发生器由实验确定的效率 η 与 S 的关系。从图中可以看出：① 活动组合式旋流发生器的 η 有一个最低值（58%），在最低值以后，η 随 S 的增加而增加。② 具有轴向和切向进口的旋流发生器在高旋流数时效率较低，其效率 η 随 S 的增加而迅速降低。在 $S=1$ 时，η 只有 40%。③ 径向导叶式旋转流器在 $S \approx 1$ 时，η 为 70%~80%。

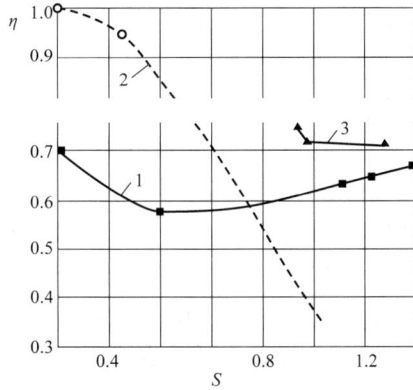

图 4-26 不同旋流发生器 η 与 S 的关系

1—活动组合式旋转发生器（$R=80mm$）；2—具有轴向和切向进口的旋转发生器（$R=62mm$）；

3—径向导叶式旋转发生器（$R=62mm$）

另外，据 Mathur 等人的实验报告，轴向导叶式旋流器的效率通常也是较低的。$S=1$ 时，η 约为 0.3。

三、几种常见旋转射流及应用

1. 弱旋转射流

当 S 低于一定值时，旋转射流中反向的轴向压力梯度较小。此时的反向压力梯度不足以引起内部回流，射流中的轴向速度均为正值，这种旋转射流称为弱旋转射流。

2. 强旋转射流

在燃烧技术中，从旋流燃烧器流出来的旋转射流大多属于强旋转射流。图 4-27 所示为内回流区尺寸与旋流数的关系。这种具有内回流区的旋转射流在稳定燃烧方面起着重要作用。该回流区相当于在燃烧器出口的射流中心部分放置了一个热源和化学上的活泼成分源。与钝体的尾迹比较，它不需要一个暴露在高温中同时受到炭粒沉积影响的固体表面。

3. 共轴旋转射流

实际的旋流燃烧器射流特别是煤粉旋流燃烧器射流，往往不是一个单一的旋转射流，而是一个复合旋转射流，其流动特性更接近共轴旋转射流。可以将不旋转的一次气流看作旋流数为零的极限情况。

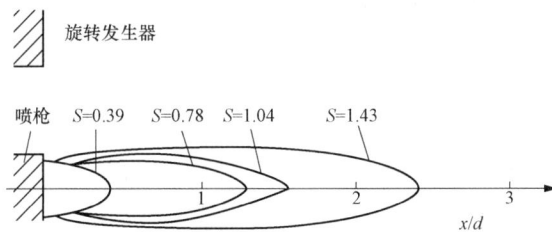

图 4-27 内回流区尺寸与旋流数 S 的关系

（1）共轴旋转射流的流动特性。环形旋转射流和共轴旋转射流在轴向分速、切向分速、径向分速和静压的分布方面大体上类似，在定量数值上稍有差异，这种差异正是内、外射流相互影响形成的。共轴旋转射流的主要空气动力学特性如内回流区的尺寸及其回流量等取决于内、外旋转射流的流量及旋流数。共轴旋转射流随着离开喷嘴距离的增加，最大轴向速度急剧衰减。最大切向速度比最大轴向速度衰减得更快，其径向速度远大于直流射流。

（2）内、外射流对共轴旋转射流的影响。动量矩大得多的外射流对共轴旋转射流的流动特性起着决定性的作用。沿射流长度上卷吸量的增加速度、射流边界的增长速度以及三个速度分量的衰减速度等都随着脉动更强的外射流的旋流数的增加而增加。

内射流对复合射流的空气动力学特性也有影响。当内射流与外射流发生动量交换和质量交换时会使内射流产生旋转，因而减少了复合射流的旋流数。当 $S_1=0$ 和 $S_2=3.08$ 时，复合射流的旋流数 $S_c=2.35$。

4. 平行旋转射流

大型电厂锅炉所用的旋流燃烧器通常由多个旋流燃烧器对称组合而成，在炉内形成复杂的多个组合的、互相平行的旋转射流。由于具有对称性，因此可用一对旋转射流在炉内相互作用的空气动力特性为例加以分析。炉内相邻的两旋流燃烧器的旋转方向可以相同，也可以相反（见图4-28），在燃烧器附近，它们是对称的，故可以用叠加法处理。

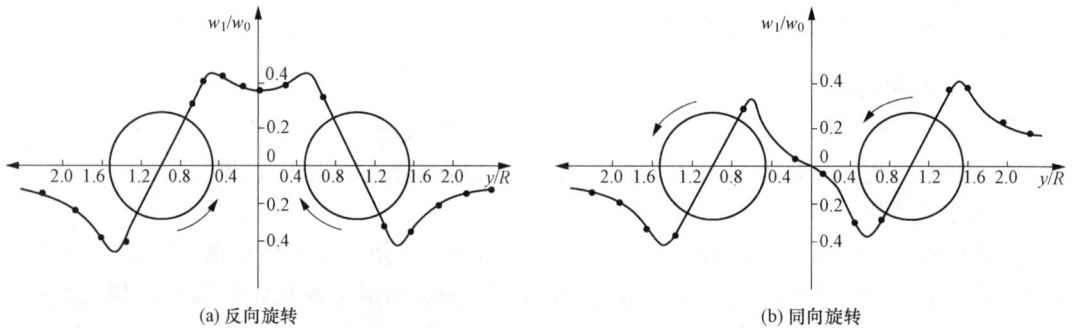

图 4-28 旋流射流组的相互关系

平行旋转射流的流动区域可以分为具有三个不同特征的区域：第一个区域是从旋流器截面开始到 $s/d_0=1.5\sim2.0$ 的截面处，在这个区域中，两个旋转射流都保持各自的特性，彼此几乎独立存在，其合成的速度场实际上是由各自的速度决定的；第二个区域由 $s/d_0>2.0$ 开始，大约延伸到 $s/d_0=3.0$，在这个区域中，射流开始合并在一起作为一个复合射流而扩展；第三个区域在 $s/d_0>3.0$ 后，此时复合射流具有自由旋转射流的特性。

通过分析平行旋转射流组出口附近的轴向、切向和径向速度的分布情况来了解两个反向旋转射流的相互影响。

（1）轴向速度的分布。旋转射流出口附近轴向速度的分布情况表明，最大轴向速度的径向位置很接近射流的边界和射流喷出口的外壁。沿射流长度方向的最大轴向速度位置几乎没有变化。试验表明，最大轴向速度随旋流强度的增加而增大。

（2）切向速度的分布。反向旋转射流的切向速度分布情况表明，两个反向旋转射流的切向速度最大值都在射流喷出口壁面附近，而内部区域几乎是线性的，外部区域为自由旋涡运动。研究表明，两个平行旋转射流切向速度的合成场可以简化成两个理想旋涡的叠加。

（3）径向速度的分布。射流喷出口处显示了最大的离心作用。射流的旋流强度越大，离心力就越强。两反向旋转射流的径向速度分布表明，在射流边界附近离心力最大。在 $0.6\,r_0$（r_0 为旋流燃烧器出口半径）以外的区域，径向速度的方向均沿射流轴线指向外部；在 $0.6\,r_0$ 以内的区域，径向速度的方向朝着射流轴线。

（4）混合特性的分布。当两股被加热的反向旋转平行射流喷入冷炉燃烧室时，和炉内冷空气强烈混合，将形成独特的温度场分布。在旋流作用下，中心回流区卷吸了部分周围的低温空气，温度场在轴心附近呈凹坑状，直到 $s/d_0>1.5$ 后凹坑才逐渐消失，这和轴向速度的分布类似。$s/d_0 \geq 3$ 后，轴向速度分布趋于平坦，与自由射流相近，此时温度场分布也逐渐平坦。尽管两旋流燃烧器间的喷距为 $3d$，但在离燃烧器 $s/d_0 \geq 1$ 处两股旋转射流已开始相互作用，直至 $s/d_0 \approx 3$ 时才基本相互作用完毕。

第五章 燃料的着火理论

第一节 着火的基本概念

着火过程是燃料燃烧的孕育期，是燃料和氧化剂的化学反应从引发过渡到开始剧烈反应的加速过程。对于常规的着火过程，可以认为在着火孕育期完成后，燃料和氧化剂进入一种持续的、稳定的燃烧状态。爆炸也是一种着火过程，相对于常规的着火过程，爆炸的着火过程在极短的时间内完成。

根据着火方式的不同，燃料的着火可分为自燃着火和强迫着火。自燃着火是燃料在无外界热源的条件下，依靠燃料自身的缓慢氧化反应逐渐积累热能和活化分子，从而加速反应直至燃烧。例如，在较高温的天气里，长期堆积的煤粉（尤其是挥发分含量高的褐煤）会发生自燃，就是因为煤粉发生缓慢氧化而放热，煤堆内部又由于热量不能及时散发而不断升温，最终导致煤堆着火燃烧；一些煤田地区的地下火现象，也是由于煤和煤气的自燃形成的。强迫着火是在有外界热源的条件下，局部区域的燃料获得能量，温度和活化分子数量增加，迫使局部着火和燃烧，然后再通过火焰传播使周围未燃的燃料着火，最终达到全面燃烧。例如，靠电火花或炽热物体来加热局部区域的燃料的着火方式就属于强迫着火。喷入锅炉的燃料（燃气、油雾炬或煤粉气流）靠高温烟气的回流和炉墙的辐射换热而达到着火条件，形成局部燃烧区域，并以一定的速度向未着火的燃料气流拓展，使燃烧器喷出的燃料连续地着火和燃烧的方式，也属于强迫着火。实际工程装置中的燃烧，都采用强迫着火的方式。

根据化学反应机制的不同，燃料的着火可分为热着火和链式着火。热着火主要是由于燃料自身氧化反应放出的热量大于系统向周围环境散失的热量，或者由于外部热源加热，使得系统的热量累积并引起系统温度不断升高，最终达到剧烈反应的现象。可以看出，自燃着火和强迫着火均属于热着火，其中，自燃着火的热量来源是燃料自身氧化反应放出的热量，而强迫着火的热量来源是系统外部热源供给的热量。链式着火主要是由于燃料自身的活性中心在分支链式反应的作用下，其产生的速率大于销毁的速率，使得系统活性中心的浓度不断升高，最终导致链式反应急剧加速达到燃烧状态的现象。金属钠在空气中的着火就属于链式着火，低温"冷焰"现象也属于链式着火。在大部分实际工程燃烧装置中，热着火和链式着火这两种机制同时存在，不可能有单纯的热着火或单纯的链式着火情况。热着火和链式着火都可能涉及链式反应的作用，同时也都涉及热量的作用，只不过在热着火过程中热量的作用明显高于链式反应的作用，而链式着火主要依靠链式反应和活性中心累积。

第二节 可燃气体混合物的热着火理论

一、谢苗诺夫热着火理论

在很多实际工程中，可燃物的燃烧可被视为在有限的空间内进行。因此，下面以封闭容器内可燃物的着火过程为例，来探讨其热着火理论。

如有一体积为 V 的容器，表面积为 S，其中均匀地充满可燃气体混合物，其摩尔浓度（即物质的量浓度）为 c，可燃气体混合物和容器壁面的起始温度均为 T_0，容器内的可燃气体混合物正以速率为 w 在进行反应。为使问题简化，作如下假设：

（1）不存在链式反应，只有热反应，且化学反应速率遵守阿累尼乌斯定律。

（2）容器的体积 V 和表面积 S 为定值。

（3）容器内的温度、成分、反应物浓度（或压力）、反应速率等参数处处相同，即"零维"模型，整个容器内的各参数都按平均值来计算。

（4）在反应过程中，系统的温度、容器壁温与可燃物质温度相同，均为 T。

（5）在反应过程中，外界环境的温度保持为 T_0 不变。

（6）在整个着火过程中，可燃气体的浓度变化很小，视为不变。

单位时间内容器中可燃气体混合物化学反应释放的热量 Q_f 为

$$Q_f = wqV \tag{5-1}$$

式中：w 为化学反应速率，mol/（m³·s）；q 为化学反应的摩尔热效应，J/mol；V 为容器的体积，m³。

由燃烧化学动力学可知，化学反应速率 w 为

$$w = k_0 \exp\left(-\frac{E}{RT}\right)c^n \tag{5-2}$$

式中：c 为可燃气体的摩尔浓度，mol/m³；n 为可燃气体总体反应的反应级数；E 为可燃气体总体反应的活化能；k_0 为频率因子。

将式（5-2）代入式（5-1），可得

$$Q_f = qVk_0c^n \exp\left(-\frac{E}{RT}\right) \tag{5-3}$$

令 $A = qVk_0c^n$，由假设条件，并认为反应级数 n 为常数，可知 A 为常数，则式（5-3）可写成

$$Q_f = A \exp\left(-\frac{E}{RT}\right) \tag{5-4}$$

单位时间内系统通过容器壁面向外界环境的散热量 Q_s 为

$$Q_s = \alpha S (T - T_0) \tag{5-5}$$

式中：α 为表面传热系数，W/（m²·K）；S 为容器的表面积，m²；T 为某时刻 τ 时容器内混合物的温度（即系统温度），K；T_0 为外界环境的温度，K。

表面传热系数与容器的形状、大小及材料有关。对于具有一定形状和大小的容器，αS 为一常数，可令 $B = \alpha S$，则式（5-5）可写成

$$Q_s = B(T - T_0) \tag{5-6}$$

着火是否发生取决于单位时间内的放热量 Q_f 和散热量 Q_s 的相互作用及其随系统温度变化而变化的程度。由式（5-4）和式（5-6）可知，Q_f 与系统温度 T 呈指数关系，而 Q_s 与系统温度 T 呈直线关系。可将 Q_f 和 Q_s 随系统温度的变化曲线绘制在同一图上，从而直观反映着火发生的条件及影响因素。

1. 环境温度对着火的影响

Q_s 直线在横坐标上的截距即为环境温度 T_0。在其他参数不变的情况下，当环境温度 T_0 升高时，Q_f 曲线位置不发生变化，而 Q_s 直线向右移动，如图 5-1 所示。Q_f 曲线与 Q_s 直线之间的关系存在三种可能的情况：

（1）当环境温度为一不高的温度值 T_{01} 时，Q_f 曲线与 Q_s 直线相交，且有两个交点 A 和 B。

（2）当环境温度为一恰当的温度 T_{02} 时，Q_f 曲线与 Q_s 直线有一个交点，即曲线与直线相切，切点为 C。

（3）当环境温度为一较高的温度值 T_{03} 时，Q_f 曲线与 Q_s 直线不相交，两者无交点。

现分别针对这三种情况进行分析。

（1）环境温度不高时，氧化反应维持在速率很小的状态，不会发生热自燃。

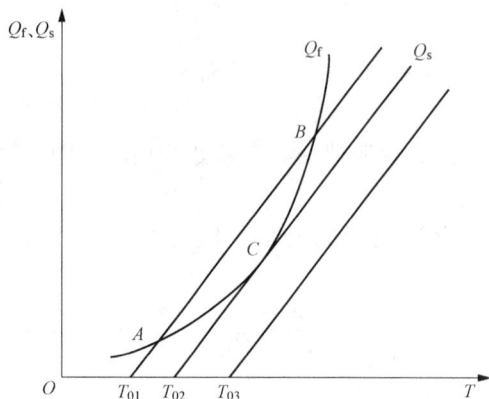

图 5-1　环境温度对着火的影响

当环境温度 $T_0=T_{01}$ 时，Q_f 曲线与 Q_s 直线有两个交点 A 和 B，即可能出现 A 和 B 两种工况。

首先对 A 点进行分析讨论。反应开始时，由于可燃物质的温度等于环境温度，即 $T_0=T_{01}$，所以系统向外界没有散热损失，即 $Q_s=0$。但这时化学反应是在缓慢地进行的，可燃物质在缓慢的化学反应过程中释放出的热量会使系统的温度升高，并逐渐使 $T_0>T_{01}$，则 $Q_s>0$，也就产生了散热损失。由于这时温差较小，散热损失也较小，则放热量大于散热量（$Q_f>Q_s$），所以使系统的温度不断升高，一直到两条线的交点 A。当可燃物质的温度为 T_A 时，$Q_f=Q_s$，放热和散热达到平衡状态。若由于某种原因使系统的温度略低于 T_A 时，则由于 $Q_f>Q_s$，温度将上升，从而使系统又恢复到 A 状态。反之，由于某种原因使系统的温度略高于 T_A 时，则由于 $Q_f<Q_s$，温度将下降，系统也将恢复至 A 状态。可见，A 状态是一个稳定的状态。在这个状态下，反应不会自动加速而着火。实际上，A 状态是一个反应速率很小的缓慢氧化工况。因此，放热量与散热量平衡仅是热自燃的必要条件，而不是充分条件。

再对 B 点进行分析讨论。当可燃物质的温度为 T_B 时，$Q_f=Q_s$。若由于某种原因使系统的温度略低于 T_B 时，则由于 $Q_f<Q_s$，温度将不断下降，从而使系统离 B 点越来越远，直到达到 A 点为止。因此，反应不可能着火。反之，由于某种原因使系统的温度略高于 T_B 时，则由于 $Q_f>Q_s$，温度将不断升高，从而使反应不断加速，直至燃烧。由此可见，B 状态是不稳定的。实际上，B 状态是不可能稳定存在的。因为 B 点温度高，而从 A 到 B 的过程中始终有 $Q_f<Q_s$，因此，可燃物质从初温 T_{01} 开始逐渐升温到 T_A 后，不可能越过 A 状态而自动升温至 T_B，除非有外界强热源向系统提供大量的热量才能使可燃物质从 A 状态过渡到 B 状态。然而，这已经不属于热自燃的范畴。

（2）当环境温度为一恰当温度时，Q_f 曲线与 Q_s 直线相切，发生热自燃。

当环境温度 $T_0=T_{02}$ 时，Q_f 曲线与 Q_s 直线有一个交点 C，且相切于该点。可燃物质的初温为 T_{02}，由于系统放热量大于散热量（$Q_f>Q_s$），系统的温度逐渐升高直至 C 状态。此时，若由于某种原因使系统的温度略低于 T_C 时，则由于 $Q_f>Q_s$，温度将上升，系统能自动地恢

复到 C 状态。但若由于某种原因使系统的温度略高于 T_C 时，由于放热量依然大于散热量，即 $Q_f > Q_s$，温度将不断升高，直至剧烈燃烧。可见，尽管在 C 状态上系统的放热量与散热量也达到了平衡但该状态是不稳定的。不过，不同于 B 状态，C 状态是能够自主达到的，因为在达到 C 状态以前，放热量总是大于散热量，并不需要外界补充能量，可燃物质完全依靠自身反应的能量积累就能自动地到达 C 状态。换言之，C 状态是化学反应由缓慢反应自动过渡到快速反应的临界状态。根据着火条件的定义，产生这种自动过渡过程的初始条件就是着火条件。因此，C 点被称为热自燃点，T_C 被称为着火温度。对于该反应的初始温度 T_{02} 则为引起热自燃的最低环境温度，称为自燃温度。

（3）当环境温度为一较高的温度时，Q_f 曲线与 Q_s 直线无交点。

当环境温度 $T_0 = T_{03}$ 时，Q_f 曲线与 Q_s 直线不相交，且系统放热量始终大于散热量，热量将在系统内不断累积，从而使可燃物质的温度不断升高，化学反应不断加速，最终必然导致着火和燃烧。

2. 散热强度对着火的影响

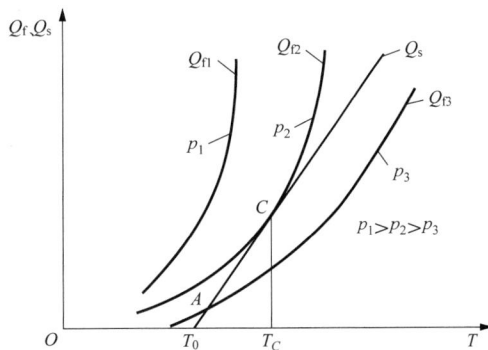

由公式（5-4）和式（5-5）可知，散热强度改变时，即 αS 改变时，Q_s 直线的斜率将会发生改变，而 Q_f 曲线不会受到影响。散热强度较大时，Q_s 直线的斜率也较大，反之亦然。因此，Q_f 曲线与 Q_s 直线之间存在三种可能的情况，如图 5-2 所示。

（1）当散热强度较大时，散热直线如 Q_{s1} 所示，且与 Q_f 曲线有两个交点。在此条件下，化学反应只会是缓慢的氧化作用，不可能自行着火和燃烧。

（2）当散热强度降低时，散热直线的斜率减小，散热曲线如 Q_{s2} 所示，并与 Q_f 曲线相切，满足产生热自燃的临界条件。可见，在反应放热量不变的情况下，通过减小表面传热系数或减小容器的表面积，就有可能使系统发生热自燃。

（3）当散热强度进一步降低时，散热直线如 Q_{s3} 所示，与 Q_f 曲线不相交。在此条件下，始终有 $Q_f > Q_s$，即热量将在系统内不断累积，从而不断加快化学反应，并最终发生着火。

3. 可燃物质压力对着火的影响

如果不改变系统向外界环境的散热条件，而改变容器内可燃物质的压力时，则反应速率将随着压力的增加而增加，反应的放热量也会随之增加。在不同的可燃物质压力下（如改变可燃物质的浓度），也存在着放热曲线与散热直线相切的情况，如图 5-3 所示的当可燃物质压力为 p_2 时的情况。当压力低于 p_2 时，如 $p_3 < p_2$，则可燃物质将停留在低温的氧化反应状态。

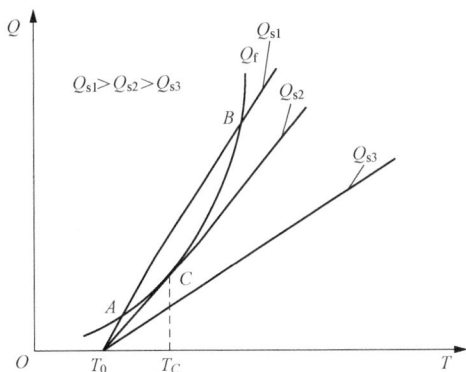

图 5-2　散热强度对着火的影响　　　　　图 5-3　可燃物质压力对着火的影响

当压力高于 p_2 时，如 $p_1 > p_2$，则由于放热量高于散热量，可燃物质将被引向高温的燃烧状态。

由以上的分析可知，可燃物质发生热自燃的临界着火条件不仅与可燃物质的性质有关，而且还与外界环境温度、压力、换热条件、容器的形状和尺寸等因素有关。

二、热自燃的临界着火条件和着火温度

通过以上分析可知，可燃物质发生热自燃的临界着火条件即为放热曲线与散热直线相切的工况，其数学表达式如下。

（1）放热量与散热量相等，即

$$Q_f\big|_{T=T_C} = Q_s\big|_{T=T_C} \tag{5-7}$$

（2）两线在切点 C 处随时间的变化率相等，即

$$\frac{dQ_f}{dT}\bigg|_{T=T_C} = \frac{dQ_s}{dT}\bigg|_{T=T_C} \tag{5-8}$$

将式（5-4）和式（5-6）代入式（5-7），得

$$A\exp\left(-\frac{E}{RT_C}\right) = B(T_C - T_0) \tag{5-9}$$

将式（5-4）和式（5-6）代入式（5-8），得

$$A\exp\left(-\frac{E}{RT_C}\right)\frac{E}{RT_C^2} = B \tag{5-10}$$

将式（5-9）代入式（5-10），可得 T_C 的一元二次方程，即

$$T_C^2 - \frac{E}{R}T_C + \frac{E}{R}T_0 = 0 \tag{5-11}$$

解得

$$T_C = \frac{E}{2R}\left(1 \pm \sqrt{1 - \frac{4RT_0}{E}}\right) \tag{5-12}$$

如上式中的"±"取"+"，则 T_C 可达 10000 K 以上。在通常条件下，活化能 $E = 1 \times 10^5 \sim 2.5 \times 10^5$ J/mol，当 $T_0 = 800$ K，气体状态常数 $R = 8.31$ J/（mol·K）时，则 $T_C = 11172 \sim 29262$ K，这与实际情况不相符合，实际上不可能有这么高的着火温度，因此取"–"，即

$$T_C = \frac{E}{2R}\left(1 - \sqrt{1 - \frac{4RT_0}{E}}\right) \tag{5-13}$$

实际上 $4RT_0/E \ll 1$，所以可把式（5-13）展开为级数，略去高次项，则有

$$\sqrt{1 - \frac{4RT_0}{E}} \approx 1 - 2\frac{RT_0}{E} - 2\left(\frac{RT_0}{E}\right)^2 \tag{5-14}$$

将式（5-14）代入式（5-13），得

$$T_C \approx T_0 + \frac{R}{E}T_0^2 \tag{5-15}$$

$$\Delta T_C = T_C - T_0 \approx \frac{R}{E}T_0^2 \tag{5-16}$$

若 $E = 1.7 \times 10^5$ J/mol，当 $T_0 = 800$ K，则

$$\Delta T_C \approx 30 \ll T_0$$

可以认为

$$T_C \approx T_0 \tag{5-17}$$

由此可见，着火温度与初始环境温度（自燃温度）在数值上相差不大，因此在近似计算时不需要去测量真正的着火温度，而这一温度的测量也是十分困难的。在实际应用中，可将 T_0 当作着火温度，即允许用可容易测量的临界外界温度 T_0 来代替着火温度 T_C。

三、热力着火的自燃界限

由前面的讨论可知，可燃物质在一定的条件下，其着火温度受压力等因素的影响，即可燃物质在不同的压力下，其着火温度也将不同。换言之，在其他参数不变的情况下，每个着火温度 T_C 对应一个自燃临界压力 p_c。

对于大多数碳氢化合物燃料，其燃烧反应接近于二级反应，反应速率为

$$w = k_0 \exp\left(-\frac{E}{RT}\right) c_A c_B = k_0 \exp\left(-\frac{E}{RT}\right) x_A x_B \left(\frac{p}{RT}\right)^2 \tag{5-18}$$

式中：c_A 和 c_B 分别为可燃气体和氧化剂的摩尔浓度；x_A 和 x_B 分别为可燃气体和氧化剂的摩尔分数；p 为可燃气体混合物的总压力。

根据式（5-10），有

$$qVk_0 x_A x_B \left(\frac{p_c}{RT_C}\right)^2 \exp\left(-\frac{E}{RT_C}\right) \frac{E}{RT_C^2} = \alpha S \tag{5-19}$$

或

$$\frac{p_c^2}{T_C^4 \exp\left(\dfrac{E}{RT_C}\right)} = \frac{\alpha S R^3}{qVk_0 x_A x_B E} \tag{5-20}$$

对于一定的容器空间、反应条件和散热条件，则式（5-20）的右侧项是常数，因此，在热自燃临界条件下，p_c 与 T_C 之间满足

$$\frac{p_c^2}{T_C^4 \exp\left(\dfrac{E}{RT_C}\right)} = 常数 \tag{5-21}$$

按式（5-21）可作出图 5-4 所示的自燃区图，并可作如下分析：

（1）对于一定成分的可燃混合物，在某一压力 $p_{c,K}$ 和散热强度 $\dfrac{\alpha S}{V}$ 值下，只有外界温度达到图中 K 点所对应的临界环境温度 $T_{0,K}$（$T_{0,K} \approx T_{C,K}$）时，可燃混合物才会着火。如外界温度低于此临界温度 $T_{0,K}$ 时，可燃混合物就不可能着火，而只能处于低温氧化状态。同理，对于具有某一温度 $T_{C,K}$ 的可燃混合物，如压力低于

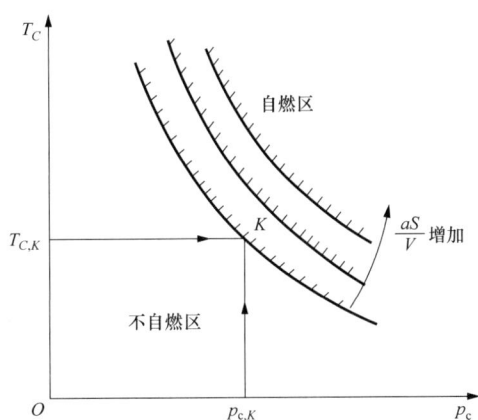

图 5-4　临界着火条件中温度与压力的关系

K 点所对应的临界压力 $p_{c,K}$ 时，可燃混合物也不会发生自燃。

（2）对于一定成分的可燃混合物，当可燃混合物的压力增加时，着火温度降低，表示可燃混合物容易发生着火；反之，如果压力下降，则着火温度升高，表明可燃混合物不易着火。正因如此，内燃机在高原地区以及航空发动机在高空时着火性能都会变差。

（3）随着散热强度 $\dfrac{\alpha S}{V}$ 增大，自燃临界曲线则向右上方移动。

（4）在一定压力 p 下，可燃物质与氧化剂的混合比不同时，发生自燃的临界温度有所不同。或者，在一定的外界温度 T_0 下，可燃物质与氧化剂的混合比不同时，可燃混合物发生自燃的临界压力有所不同，即在一定的条件下，可燃物质必须保持在一定浓度范围内才能自燃。这种可燃混合物能够发生着火的浓度范围，称为燃料的着火界限。下面分析可燃物质的着火界限。

将式（5-20）变形，得

$$\frac{p_c^2}{T_C^4} = \exp\left(\frac{E}{RT_C}\right)\frac{\alpha S R^3}{q V k_0 x_A x_B E} \tag{5-22}$$

根据式（5-17），由于 $T_C \approx T_0$，则有

$$\frac{p_c^2}{T_0^4} = \exp\left(\frac{E}{RT_0}\right)\frac{\alpha S R^3}{q V k_0 x_A x_B E} \tag{5-23}$$

对上式两边取自然对数并整理，则得

$$\ln\left(\frac{p_c}{T_0^2}\right) = \frac{E}{2R}\frac{1}{T_0} + \frac{1}{2}\ln\left(\frac{\alpha S R^3}{q V k_0 x_A x_B E}\right) \tag{5-24}$$

此式称为谢苗诺夫方程。

将式（5-24）的函数关系绘制在 $\ln\left(\dfrac{p_c}{T_0^2}\right) - \dfrac{1}{T_0}$ 坐标图上，则可得到一条直线，如图 5-5 所示。该直线的斜率为 $E/(2R)$，因此，谢苗诺夫方程提供了一种测量活化能的简单方法。

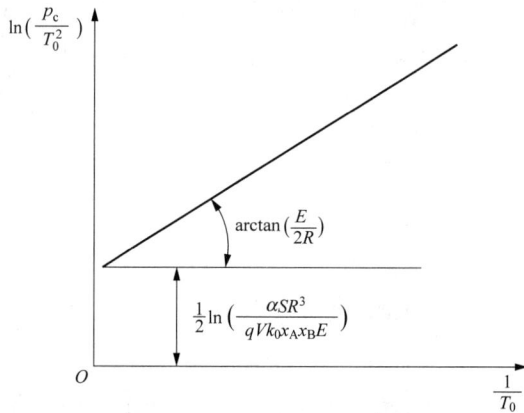

图 5-5　临界着火压力与温度的关系

在式（5-24）中，如果 p_c 为一常数，则可得到临界温度 T_0 与可燃物质浓度的关系曲线，如图 5-6（a）所示。若取 T_0 为定值，则可得自燃临界压力与可燃物浓度的关系曲线，如

图 5-6（b）所示。这些曲线给出了可燃物质的着火界限。一般地，这些曲线都呈 U 形，U 形内为着火区，U 形外为非着火区。这些关系曲线说明了在一定的温度（或压力）下，并非所有可燃混合物都能着火，而是需要满足一定的可燃物质浓度范围。超过这一浓度范围，可燃混合物就不能着火，只能处于不同程度的缓慢氧化状态。这一浓度范围的上限称为着火上限（或富燃料限），指含燃料量较多的可燃混合物组成；下限称为着火下限（或贫燃料限），指含燃料量少的可燃混合物组成。

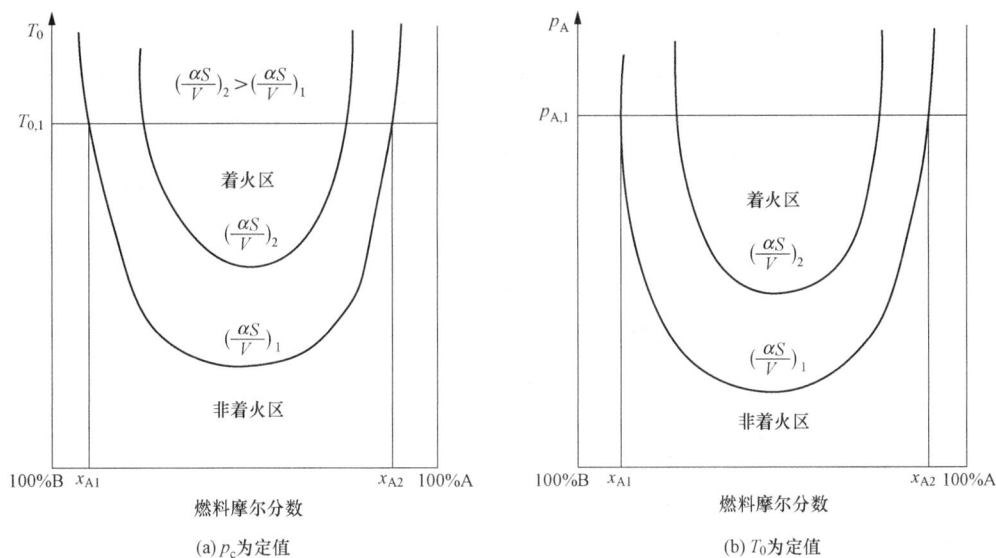

图 5-6　着火界限

在给定的散热强度 $\frac{\alpha S}{V}$ 下，当温度（或压力）下降时，可燃混合物的着火界限变窄，因此存在着一个极限的温度（或压力），低于该极限温度（或压力），可燃混合物的任何组成都无法着火。这一最小的极限着火压力（或温度）对于发动机在高空燃烧具有重要的意义。另一方面，当温度（或压力）高于某一数值后，着火界限已不再有多大的变化，表明此时可燃混合物的组成对着火的影响不大。通常情况下，为了使可燃混合物易于着火，可通过提高温度或提高压力（或两者都提高）来实现。

此外，当增加散热强度 $\frac{\alpha S}{V}$ 时，可燃混合物的着火界限会随之缩小。这也说明当散热强度较大时，需要具有更合适的可燃物质浓度才能着火。而从另一个角度来说，在很多实际情况中，尺寸小的燃烧设备其表面积与容积之比很大，导致散热强度较大，使其内部燃料的着火和燃烧变得比较困难。上述结论可通过以下分析得出：

由式（5-19）变换可得

$$p_{\mathrm{c}}^2 \frac{V}{S} = \exp\left(\frac{E}{RT_C}\right) \frac{\alpha R^3 T_C^4}{q k_0 x_A x_B E} \tag{5-25}$$

对于具有特定组分的可燃混合物，为达到临界着火温度 T_C，则需满足

$$p_c^2 \frac{V}{S} = 常数 \tag{5-26}$$

对于直径为 d 的球形容器，则有

$$\frac{V}{S} = \frac{\pi d^3/6}{\pi d^2} = \frac{d}{6} \tag{5-27}$$

将式（5-27）代入式（5-26），得

$$p_c^2 d = 常数 \tag{5-28}$$

从式（5-28）可知，增大容器尺寸可以降低着火压力，即在相对较低的压力下就能使可燃物质发生自燃着火；而减小容器尺寸时，就需要相应地提高容器内的压力，以保证稳定着火和燃烧。这也正是小缸径柴油机往往采用较高的压缩比来提高压缩压力的重要原因。

表 5-1 中列出了几种可燃气体的着火温度和着火范围。但需注意，由于着火温度与环境温度、压力、换热条件、容器的形状和尺寸等因素都有关系，表中数据仅有参考价值。

表 5-1   几种可燃气体的着火温度和着火范围

名称	分子式	着火温度 T_c/°C	可燃物质着火的摩尔分数范围/%	
			低限	高限
氢气	H_2	530～590	4.0	74.2
一氧化碳	CO	609～658	12.4	73.8
甲烷	CH_4	632～750	4.6	14.6
乙烷	C_2H_6	472～630	2.9	14.0
乙烯	C_2H_4	542～547	2.7	36.0
乙炔	C_2H_2	305～480	2.5	80.0
高炉煤气	—	700～800	46.0	68.0
焦炉煤气	—	650～750	30.0	60.0
生活煤气	—	560～750	5.3	31.0

第三节 强 迫 着 火 理 论

一、强迫着火过程及特点

在讨论可燃物质的热着火时，根据着火方式不同，可分为自燃着火和强迫着火（点燃）。两者在着火本质上并无差别，都是燃料放热量大于其向周围散热量而产生的化学反应自动加速的结果，但在具体过程中有如下的不同点。

（1）强迫着火要求在可燃物质的局部首先进行加热，并使反应放热量大于其向周围散热量而产生反应自动加速效应，之后，局部着火的火焰向其他可燃物质区域扩散。局部着火时，在可燃物质的大部分空间内，其化学反应速率仍很低。而在热自燃时，反应和着火在可燃物质的整个空间内进行。

（2）自燃着火要在较高的外界温度下，因反应的自动加速使可燃混合物温度升高直至着火。而在强迫着火时，外界温度或容器壁面温度一般远低于自燃着火时的温度，因而需要采用高温物体对可燃混合物进行加热，并使其着火。能够引起可燃混合物着火的炽热物体表面的最低温度称为强迫着火温度。为了保证局部着火及火焰在较冷的混合气流中传播，强迫着火温度一般要明显高于自燃着火温度。

（3）强迫着火过程包括局部区域的着火和火焰的传播，因此，可燃混合物能否点燃不仅与炽热物体表面附近的混合气的着火特性有关，而且还与火焰的传播特性有关。因此，强迫着火过程要比自燃着火过程复杂得多。影响强迫着火过程的因素除了可燃物质的化学性质、浓度、温度和压力外，还有点燃方法、点火能、可燃物质的流动性质等，而且后者的影响更为显著。

二、强迫着火方法

在燃烧技术中，为了加速和稳定着火，往往采用强迫着火方式。工程上常用的强迫点燃方法有以下几种。

1. 炽热物体点燃

可用金属板、柱、丝或球为电阻，通以电流或用其他方式使其炽热，也可用耐火砖、陶瓷棒等材料以热辐射方式使其加热并保持高温，形成炽热物体。当低速流动的可燃物质与这些炽热体相接触时，在一定的温度、压力和组成下就可被点燃着火。

2. 电火花点燃

利用两电极孔隙间的高压放电或感应放电产生火花，使部分可燃物质温度升高，并产生自身具有传播能力的火焰，进而实现整体着火。从放电开始到形成稳定火焰的整个过渡期就是点火过程。电火花的作用是在可燃混合物中形成一个瞬时火焰核心。如果这个火焰核心成长起来并形成稳定的火焰传播，便能成功点燃可燃混合物。这种方法比较简单易行，但由于电火花的点火能量较小，使其应用范围受到一定的限制，通常用来点燃低速流动的易燃气体，如汽油发动机中预混合气、煤气灶具中的煤气等。对于温度很低、流速较大的可燃混合气，直接用电火花来点燃是不可靠的，有时先用它来点燃一小股易燃气流，然后再点燃低温、大流量的可燃气流。

目前，关于电火花点燃的机理有两种看法：一种是着火的热理论，认为电火花是一个外加的高温热源，由于它的存在使靠近它的局部可燃混合气温度升高，达到着火临界状态而被点燃着火，然后再借助火焰传播使整个容器内混合气着火燃烧；另一种是着火的电理论，认为可燃混合气的着火是由于靠近火花部分的气体被电离而形成活化中心，提供了产生链反应的初始条件，从而通过分支链反应实现可燃混合气的着火燃烧。实验表明，这两种机理同时存在。一般地，在压力很低时，电离的作用是主要的，但当压力提高时，尤其是高于0.01 MPa后，则主要是热的作用。

3. 火焰点燃

所谓火焰点燃就是先用其他方法将燃烧室中易燃的可燃气点燃，形成一股稳定的小火焰，并以此作为点火源去点燃较难着火的混合气流，如温度较低、流速较大的可燃气流或因其他原因不易用较小能量的炽热体或电火花点燃的可燃混合气。这种方法的最大优点是具有较大的点火能量。在工程燃烧设备如锅炉和燃气轮机燃烧室中，火焰点燃是一种比较常用的点火方法。

综上所述，不论采用哪种点燃方式，其原理都是可燃物质的局部受到外在高温热源的作用而着火燃烧。

三、强迫着火的实现条件

在充满气体的容器中放置一炽热物体，气体的初始温度为 T_0，炽热物体表面的温度为 T_w。炽热物质周围气体中的温度分布如图 5-7 所示。

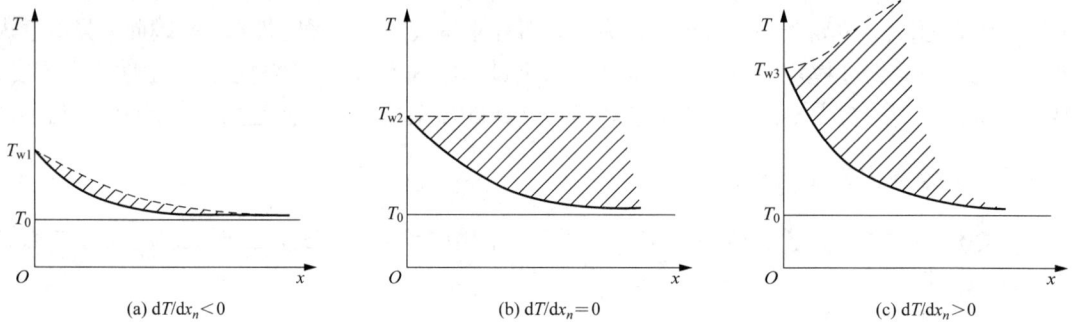

图 5-7　炽热物体周围气体中的温度分布曲线

(a) $dT/dx_n < 0$　　　　(b) $dT/dx_n = 0$　　　　(c) $dT/dx_n > 0$

如果气体是不可燃气体，这就是炽热物体与周围气体之间普通的换热现象，根据传热规律，气体中的温度如图 5-7 中的实线所示。在炽热物体的表面处，认为气体的温度为 T_w，离开物体表面则气体的温度迅速降低至 T_0。随着 T_w 的升高，气体中的温度分布情况没有本质的变化，沿着离开炽热物体表面向外的方向，温度总是降低的，即 $dT/dx_n < 0$，只是由于温差增大，温度分布曲线变得更陡峭。

如果气体是可燃气体，在炽热物体表面温度不高时，如 $T_w = T_{w1}$，可燃气体内只发生缓慢的化学反应，产生少量的热量，这时气体中的温度分布如图 5-7（a）中虚线所示。图中阴影部分表示化学反应造成的温升。此时炽热物体表面附近的温度梯度仍为负值，即 $(dT/dx_n)_w < 0$。

当提高炽热物体表面的温度时，可以增加可燃气体的化学反应速率，从而增加反应的放热量，周围气体中温度的下降趋势将变得平缓。随着炽热物体温度的不断升高，总可以找到这样一个温度，如 $T_w = T_{w2}$，在此温度下，气体中的温度分布曲线在炽热物体表面处与炽热物体表面相垂直，如图 5-7（b）中虚线所示，即在物体表面处形成了零值温度梯度，$(dT/dx_n)_w = 0$。根据传热学理论可知，这时炽热物体表面与附近气体之间没有热量交换。炽热物体表面附近的可燃气体反应放出的热量等于其向外散失的热量。

如果炽热物体表面的温度再升高，如 $T_w = T_{w3}$，则反应速率进一步增加，物体表面附近可燃气体反应放出的热量将大于其向外散失的热量。由于热量的积累，故反应会自动地加速到着火。这时火焰温度将明显高于炽热物体表面的温度，因此在物体表面处的温度梯度成为正值，即 $(dT/dx_n)_w > 0$，如图 5-7（c）所示。

通过上述分析可知，当炽热物体表面温度从低于 T_{w2} 过渡到高于 T_{w2} 时，可燃气体将从无火焰的缓慢反应状态过渡到着火燃烧状态，且物体表面处的温度梯度会由负值变为正值。由此可见，T_{w2} 即为这种情况下的临界温度，即强迫着火温度。要实现强迫着火的临界条件为：在炽热物体附近可燃物质的温度梯度等于零，即

$$\left(\frac{dT}{dx_n}\right)_w = 0 \tag{5-29}$$

式中：x_n 为离开物体表面的法向距离。

在实验中发现，临界的强迫着火温度通常比热着火理论所求出的临界着火温度 T_i 高几百摄氏度，也就是说，即便炽热物体的温度达到 T_i，仍不能使可燃气体整体点燃。此时在炽热物体附近的可燃气体可能会被点燃，但这局部火焰不能传播到整个可燃气体空间。主要是因为式（5-29）仍未得到满足，此时虽有 $T_w > T_i$，但远离炽热物体后温度即迅速下降，如图 5-7（a）所示，即此时炽热物体附近的反应放出的热量仍小于散热量，无法积累热量以及发生火焰传播。

强迫着火温度（点燃温度）和热着火温度一样并不是一个物理常数，它除了与可燃物质的物理和化学性质有关以外，还与点火源及其点火能有关。例如，点火源或高温烟气回流量过小，传给可燃物的热量就较小，因此要求较高的点燃温度才能着火。此外，增大点火源的尺寸将有助于成功实现强迫着火。例如，通过合理设计喷燃器并优化其运行工况，而获得较大的烟气回流卷吸量时，燃料就容易被点燃。以下炽热球体的强迫着火实验也能说明点火源尺寸对强迫着火性能的影响。将炽热的球体以 4 m/s 的速度抛入充满可燃混合物的容器中，测量不同球体尺寸与临界强迫着火温度的关系，典型的实验结果如图 5-8 所示。由图可知，当球体尺寸逐渐增大时，为保证可燃混合物着火所需的球体温度显著降低。

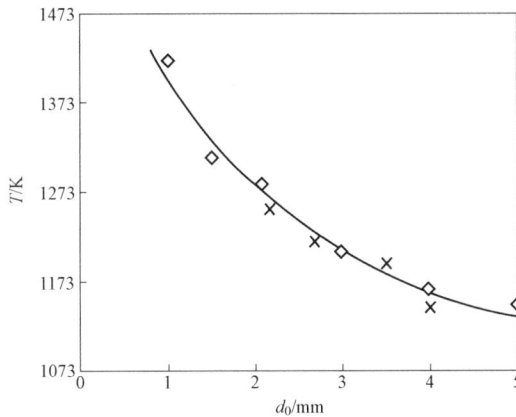

图 5-8　临界点燃温度与炽热球体直径的关系

四、强迫着火的热理论

假设有一球形炽热物体，其温度保持不变，炽热球体周围气体的温度只沿着球体表面的法向方向变化，取球体表面的外法向方向为 x 轴，球体表面某处为坐标原点来建立坐标系，如图 5-9（a）所示。设球体附近有化学反应的边界层厚度为 δ，其边界上的温度为 T_δ。由于 δ 很小，所以可近似地认为 $T_\delta = T_w$，且边界层内可燃物质的浓度 c 为定值。

在球体附近的边界层内距壁面 x 处取一微元可燃气体团，如图 5-9（b）所示。微元气体团的厚度为 $\mathrm{d}x$，微元体与 x 轴垂直的两个表面积均为 $\mathrm{d}A_s$，则可以求得该微元体的热平衡。

根据傅里叶定律可知，导入微元体的热量 Q_1 为

$$Q_1 = -\lambda \frac{\mathrm{d}T}{\mathrm{d}x} \mathrm{d}A_s \tag{5-30}$$

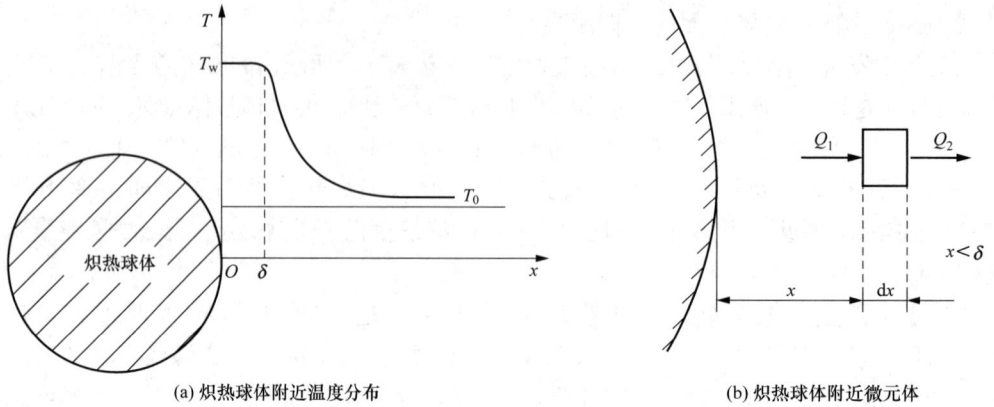

(a) 炽热球体附近温度分布   (b) 炽热球体附近微元体

图 5-9 炽热球体点燃模型

导出微元体的热量 Q_2 为

$$Q_2 = \left(-\lambda \frac{dT}{dx} - \lambda \frac{d^2 T}{dx^2} dx \right) dA_s \tag{5-31}$$

微元体内可燃气体反应放出的热量 Q_3 为

$$Q_3 = qw dx dA_s \tag{5-32}$$

式中：q 为反应热；w 为反应速率。

由能量守恒定律知

$$Q_1 - Q_2 + Q_3 = 0 \tag{5-33}$$

即

$$-\lambda \frac{dT}{dx} dA_s - \left(-\lambda \frac{dT}{dx} - \lambda \frac{d^2 T}{dx^2} dx \right) dA_s + qw dx dA_s = 0 \tag{5-34}$$

整理得

$$\lambda \frac{d^2 T}{dx^2} + qw = 0 \tag{5-35}$$

将反应速率 $w = k_0 c^n \exp\left(-\frac{E}{RT} \right)$ 代入上式，得

$$\lambda \frac{d^2 T}{dx^2} + qk_0 c^n \exp\left(-\frac{E}{RT} \right) = 0 \tag{5-36}$$

式（5-36）的边界条件为

$$\left. \begin{array}{lll} x = 0, & T = T_w, & \dfrac{dT}{dx} = 0 \\[2mm] x = \delta, & T = T_\delta, & \dfrac{dT}{dx} = \left(\dfrac{dT}{dx} \right)_\delta \end{array} \right\}$$

设 $y = \dfrac{dT}{dx}$，则上式可改写成

$$\frac{d^2 T}{dx^2} = y\frac{dy}{dT} = \frac{1}{2}\frac{dy^2}{dT} = -\frac{qk_0 c^n \exp\left(-\dfrac{E}{RT}\right)}{\lambda} \tag{5-37}$$

解得

$$y\Big|_0^\delta = \frac{dT}{dx}\Big|_0^\delta = -\sqrt{\frac{2qk_0 c^n}{\lambda}\int_{T_\delta}^{T_w} \exp\left(-\frac{E}{RT}\right)dT} \tag{5-38}$$

即

$$\left(\frac{dT}{dx}\right)_\delta = -\sqrt{\frac{2qk_0 c^n}{\lambda}\int_{T_\delta}^{T_w} \exp\left(-\frac{E}{RT}\right)dT} \tag{5-39}$$

上式中根号前取负号，是因为$(dT/dx)_\delta < 0$。

由于边界层外边界温度与周围气体之间存在着温度差，所以必然有热量传输（散失）。边界层通过单位面积外表面向外传输的热量 Q_4 为

$$Q_4 = \alpha\left(T_\delta - T_0\right) \approx \alpha\left(T_w - T_0\right) \tag{5-40}$$

式中：α 为表面传热系数。

由于强迫着火的临界条件要求 $(dT/dx)_w = 0$，所以 Q_4 这部分热量不是从炽热物体传输而来的，而是边界层内可燃气体反应后放出的热量。从单位面积的外边界上导出的热量 Q_5 为

$$Q_5 = -\lambda\left(\frac{dT}{dx}\right)_\delta \tag{5-41}$$

根据边界上的能量平衡有 $Q_4 = Q_5$，即

$$-\lambda\left(\frac{dT}{dx}\right)_\delta = \alpha\left(T_w - T_0\right) \tag{5-42}$$

将式（5-39）代入式（5-42），得

$$\frac{\alpha\left(T_w - T_0\right)}{\lambda} = \sqrt{\frac{2qk_0 c^n}{\lambda}\int_{T_\delta}^{T_w} \exp\left(-\frac{E}{RT}\right)dT} \tag{5-43}$$

根据努赛尔数的定义，有 $Nu = \alpha d/\lambda$，因此，式（5-43）可变化为

$$\frac{Nu\left(T_w - T_0\right)}{d} = \sqrt{\frac{2qk_0 c^n}{\lambda}\int_{T_\delta}^{T_w} \exp\left(-\frac{E}{RT}\right)dT} \tag{5-44}$$

式中：d 为炽热球体的直径，即定性尺寸。

为了求解式（5-44）中的 $\int_{T_\delta}^{T_w} \exp\left(-\dfrac{E}{RT}\right)dT$，需要作一些近似处理。因为在边界层内，有 $\dfrac{T_w - T}{T_w} \ll 1$，所以下面的关系式是成立的，即

$$\left(1 - \frac{T_w - T}{T_w}\right)\left(1 + \frac{T_w - T}{T_w}\right) = 1 - \left(\frac{T_w - T}{T_w}\right)^2 \approx 1 \tag{5-45}$$

则

$$\frac{1}{T} = \frac{1}{T_w - (T_w - T)} = \frac{1}{T_w \left(1 - \frac{T_w - T}{T_w}\right)} \approx \frac{1}{T_w}\left(1 + \frac{T_w - T}{T_w}\right) = \frac{1}{T_w} + \frac{T_w - T}{T_w^2} \quad (5-46)$$

利用式（5-46）则有

$$\exp\left(-\frac{E}{RT}\right) = e^{-\frac{E}{R}\left(\frac{1}{T_w} + \frac{T_w - T}{T_w^2}\right)} = e^{-\frac{E}{RT_w}} e^{-\frac{E(T_w - T)}{RT_w^2}} \quad (5-47)$$

这样则有

$$\int_{T_\delta}^{T_w} \exp\left(-\frac{E}{RT}\right) dT = \int_{T_\delta}^{T_w} e^{-\frac{E}{RT_w}} e^{-\frac{E(T_w - T)}{RT_w^2}} dT = \frac{RT_w^2}{E} e^{-\frac{E}{RT_w}}\left[1 - e^{-\frac{E(T_w - T_\delta)}{RT_w^2}}\right] \quad (5-48)$$

将式（5-48）代入式（5-44），得

$$\frac{Nu(T_w - T_0)}{d} = \sqrt{\frac{2qk_0 c^n}{\lambda} \frac{RT_w^2}{E} e^{-\frac{E}{RT_w}}\left[1 - e^{-\frac{E(T_w - T_\delta)}{RT_w^2}}\right]} \quad (5-49)$$

在式（5-49）中，T_w 与 T_δ 值非常接近，近似可取

$$T_w - T_\delta \approx \frac{R}{E_a} T_w^2 \quad (5-50)$$

将式（5-50）代入式（5-49），整理得

$$\frac{Nu}{d} = \sqrt{\frac{2qk_0 c^n R}{\lambda E} \frac{T_w^2}{(T_w - T_0)^2} e^{-\frac{E}{RT_w}}\left(1 - \frac{1}{e}\right)} \quad (5-51)$$

或

$$d = Nu\sqrt{\frac{\lambda E}{2qk_0 c^n R} \frac{(T_w - T_0)^2}{T_w^2} \exp\left(\frac{E}{RT_w}\right) \frac{e}{e-1}} \quad (5-52)$$

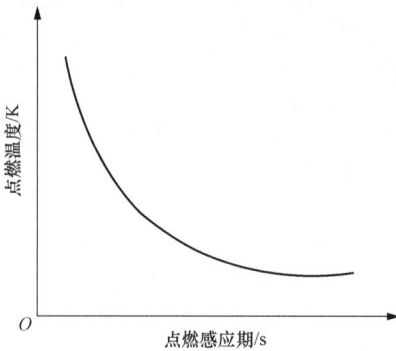

图 5-10　汽油和氧气的混合气点燃温度
与点火感应期的关系

式（5-52）建立了临界点燃温度 T_w 与炽热物体定性尺寸 d 以及其他参数之间的关系。该式说明在其他条件不变时，随着炽热球体直径的增加，临界点燃温度将下降，即可燃气体容易被点燃，这较好地解释了图 5-8 中临界点燃温度与炽热球体直径的关系。

此外，点燃也存在点燃感应期，其定义为从点火源与可燃气体接触到出现火焰的时间。图 5-10 示出了汽油和氧气的混合气体点燃温度与点燃感应期的关系曲线。从图中可以看出，欲缩短点燃感应期，就必须提高炽热物体的温度。

第四节　煤的着火理论

我国的一次能源以煤为主，因此在火力发电厂中煤炭是主要的燃料。本章前几节已经详

细介绍了燃料的着火理论，这些理论主要是针对气体燃料的，但对于其他类型的燃料也有一定的适用性。由于煤与气体燃料在物理形态、化学成分、分子结构等方面的差异，再加上混合状况、加热方式等方面的不同，因此表现出的着火特性也有所不同。因此，本节将专门对煤的着火理论加以介绍。

一、煤的着火模式

早期的研究认为煤的着火是在气相中发生的，即煤粒在被加热后，释放出的挥发分与空气中的氧混合，并在一定浓度、温度等条件下发生着火，然后迅速燃尽，挥发分燃烧产生的热量使残留炭骸被加热，达到炭骸的着火温度后，炭骸才开始燃烧直至燃尽。后来，霍华德、托马斯等人通过煤粒着火实验发现着火是在煤粒表面发生的，而挥发分的大量析出是在可见火焰峰面后才发生的。霍华德还指出存在一个煤粒临界尺寸，对于小于这一尺寸的煤粒就不会存在气相燃烧。

目前人们普遍认为，在一特定条件下究竟出现何种着火方式，取决于颗粒表面的加热速率和挥发分释放速率的相对大小。若颗粒表面加热速率高于颗粒整体热解速率，则着火发生在颗粒表面，称之为非均相着火；反之，着火则发生在颗粒周围的气体边界层中，称之为均相着火。

1. 均相着火模型

均相着火常常利用火焰层近似模型进行分析。火焰层近似模型认为反应只在离煤粒一定距离的薄层中进行，而在煤粒表面至反应层之间反应是冻结的，模型示意如图 5-11 所示。该模型以绝热条件（即 $dT/d\tau=0$）为着火判据。

均相着火模型曾被认为是唯一的煤的着火机理，时至今日，有的研究者依然应用它来确定着火的条件。该模型所预测的结果与单颗粒实验的很多现象是相符的，如随着煤粒挥发分含量的增加，着火温度降低；随着粒径的增大，着火温度也降低。但该模型对氧含量与着火温度的关系的预测与实际情况是矛盾的，预测结果显示随着氧含量的升高，着火温度也是升高的。另外，由于火焰层近似相当于着火发

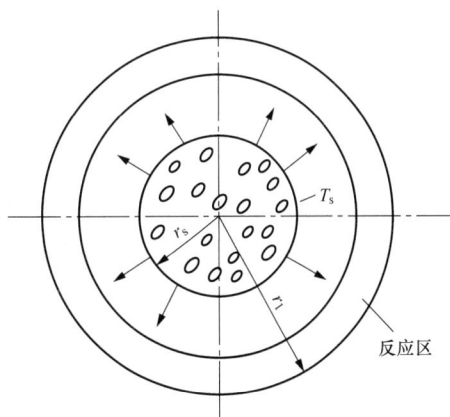

图 5-11 火焰层近似模型

生于纯扩散燃烧状态，这将高估着火温度，与实验值差别较大。

2. 非均相着火模型

煤的非均相着火模型认为，煤的着火不一定是由挥发分先着火燃烧，然后引燃整个颗粒，而是在煤表面上直接着火，整个煤粒包括挥发分和焦炭同时以固相形式反应。大量实验表明，在快速加热、小颗粒等情况下，倾向于非均相着火。

非均相着火一般采用谢苗诺夫热力着火理论进行分析，着火温度可通过求解温升曲线的拐点而得到。现行工程应用中所使用的煤的着火温度，均是按照热力着火理论求得的煤粒非均相着火温度。但需注意，大量考虑焦炭表面氧化的挥发分着火模型，其实质是均相

模型，即使忽略挥发分的空间燃烧，表面反应依然是焦炭的反应，这与煤整体的表面燃烧是不同的。

非均相着火模型正确预测了各种因素对着火的影响，尤其对氧含量，预测结果显示随着氧含量的增加，着火温度降低，如图 5-12 所示，这是与实际情况相符的。

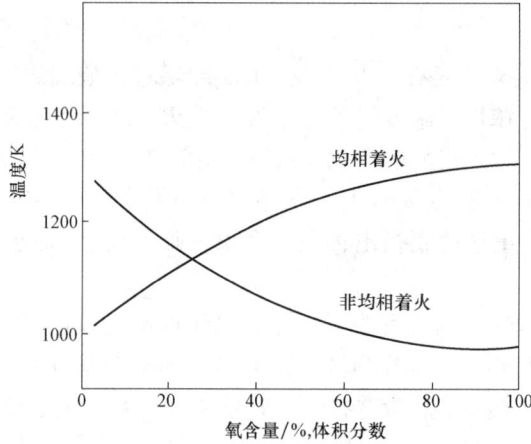

图 5-12   火焰层模型与非均相模型对氧含量和着火温度的预测

3. 均相-非均相联合着火模型

由挥发分火焰直接引燃炭骸的着火方式称为联合着火方式。在联合着火方式中，同时存在气相中挥发分的均相燃烧和炭骸表面的非均相燃烧。20 世纪 70 年代中期，云特根（Juntgen）等人用电加热栅网的方法研究了煤粒的着火过程以及着火模式随颗粒直径和加热速率的转变规律，给出了一种典型烟煤的着火模式图谱，如图 5-13 所示。由图可见，在低加热速率（<10 K/s）下，小颗粒煤粉（<100 μm）以非均相方式着火，而大颗粒煤粉或煤粒（>100 μm）则以均相方式着火。随着加热速率的升高，它们均向联合着火方式转变，直至加热速率达到 10^3 K/s 以上时，联合着火即成为唯一可能的着火方式。联合着火的机理与数学描述，都还有待于进一步认识和完善。

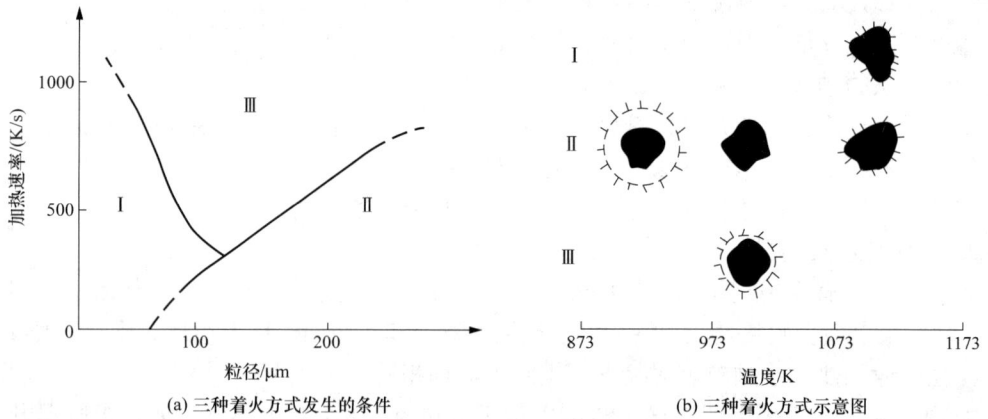

(a) 三种着火方式发生的条件   (b) 三种着火方式示意图

图 5-13   煤粉着火方式图谱

Ⅰ—非均相着火；Ⅱ—均相着火；Ⅲ—联合着火

二、煤的着火及其判据

煤的着火通常用着火温度和着火时间来表征。临界着火条件可以采用本章第二节中的谢苗诺夫热力着火理论来描述，即

$$Q_f = Q_s \tag{5-53}$$

和

$$\frac{dQ_f}{dT} = \frac{dQ_s}{dT} \tag{5-54}$$

根据能量守恒定理，单位时间内煤粒的蓄热量（Q）等于反应放热量（Q_f）与散热量（Q_s）之差。假定着火前煤粒的质量消耗忽略不计，即 $m=m_0$，则有

$$Q = Q_f - Q_s = m_0 c \frac{dT}{d\tau} \tag{5-55}$$

单位时间煤粒的蓄热量随时间的变化率为

$$m_0 c \frac{d^2 T}{d\tau^2} = \left[\left(\frac{dQ_f}{dT} \right) - \left(\frac{dQ_s}{dT} \right) \right] \frac{dT}{d\tau} \tag{5-56}$$

即

$$\frac{d^2 T}{d\tau^2} = \frac{Q}{(m_0 c)^2} \frac{dQ}{dT} \tag{5-57}$$

式中：c 为煤粒的比热容。

因此，谢苗诺夫的临界着火条件式（5-53）和式（5-54）可以表示为

$$\frac{dT}{d\tau} = 0 \tag{5-58}$$

$$\frac{d^2 T}{d\tau^2} = 0 \tag{5-59}$$

如图 5-14 所示的煤粒在着火过程中的温升规律，式（5-58）和式（5-59）所描述的状况相当于图中的曲线Ⅰ，可理解为一冷的煤粒投入温度为 T_i（临界着火点气体温度）的空气中，在拐点处满足 $dT/d\tau=0$ 且 $d^2T/d\tau^2=0$。

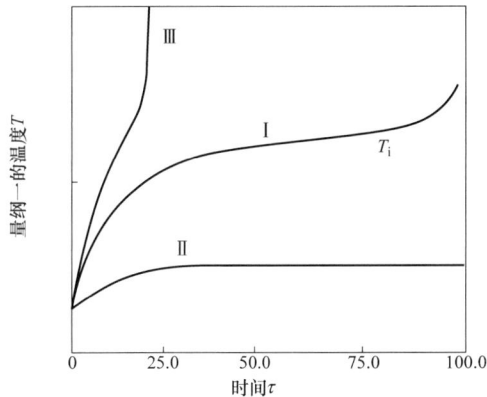

图 5-14　煤粒在不同温度的热气流中的温升曲线

图5-14中的曲线Ⅱ，相当于煤粒投入温度低于T_i的空气中，满足$dT/d\tau=0$，但$d^2T/d\tau^2\neq0$，在该工况下不能发生着火，煤粒最终处于在一个较低水平的反应状态。而曲线Ⅲ，相当于煤粒投入温度高于T_i的空气中，是一种常见的热点火工况，显然能够着火。在这一常见的工况中，由于环境温度高于着火温度，则$Q_s<0$，$Q=Q_f-Q_s$恒大于零，即$dT/d\tau>0$。一般地，可定义温升曲线的拐点，即$d^2T/d\tau^2=0$的点为着火点，此点的温度为着火温度。由此，着火条件应为

$$\frac{dT}{d\tau}\geqslant0 \qquad\qquad\qquad (5-60)$$

$$\frac{d^2T}{d\tau^2}=0 \qquad\qquad\qquad (5-61)$$

据此可以设计试验来确定着火温度T_i。如在单颗粒燃烧试验中，通过记录煤粒的温升过程，就可在温升曲线上找到拐点，从而确定着火温度。但必须注意到着火温度随试验条件而异，而且不同试验方法获得的着火温度缺少可比性。因此，在使用着火温度数据时，必须注意其试验条件。

以上对温均质系统是有效的着火判据，但实际情况远比上述的情况复杂。煤的着火受煤种（挥发分含量、煤中水分含量、矿物质含量）、煤粒尺寸分布、煤的浓度、停留时间、气体成分、气体温度、气体速度、系统压力、煤的布置形态（单颗煤粒、煤堆或煤粉层、煤粉云）等因素的影响。对于各种实际过程，还需发展相应更合理的着火判据。

第六章 火 焰 传 播

第一节 火焰结构与特征

一、火焰结构

火焰是燃料和空气混合后迅速转变为燃烧产物的化学过程中出现的可见光或其他的物理表现形式，燃烧既是化学现象，又是一种物理现象。火焰是有焰燃烧的基本特征。

气态可燃物燃烧时形成的火焰，有预混火焰和扩散火焰两种。预混火焰是可燃气体与空气在燃烧前已均匀混合的火焰；扩散火焰是可燃气体与空气边混合边燃烧的火焰。液态/固态可燃物燃烧时，若蒸气与空气未预混，则形成扩散火焰；若通过雾化、蒸发后与空气预混，也可形成预混火焰。可燃物在燃烧时，根据其状态不同和助燃物的供给方式等因素不同，火焰的结构也不相同。

气态可燃物的火焰结构以本生灯为例，如图6-1所示。本生灯是德国物理学家本生（Bunsen）为了研究层流预混火焰现象在1855年发明的第一台预混火焰燃烧装置，是实验室最广泛使用的燃烧装置，其原理与 $C_2H_2-O_2$ 焊枪及家用、工业用煤气燃烧室很相似。基本原理是：燃料气流进入本生灯由喷口流出，喷管下部有可调的空气阀门，调节阀门开度可控制引射空气量（一级空气）预先与燃料混合。预混空气量和流速可以任意调节，由一次空气供氧所形成的火焰锋面在内层，称为内焰，呈蓝色；燃料喷出喷口后由周围空气扩散过来提供氧气（二级空气）所形成的火焰锋面称为外焰，呈黄色。这种火焰比较稳定，温度较高。有的气体火焰无一级空气进入（$\alpha=0$），只有一层圆锥形火焰锋面，即只有外焰，如天然气井喷火焰、可燃气体容器或管路破裂时在泄漏处形成的喷流火焰等。若预混空气量 $\alpha \geq 1$，也只有一层火焰锋面锥，即只有内焰，但火焰锋面外附近的燃烧反应产物区域可见紫红色发光，形成燃烧反应产物火焰。

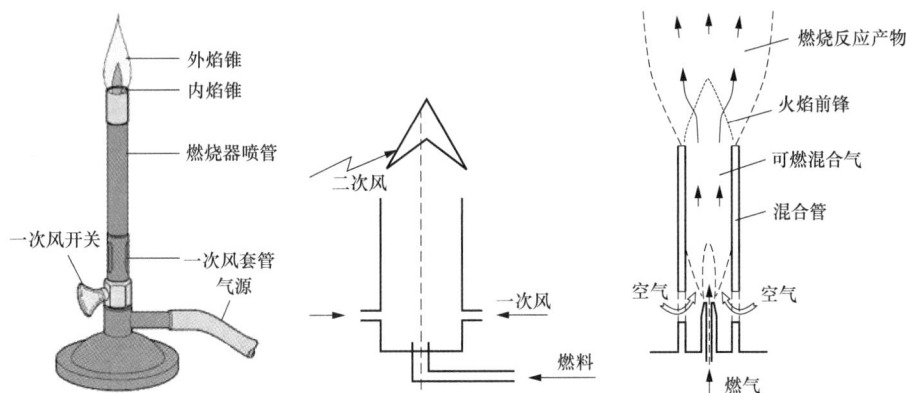

图6-1 本生灯及其火焰结构

以蜡烛火焰为例，液态可燃物的火焰结构如图 6-2 所示，它由焰心、内焰和外焰三个区域组成。焰心是最内层亮度较暗的圆锥体部分，由可燃物受热蒸发或分解产生的气体可燃物所构成。由于内层氧气浓度较低，所以燃烧不完全，温度较低。内焰为包围在焰心外部较明亮的圆锥体部分。在这层火焰中气态可燃物进一步分解，因氧气供应不足，所以燃烧也不完全，但温度较焰心高。因火焰中的微小炭粒子受热发出较明亮的光，所以内焰的亮度最强。外焰为包围在内焰外面亮度较暗的圆锥体。在这层火焰中，氧气供给充足，燃烧完全，燃烧温度最高。在外焰燃烧的一般为 CO 和 H_2，炽热的炭粒很少，因此几乎没有光亮。

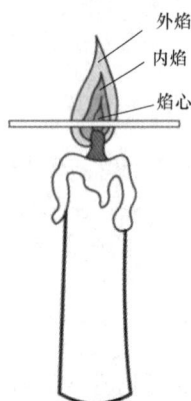

图 6-2　蜡烛火焰结构

一切可燃性固体和液体燃烧时形成的火焰，都有焰心、内焰和外焰三个区域。但可燃气体燃烧时因无相变过程，所形成的火焰只有内焰和外焰，而没有焰心区域。固体表面的形状、堆放的方法、风力等外界因素不同，也会使固体、液体的火焰形状有所不同。

二、火焰特征

火焰通常是燃烧发生的标志，而火焰的一个重要特征就是发光。由不同化学组成的可燃物以及在不同条件下燃烧时，其火焰特征则不同。火焰有显光的（光亮的）和不显光的（或发蓝色）两种类型，而显光的火焰又分为有熏烟的和无熏烟的两种。可燃物在空气中燃烧的火焰特征与可燃物中氧和碳的含量、火焰中的离子成分有关。含氧量在 50%以上的可燃物燃烧时，通常发出不显光的火焰（发蓝光，白天不易看见）；含氧量在 50%以下的发出显光的火焰；含碳量在 60%以上的，则发出显光，并带有大量熏烟的火焰。如果把纯氧引入火焰内部，则原来显光的火焰就会变成不显光的火焰，而有熏烟的火焰变成无熏烟的火焰。部分可燃物的元素组成与火焰的特征见表 6-1。

表 6-1　　　　　　　　　　部分可燃物的元素组成与火焰的特征

物质名称	碳	氧	氢	火焰的特征
甲酸	26	69.5	4.5	不显光
一氧化碳	43	57	—	
乙酸	40	53.3	6.7	
甘油	39.1	52.17	8.73	
糖	42.1	51.5	6.4	
甲醇	37.5	50	12.5	
木材	49.5	44.2	6.3	显光
乙醇	52.2	34.8	13	显光但无熏烟
丙酮	62	27.65	10.35	显光且熏烟
硬脂酸	75	13.2	11.8	

续表

物质名称	碳	氧	氢	火焰的特征
苯	92.3	—	7.7	显光且熏烟
乙炔	92.3	—	7.7	

有机可燃物火焰的明亮程度和颜色主要取决于火焰中的炭粒子。在供氧充足情况下燃烧，火焰中炭粒子生成量少，火焰的光就弱或不显光；当供养不充足时，火焰中生成的炭粒子多，便形成显光和熏烟的火焰。

某些无机物的微粒也能决定和影响火焰的显光特性和颜色。如果在火焰中引进某些其他元素或固体微粒，则火焰的颜色就主要取决于这种固体微粒。例如，在火焰中引进锶盐（Sr^{2+}）则火焰变为红色；而引进钠盐（Na^+），则火焰变为黄色。

部分无机物的微粒影响火焰颜色如下：

Na 或 Na^+——黄色火焰

K 或 K^+——紫色火焰

Ca 或 Ca^{2+}——砖红色火焰

Ba 或 Ba^{2+}——绿色火焰

Sr 或 Sr^{2+}——红色火焰

Cu 或 Cu^{2+}——蓝色火焰

Al、Mg——白色火焰

S 或 H_2S——淡蓝色火焰

P——黄色或黄绿色火焰

由于上述这些微粒在加热时能发出它本身的特征颜色，因此，信号灯、信号弹、照明弹、焰火剂等就是根据这一原理制成的。

第二节　火焰传播现象与概念

在许多实际的燃烧设备中，燃烧总是首先由局部地方着火，然后逐渐传播到周围其他地方。燃烧之所以能够由局部向周围发展，正是因为火焰有这种传播特性。了解火焰传播的知识，有助于掌握燃烧过程的调整要领，对稳定着火和防止爆燃极为重要。

一、火焰传播现象

图 6-3 所示为一透明管道容器中充满均匀的可燃混合气（如甲烷和空气），在开口端用打火机点燃混合气，形成淡蓝色火焰并以一定的速度向未燃混合气方向传播。这种蓝色火焰是一种发光的高温反应区，依靠导热作用将能量传输给火焰邻近的可燃混合气，使其温度达到着火点而燃烧，这样一层一层的新鲜混合气依次着火，它像一个固定面一样向可燃混合气中传播。这层薄薄的化学反应发光区称为火焰前沿或火焰锋面。因此，火焰传播是指当可燃混合物在某一区域被点燃后，火焰从这个区域以一定速度往其他区域传播开去的现象。火焰传播速度指燃料燃烧的火焰锋面在法线方向上的移动速度。需要注意的是，火焰传播速度与

火焰的燃烧速度是两个不同的概念，火焰燃烧速度表示单位时间内在火焰锋面单位面积上烧掉的可燃混合气数量。只有当未燃气体在火焰锋面法线方向上的运动速度等于零时，火焰传播速度和燃烧速度在数值上才相等，但两者意义不同。对于一个固定坐标，当火焰传播方向与该坐标轴方向一致时，火焰的传播速度就是火焰锋面相对于该坐标轴的移动速度，可表示为

$$u_L = u_{gn} + w_r$$

式中：u_L 为层流火焰传播速度；u_{gn} 为可燃混合气速度矢量在火焰锋面法线方向上的投影；w_r 为燃烧速度。

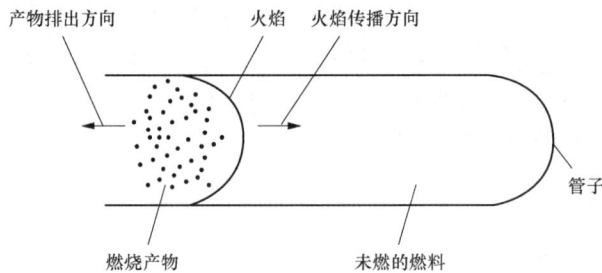

图 6-3   火焰传播示意

火焰在管道中的传播具有以下特点：

（1）从管道开口端点燃，燃烧产物以自由膨胀的方式经开口端喷出，瓶内压力可以认为是常数。

（2）燃烧化学反应只在薄薄的一层火焰面内进行，火焰将已燃气体与未燃气体分隔开来。实验证明，火焰锋面厚度只有十分之几毫米甚至百分之几毫米，在分析问题时经常把它看成一个几何面。

（3）从开口端点燃时，火焰传播过程依靠导热来进行，火焰传播速度较小，大多数碳氢燃料与空气的混合物的火焰传播速度只有几米至几十米每秒，称为正常火焰传播。

（4）由于管壁的摩擦，管道轴心线上的传播速度比近管壁处大。黏性使火焰面略呈抛物线的形状，而不是完全对称的火焰锥。浮力的作用又使抛物面变形。

（5）如果管径减小，相对于单位燃料来说管壁的散热作用增强，管壁对火焰有淬熄作用，当管径太小时，火焰将不能传播，此时的管径称为淬熄距离。

二、火焰传播形式

根据反应机理的不同，稳定的火焰传播可分为缓燃（或称为正常传播）和爆燃两种形式。缓燃主要依靠导热和分子扩散使未燃混合气温度升高达到着火点，燃烧波不断向未燃混合气中推进。图 6-3 所示从管子开口端点燃混合气，火焰向内传播即为缓燃。而爆燃传播不是通过传热和传质发生的，它是依靠激波的压缩作用使未燃混合气的温度不断升高而引起化学反应，从而使燃烧波不断向未燃混合气中推进。这种传播形式的速度很快，可达1000～4000 m/s。图 6-3 中，如果从管子的封闭端点燃混合气，则可能发生爆燃。缓燃和爆燃均是稳定的火焰传播，两者之间有过渡区，属于不稳定的传播形式。如果管道足够长且从开口端点燃，火焰在经过一段较长的距离（约为内径的 10 倍）后，将从稳定传播转变为不

稳定传播，会产生火焰的振荡运动，如果振荡运动的振幅非常大，则可能发生熄火现象或者爆燃。

　　根据燃料气流的流动类型，缓燃（正常传播）又可分为层流火焰传播和紊流火焰传播。当可燃混合物处于静止或层流运动状态时，例如在一个直径一定的管子里，可燃混合气着火部分向未燃部分导热和扩散活性粒子，火焰锋面不断向未燃部分推进，使其完成着火过程，这称为层流火焰传播。层流火焰传播速度很低，一般为 0.2～1 m/s。当可燃混合物处于紊流状态时，热量和活性粒子的传输就会大大加速，从而加快了火焰的传播，称为紊流火焰传播。紊流火焰传播速度较快，一般在 2 m/s 以上。一般工业技术的燃烧都属于紊流火焰传播。

　　根据燃烧波的传播速度，爆燃还可进一步细分为爆燃和爆轰（爆震）。以亚音速传播的燃烧波称为爆燃，而以超音速传播的燃烧波称为爆轰。燃烧波即是指在可燃混合气中运动传播的燃烧化学反应。燃烧过程除了燃烧波还有压强波的传播。对于缓燃波，已燃气体的压力、密度和速度都是减小的，已燃气体背向燃烧波运动；对于爆燃波和爆轰波，已燃气体压力、密度和速度都是增大的，已燃气体跟着燃烧波运动。管道内的预混可燃混合气在一定的条件下，其火焰传播过程可以从层流向紊流、爆燃乃至爆轰发展。绝大部分可燃气体爆炸灾害都是在受限空间或管道中流动时产生的，因此关于管道中预混气体火焰的加速传播过程一直受到国内外研究者的重视。如果从闭口端点燃，反应后的燃烧产物会像一个活塞一样，将反应前沿推向未燃气体，这时燃烧波通常有可能加速传播变成爆轰波。缓燃波（正常火焰传播）通常以较低的速度向未燃混合物传播，而爆震波则以几千米每秒的速度向未燃混合物传播。爆轰波能产生极高的燃气压力（1.5～5.5 MPa）和燃气温度（大于 2800 K）。爆轰波可以描述成具有化学反应的强激波（压力波），激波像活塞一样压缩反应物，由于没有足够时间使压力平衡，因此爆轰燃烧过程接近等容燃烧过程。

第三节　层 流 火 焰 传 播

一、预混可燃气层流火焰传播机理

　　层流火焰传播理论主要有热理论、扩散理论和综合理论。热理论认为控制火焰传播的主要是从反应区向未燃气体的热传导。扩散理论认为来自反应区的链载体向未燃气体的扩散是控制层流火焰传播的主要因素。综合理论即认为热传导和链载体的扩散对火焰的传播可能同等重要。大多数火焰中，由于存在温度梯度和浓度梯度，因此传热和传质现象交错地存在着，很难分清主次。但无论哪种理论，在建立火焰传播模型时，它们的控制方程形式都是一样的。苏联科学家泽尔多维奇及其同事弗兰克·卡门涅茨基、谢苗诺夫等人在补充前人研究成果的基础上提出了层流火焰传播的热理论，被认为是目前比较完善的火焰传播理论。

　　根据泽尔多维奇热理论，层流火焰结构大体如图 6-4 所示。假定火焰在一维绝热管内以速度 u_L 稳定传播，火焰前锋为平面形状，且与管轴线垂直（即忽略黏性力）。为分析方便，假定火焰前锋驻定不动，而混合气以层流火焰传播速度 u_L 流入管内。假定燃烧过程中系统压力和物质的量、混合物的比定压热容 c_p 和导热系数 λ 保持不变，且路易斯数（热扩散系数/质量扩散系数）$L_e=1$。实验证明火焰前锋的厚度很薄，图 6-4 中把它放大了，它的边界为 R 到 P。在极薄的火焰前锋内，仍可分为两个区域——预热区 l_h 和反应区 l_c，在预热区内化学反应速率很小可忽略，在化学反应区忽略混合气本身热焓的增加（即认为着火温度与绝热火焰温度近似相等）。由于火焰前锋的厚度很小，但温度和浓度的变化却很大，因而在火焰前锋中存在很大的浓度梯度和温度梯度，这就引起了火焰中强烈的热传导和物质扩散。由此可见，在火焰中分子的迁移不仅是由于强迫对流的作用，而且还有扩散的作用。热量的迁移不仅有对流的因素，也有导热的因素。所以，预混可燃气的燃烧不仅受化学反应动力学控制，而且还受扩散作用的控制。

根据以上分析，可以对火焰传播的机理做这样的解释，即火焰前锋在预混气中的移动主要是由于反应区放出的热量不断向新鲜混合气中传递，且新鲜混合气不断向反应区中扩散。

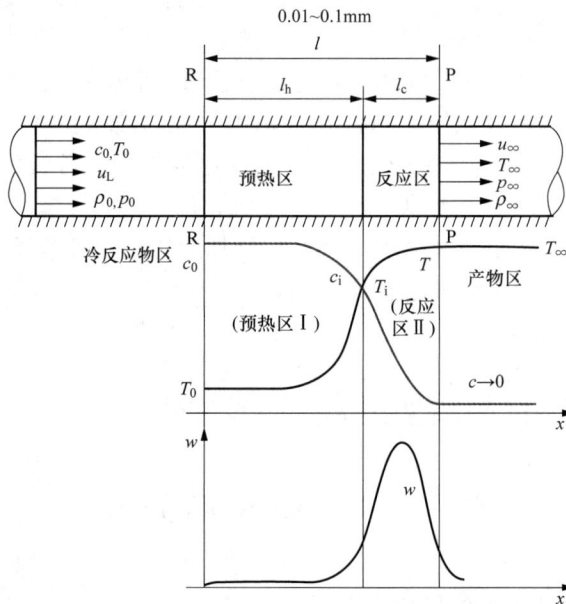

图 6-4　层流火焰结构及温度、浓度分布

二、预混可燃气火焰传播速度理论求解与分析

根据以上假设，在火焰锋面上取一单位微元，对于一维带化学反应的稳定层流流动，其基本方程如下。

连续方程为
$$\rho u = \rho_{-\infty} u_{-\infty} = \rho_{-\infty} u_L = m \tag{6-1}$$

动量方程为
$$p = 常数 \tag{6-2}$$

能量方程为
$$\rho u c_p \frac{\mathrm{d}T}{\mathrm{d}x} = \frac{\mathrm{d}}{\mathrm{d}x}\left(\lambda \frac{\mathrm{d}T}{\mathrm{d}x}\right) + w_i Q_i \tag{6-3}$$

扩散方程为
$$\rho u \frac{\mathrm{d}Y_i}{\mathrm{d}x} = \frac{\mathrm{d}}{\mathrm{d}x}\left(\rho D \frac{\mathrm{d}Y_i}{\mathrm{d}x}\right) + w_i \tag{6-4}$$

上几式中：$\rho_{-\infty}$、$u_{-\infty}$、u_L 分别为未燃混合气来流的密度、速度和层流火焰的传播速度；

w_i、Q_i 分别为组分的化学反应速率、反应热。能量方程的物理意义是微元体本身热焓的变化等于传导的热量加上化学反应生成的热量。

由式（6-1）和式（6-3）可得

$$\rho_{-\infty} u_{\mathrm{L}} c_p \frac{\mathrm{d}T}{\mathrm{d}x} = \frac{\mathrm{d}}{\mathrm{d}x}\left(\lambda \frac{\mathrm{d}T}{\mathrm{d}x}\right) + w_i Q_i \tag{6-5}$$

式（6-5）称为层流火焰传播方程。此方程求解需要边界条件，由于参数之间的强耦合性，求解有一定的难度。根据假设条件，对于绝热条件，火焰的边界条件为

$$x = -\infty,\quad T = T_{-\infty},\quad \frac{\mathrm{d}T}{\mathrm{d}x} = 0$$

$$x = +\infty,\quad T = T_{\infty},\quad \frac{\mathrm{d}T}{\mathrm{d}x} = 0$$

根据泽尔多维奇理论的基本假设，火焰前锋分为预热区和反应区，在预热区中忽略化学反应的影响，在反应区中可忽略能量方程中温度的一阶导数项。

预热区中的能量方程为

$$\rho_{-\infty} u_{\mathrm{L}} c_p \frac{\mathrm{d}T}{\mathrm{d}x} = \lambda \frac{\mathrm{d}}{\mathrm{d}x}\left(\frac{\mathrm{d}T}{\mathrm{d}x}\right) \tag{6-6}$$

边界条件为

$$x = -\infty, T = T_{-\infty}, \frac{\mathrm{d}T}{\mathrm{d}x} = 0$$

假定 T_i 为预热区和反应区交界处的温度，即温度曲线曲率变化点的温度（着火温度），从 $T_{-\infty}$ 到 T_i 进行积分，可得

$$\rho_{-\infty} u_{\mathrm{L}} c_p \left(T_i - T_{-\infty}\right) = -\lambda \left(\frac{\mathrm{d}T}{\mathrm{d}x}\right)_{l_{\mathrm{h}}} \tag{6-7}$$

反应区的能量方程为

$$-\frac{\mathrm{d}}{\mathrm{d}x}\left(\lambda \frac{\mathrm{d}T}{\mathrm{d}x}\right) = wQ \tag{6-8}$$

将式（6-8）可改写成 $-\left[\mathrm{d}\left(\lambda \dfrac{\mathrm{d}T}{\mathrm{d}x}\right) \Big/ \mathrm{d}T\right]\left(\dfrac{\mathrm{d}T}{\mathrm{d}x}\right) = wQ$ 或 $-\left(\lambda \dfrac{\mathrm{d}T}{\mathrm{d}x}\right)\mathrm{d}\left(\lambda \dfrac{\mathrm{d}T}{\mathrm{d}x}\right) = wQ\lambda\mathrm{d}T$

边界条件为 $x = x_i, T = T_i$；$x = +\infty, T = T_{\infty}, \dfrac{\mathrm{d}T}{\mathrm{d}x} = 0$

将以上方程从 T_i 到 T_{∞} 进行积分，可得

$$\left(\frac{\mathrm{d}T}{\mathrm{d}x}\right)_{l_{\mathrm{c}}} = -\sqrt{\frac{2}{\lambda} \int_{T_i}^{T_{\infty}} wQ\mathrm{d}T} \tag{6-9}$$

在预热区和反应区的分界处，即 $x = x_i$ 处，有

$$\left(\frac{\mathrm{d}T}{\mathrm{d}x}\right)_{l_{\mathrm{h}}} = \left(\frac{\mathrm{d}T}{\mathrm{d}x}\right)_{l_{\mathrm{c}}}$$

从而解出

$$u_{\mathrm{L}} = \sqrt{\frac{2\lambda \int_{T_i}^{T_{\infty}} wQ\mathrm{d}T}{\rho_{-\infty}^2 c_p^2 \left(T_i - T_{-\infty}\right)^2}} \tag{6-10}$$

T_i 为未知，为消除 T_i，注意到对于典型的碳氢燃料的总的活化能数值大于 40 kcal/mol，T_i 略小于 T_∞，有 $T_i - T_{-\infty} \approx T_\infty - T_{-\infty}$。另外，由于略去预热区内的少量反应，则 $\int_{T_{-\infty}}^{T_i} wQ\mathrm{d}T = 0$，因此有 $\int_{T_i}^{T_\infty} wQ\mathrm{d}T = \int_{T_{-\infty}}^{T_\infty} wQ\mathrm{d}T$。

因此式（6-10）进一步变换可得

$$u_{\mathrm{L}} = \sqrt{\frac{2\lambda \int_{T_{-\infty}}^{T_\infty} wQ\mathrm{d}T}{\rho_{-\infty}^2 c_p^2 (T_\infty - T_{-\infty})^2}} \tag{6-11}$$

$$u_{\mathrm{L}} = \sqrt{\frac{2\lambda Q \bar{w}}{\rho_{-\infty}^2 c_p^2 (T_\infty - T_{-\infty})}} \tag{6-12}$$

$$\bar{w} = \frac{\int_{T_{-\infty}}^{T_\infty} w\mathrm{d}T}{T_\infty - T_{-\infty}}$$

式中：$\bar{w}$ 为火焰锋面内反应速率的平均值。

由于 $\dfrac{\lambda}{\rho c_p} = a$ 表示热扩散系数，且由火焰面前后总的能量平衡关系，有

$$m_{\mathrm{f}} Q = m c_p (T_\infty - T_{-\infty})$$

$$\rho_{-\infty} x_{\mathrm{f},-\infty} Q = \rho_{-\infty} c_p (T_\infty - T_{-\infty})$$

$$\frac{Q}{\rho_{-\infty} c_p (T_\infty - T_{-\infty})} = \frac{1}{\rho_{-\infty} x_{\mathrm{f},-\infty}}$$

式（6-12）还可以写成

$$u_{\mathrm{L}} = \sqrt{2 \left(\frac{a}{\rho_{-\infty} x_{\mathrm{f},-\infty}} \right) \bar{w}} \tag{6-13}$$

式中：m_{f}、m 及 $x_{\mathrm{f},-\infty}$ 分别为燃料流量、可燃混合气总质量及燃料在混合气中所占的质量分数。从式（6-13）可见，层流火焰传播速度同样受到热扩散输运（通过 a）和反应动力学（通过 w）的影响。通过以上对层流火焰传播速度的求解，可观察到 u_{L} 与燃烧参数如化学计量比、压力、反应物温度的关系，也就是说，u_{L} 是可燃混合气的一个物理化学常数。

三、预混可燃气层流火焰传播速度的主要影响因素

1. 可燃混合气的特性

从式（6-13）可以看出，混合气热扩散系数增大，化学反应速率增大（活化能减小，火焰温度升高）时，火焰传播速度增大。例如，氢是热扩散系数最大的气体，热扩散系数要比其他气体大 6 倍左右，所以含氢的可燃混合气的火焰传播速度就比较大。几种典型燃料的均匀混气的层流火焰传播速度见表 6-2。

燃料分子结构对火焰传播速度也有十分显著的影响。在烃类物质中，火焰传播速度一般为炔烃＞烯烃＞烷烃。另外，燃料相对分子量越大，其可燃性范围越窄，即能使火焰得以正

常传播的燃料浓度范围就越窄。

表 6-2　　　　　　　单一可燃混合气的最大火焰传播速度与相应的过量空气系数

参数	H$_2$	CO	CH$_4$	C$_2$H$_2$	C$_2$H$_4$	C$_2$H$_6$	C$_3$H$_6$	C$_3$H$_8$	C$_4$H$_8$	C$_4$H$_{10}$
$u_{L,max}$/(m/s)	2.8	0.56	0.38	1.52	0.67	0.43	0.50	0.42	0.46	0.38
α	0.57	0.46	0.90	—	0.85	0.90	0.90	1.00	1.00	1.00

图 6-5 为烷烃、烯烃和炔烃三族燃料的最大层流火焰传播速度 $u_{L,max}$ 与燃料分子中碳原子数 n 的关系。对于饱和烃烷烃，$u_{L,max}$ 几乎与 n 无关，$u_{L,max} \approx 0.7$m/s；对于非饱和烃烯烃和炔烃，n 较小时 $u_{L,max}$ 较大，当 n 由 2 增大到 4 时，烯烃和炔烃的 $u_{L,max}$ 显著降低；随着 n 进一步增大，$u_{L,max}$ 缓慢下降；当 $n \geqslant 8$ 时，烯烃和炔烃的 $u_{L,max}$ 将接近饱和烃的数值。

上述结果表明，燃料分子结构对火焰传播速度的影响十分显著。应该指出的是，由于大多数燃料的理论燃烧温度在 2000K 左右，燃烧反应的活化能在 167kJ/mol 左右，燃料中的碳原子数 n 对层流火焰传播速度的影响并不是由于火焰温度的差异而引起的，而是由燃料的热扩散性质所引起的，这种热扩散性与燃料的相对分子质量有关。

2. 过量空气系数

可燃混合气中燃料的浓稀程度用过量空气系数 α 来表示。α 主要是影响燃烧温度从而影响层流火焰传播速度。理论上 $\alpha=1$ 时理论燃烧温度 T_m 最大，层流火焰传播速度也应该最大，但实验表明，烃类可燃混合气最大的层流火焰传播速度出现在 $\alpha \leqslant 1$ 时，即发生于空气量接近或略低于按化学当量比混合的可燃混合气中，见表 6-1。一般认为导致这种现象的原因有：最高燃烧温度 T_m 是偏向富燃料区的，T_m 越大，火焰传播速度越大；在富燃料情况下，火焰中自由基 H、OH 等的浓度较高，链式反应的链

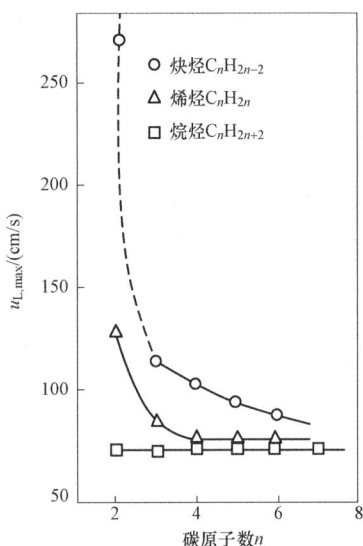

图 6-5　燃料分子中碳原子数对
最大火焰传播速度的影响

断裂率较低，因而燃烧反应速度较快。图 6-6 所示为不同燃料在不同过量空气系数下的正常火焰传播速度的实验值，对于任何燃料都存在一个最大的火焰传播速度。碳氢化合物的 $u_{L,max}$ 总是出现在 $\alpha=0.9 \sim 0.96$ 的范围内，且不随压力和温度的变化而变化。在很贫或很富的混合气中，由于燃料或氧化剂太少，反应生热太少，而实际燃烧装置不可能是绝热的，故难以维持火焰传播必需的热量积累，所以火焰不能在其中传播，也就是说，火焰传播有浓度的上下限。

火焰能够传播的浓度范围称为火焰传播界限或火焰传播范围。对于各种不同的可燃混合气，其浓度接近上限或下限时，火焰正常传播的速度都约为 0.03 ~ 0.008 m/s，更低速度的火焰传播情况还没有发现过，故认为速度低于 0.03 m/s 的燃烧是不可能的。由于燃烧区向外界的热量损失，燃烧区的温度降低到不足以促进化学反应，故即使在容器的一处依靠外界的热源来点火时，其火焰仍不能传播到整个容器。待外界的点火热源移走后，火焰即自行熄灭。

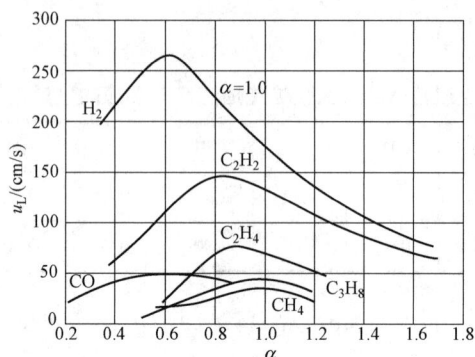

图 6-6　过量空气系数对火焰传播速度的影响

3. 温度

（1）理论燃烧温度 T_m。由阿累尼乌斯定律可知，燃烧过程的化学反应速率随着温度的升高而显著提高，从而大大提高了火焰传播速度。因此，理论燃烧温度 T_m 对火焰传播速度有很强的影响。图 6-7 所示为几种可燃混合物的 $u_{L,\max}$ 与火焰理论燃烧温度 T_m 的关系。由图可见，随着 T_m 升高，$u_{L,\max}$ 上升极快。当 T_m 升高到 2500 K 以上时，温度对 $u_{L,\max}$ 的影响更大，已经不符合热理论了。因为在高温下，离解反应易于进行，从而使自由基的浓度大大增加。作为链载体的自由基的扩散，既促进了化学反应，又增强了火焰传播。而且，基团原子量之和越小的自由基扩散越容易，因而对火焰传播的影响也越大。H 原子浓度的增加对增大火焰传播速度的作用十分显著。例如，加水蒸气或加氢的 CO/O_2 火焰的传播速度要比一般的 CO/O_2 火焰的传播速度快得多，就是自由基 H 和 OH 扩散的结果。图 6-8 所示为混合物中 H 原子浓度对各种可燃物火焰传播速度的影响。

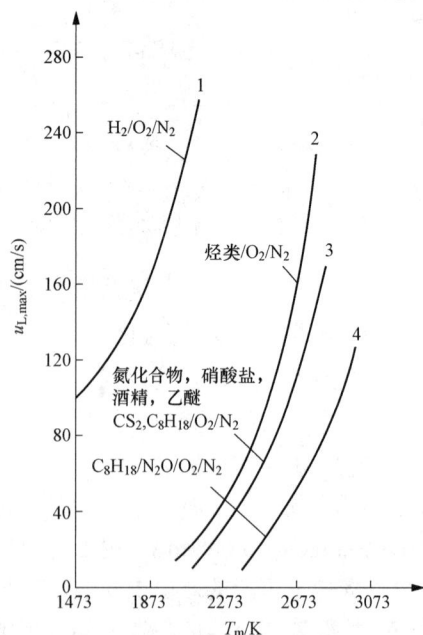

图 6-7　燃烧温度对火焰传播速度的影响　　　　图 6-8　混合气中 H 原子浓度对传播速度的影响

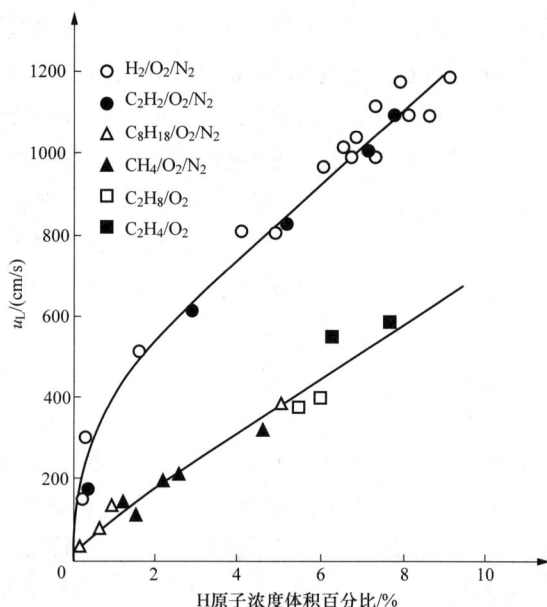

（2）初始温度 T_0。可燃混合气初始温度 T_0 对火焰传播速度的影响也非常显著，但初始温度对火焰传播速度的影响主要是通过改变燃烧温度 T_m 来体现的。工程中将助燃空气预热，可大大加快燃烧速率，得到高温火焰。图 6-9 所示为预热温度对城市煤气（热值为 20937 kJ/m³，密度为 0.5 kg/m³）燃烧速率的影响。由图可见，若将可燃混合气的温度从常温 30 ℃ 逐渐提高时，则燃烧速率也逐渐升高。若预热到 330 ℃，则最大燃烧速率可达常温的 3 倍左右。

多戈尔（Dugger）等人对三种混合物进行了一系列实验，图 6-10 所示为三种碳氢燃料混合气火焰传播速度随初始温度的变化规律。从图可以看出，火焰传播速度随初始温度的升高而增大。实验结果可用如下关系式表示：

$$u_L \propto T_0^n, \quad n = 1.5 \sim 2 \tag{6-14}$$

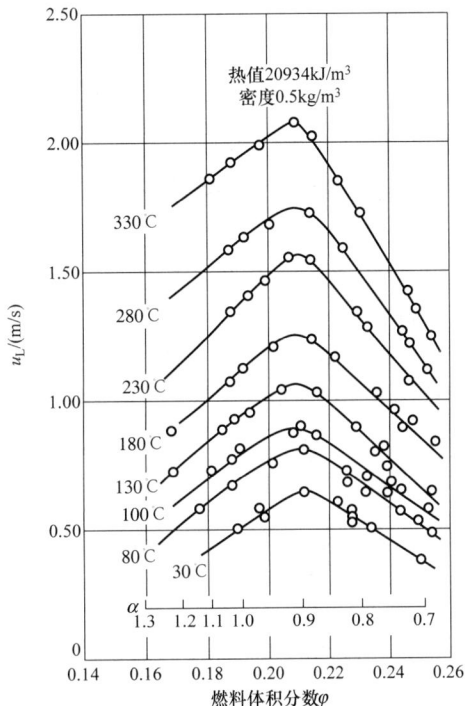

图 6-9 预热温度对燃烧速率的影响

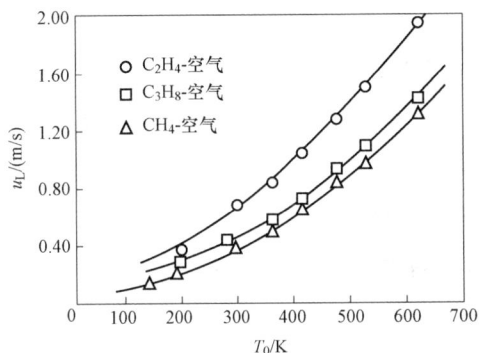

图 6-10 可燃混合气初始温度对火焰传播速度的影响

4. 压力

压力是流体流动、传热等过程的重要参数，工程实践中的燃烧过程也是在不同压力下进行的。因此，研究压力对火焰传播速度的影响对解决工程燃烧实际问题具有重要的意义。

由压力对燃烧反应速率的影响研究可知，燃烧反应为 n 级化学反应时，在温度和反应物摩尔分数一定的情况下，反应速率与压力的 $n-1$ 次方成正比。但热扩散率与压力成反比，综合气流火焰传播速度与压力的关系为

$$u_L \propto p^{\frac{n-2}{2}} \tag{6-15}$$

令 $m = \dfrac{n-2}{2}$，又称为路易斯压力指数。由式（6-15）并综合实验结果可得：

1）当 $u_L < 50\,\text{cm/s}$ 时，火焰传播速度较低，相应的燃烧反应级数 $n < 2$，路易斯压力指数 $m < 0$，因此火焰传播速度随压力 p 的升高而减小。

2）当 $50 < u_L < 100\,\text{cm/s}$ 时，反应级数 $n = 2$，压力指数 $m = 0$，此时火焰传播速度与压力无关。

3）当 $u_L > 100\,\text{cm/s}$ 时，反应级数 $n > 2$，压力指数 $m > 0$，此时火焰传播速度随压力 p 的升高而增大。

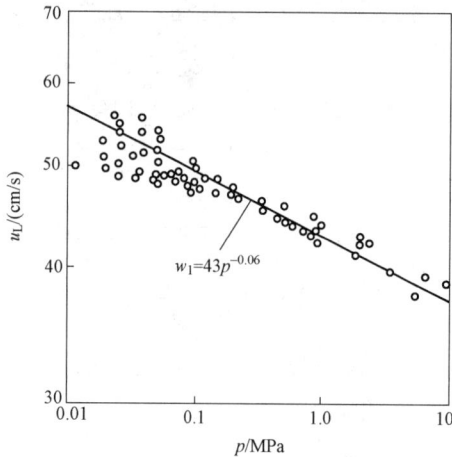

图 6-11　甲烷-空气混合物的火焰传播速度与压力的关系

多数碳氢化合物的燃烧反应级数 n 在 $1.5 \sim 2$，因此其火焰传播速度随压力 p 的升高而下降，如图 6-11 所示。尽管压力的升高使得火焰传播速度略有下降，但流过火焰锋面的可燃混合气质量却是增加的，因此在同一大小的火焰锋面内每单位时间内燃烧的燃料量将增加。

5. 惰性组分

在可燃混合气中掺入了惰性物质，如 CO_2、N_2、He、Ar 等，会降低火焰传播速度。一方面是因为掺入的惰性物质一般不参与燃烧过程，只是稀释了可燃混合气，使得单位时间内在同样大小的火焰前锋上燃烧的可燃混合气减少，直接影响燃烧温度，从而影响燃烧速率。另一方面是惰性物质的掺入将改变可燃混合气的物理性质如热扩散系数，从而对火焰传播速度产生显著影响。大量实验证明，惰性物质的加入将使火焰传播速度降低，可燃界限缩小，使最大的火焰传播速度值向燃料浓度减小的方向移动。

四、预混可燃气层流火焰传播速度测量方法

1. 本生灯火焰锥法

利用本生灯测量层流火焰速度的关键是必须使气体燃料和空气在燃烧前均匀混合，并通过一系列整流板及整流喷口，在管道出口处形成均匀速度分布，从而获得驻定不动的火焰内锥。火焰内锥实际上并不是一个正锥体，如图 6-12 所示。因此内锥表面上各处的 u_L 并不相等。为简化起见，假定内锥为一正锥体，则其表面各点的 u_L 相等，且与气流速度在火焰锥表面法向分速度相等，如图 6-13 所示。

在稳定状态下，若混合气成分是化学当量的，单位时间内从灯口流出的全部可燃混合气量应与整个内锥火焰表面上被烧掉的可燃混合气量相等，即

$$\rho_0 u_g A_f = \rho_0 u_L A_t \tag{6-16}$$

式中：A_f 为灯口出口截面面积，m^2；A_t 为火焰内锥表面面积，m^2；u_g 为灯口出口处平均流速，m/s。

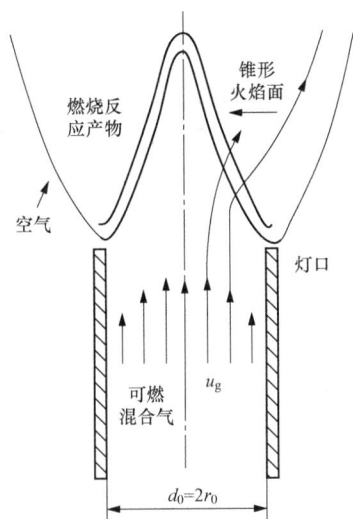

图 6-12　本生灯实际火焰锥　　　　　　　图 6-13　本生灯火焰锥

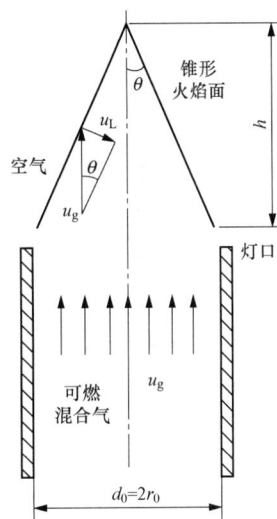

假定火焰内锥的锥角和高度分别为 2θ 和 h，灯口半径为 r_0，则有

$$\sin\theta = \frac{A_f}{A_t} = \frac{r_0}{\sqrt{h^2 + r_0^2}} = \frac{u_L}{u_g} \tag{6-17}$$

设管内可燃混合气的流量为 q_v（m³/s），则有

$$u_g = \frac{q_v}{\pi r_0^2}$$

代入式（6-17），则有

$$u_L = \frac{q_v}{\pi r_0 \sqrt{h^2 + r_0^2}} \tag{6-18}$$

可见，只要测得火焰内锥的高度 h、管半径 r_0 和流量 q_v，则可求得本生灯火焰前锋的层流火焰传播速度 u_L。

本生灯的尺寸有一定的限制，其下限取决于燃料/空气混合气的淬熄距离，其上限取决于层流到紊流的转换，最佳管径一般为 1 cm 量级。管长是灯口直径的 6～10 倍，为了使流动均匀，在管内还可布置整流板。

本生灯法的主要优点是装置简单、灵活，适于在变动的温度和压力下测量，且测量结果有一定的准确度（误差±20%），是广泛采用的测量方法。采用本生灯锥形火焰法测得的部分可燃混合气层流火焰传播速度结果见表 6-3。

表 6-3　　**部分可燃混合气在标准状态下（273K，101kPa）层流火焰传播速度**

气体燃料	氧化剂	正常传播速度 u_L/（m/s）	气体燃料	氧化剂	正常传播速度 u_L/（m/s）
H₂	空气	1.6	C₂H₂	空气	1.0
CO	空气	0.30	C₂H₄	空气	0.5
CH₄	空气	0.28			

本生灯法也有许多不足之处：

（1）曾假定火焰内锥为一正锥体，各处 u_L 相等，但实际上靠近本生灯灯口管壁处（$r/r_0 \approx 1$）火焰前锋的速度最低，而火焰面顶端（$r/r_0=0$）火焰前锋速度最高。

（2）曾假定火焰前锋为一数学表面，实际上由灯口喷出的可燃混合气在剧烈燃烧前有一个很薄的加热层。因此火焰前锋锥体的形成要离开灯口一小段距离，并且要比灯口的尺寸略微扩大。实验表明：当可燃混合气给定时，其火焰传播速度与灯口直径有关；只有在灯口直径相当大的情况下，火焰传播速度才与灯口尺寸无关。

（3）由于与周围大气的扩散交换会改变燃料/氧化剂的混合比，所以观察到的火焰传播速度不能代表所测燃料/氧化剂配比下的火焰速度。

（4）不能完全避免淬熄效应的影响。

（5）在测量中，火焰锥起着透镜作用，会使锥的本来尺寸失真。

（6）对于大管径灯管，可能会由于卷吸空气量不够而造成回火。

2. 驻定火焰法

驻定火焰法的原理如图 6-14 所示，在两个相聚一定距离的喷嘴中供以相同的混合气，它们在喷嘴出口处速度是均匀的。混合气流出喷口后以射流的形式相互对撞，并在被点燃后形成两个驻定的平面火焰。因为射流的特点之一是气流速度沿轴向下降，并产生横向（径向）分量，所以这时的火焰是在带有速度梯度的流场中传播，同时也向径向扩展，这种火焰称为拉伸火焰（stretched flame）。利用拉伸火焰测得的火焰速度不是一维平面火焰速度，但若能消除速度梯度的影响，就能够得到真正的火焰传播速度。

图 6-15 是一个典型的实验测量结果。由图可见，离开喷嘴后，气流轴向速度呈线性下降，其速度梯度定义为 $k = \dfrac{\partial v}{\partial z}$。当该速度到达一个最小值，这里的气流速度 v 就是给定 k 值下的火焰传播速度 u_L。这时，气流已开始进入预热区外边界，温度上升，密度下降，导致气流速度又有一次上升。在平面火焰的情况下，当地的火焰传播速度就是预热区外边界处垂直于预热区表面的气流速度分量。理论和实验都证明，u_L 随 k 线性变化。因此，在测得同一当量比下不同 k 值时的 u_L 后，就可以通过线性外推到 $k=0$ 时求得真实的火焰传播速度。这里采用两个驻定火焰的目的就是尽可能消除火焰热损失，使火焰尽可能接近绝热状态。

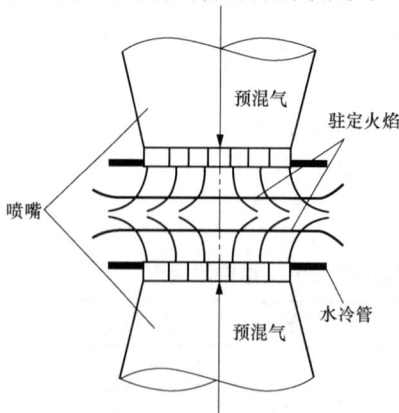

图 6-14　对撞火焰燃烧器和驻定火焰

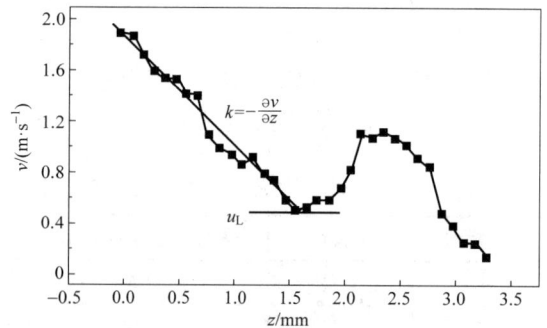

图 6-15　对撞火焰法测量火焰传播速度

由上可知，驻定火焰法较之本生灯法更准确，因为本生灯也是一种带有速度梯度的流场，因此严格地说用本生灯不能测得真正的火焰传播速度。驻定火焰法是测得火焰传播速度最理想的方法。

除上述本生灯法和驻定火焰法之外，还有多种测定火焰速度的方法，如透明管法、定容球弹法、肥皂泡法、粒子示踪法、平面火焰燃烧器法等。

第四节　紊流火焰传播

从层流火焰传播的讨论可知，层流火焰传播速度是可燃混合物物理化学性质的反映，传播速度较低，然而，实践中发现采用紊流燃烧方式可显著提高火焰传播速度。例如在汽油机的燃烧室中，火焰传播速度为 20～70 m/s；而汽油蒸汽与空气预混气流的层流火焰传播速度只有 0.4～0.5 m/s，两者相差 50～140 倍。因此，大多实际燃烧装置均采用紊流预混燃烧方式以提高火焰传播速度，实现可燃混合气的高热负荷燃烧。紊流过程非常复杂，到目前为止，对紊流问题的认识尚处于机理探索阶段，对层流火焰的认识也是讨论紊流燃烧现象和进行理论分析的基础。

一、紊流火焰特点与传播机理

紊流火焰结构与层流火焰有很大差别，如图 6-16 所示。层流火焰锋面光滑，厚度很薄，外形清晰，传播速度小；而紊流火焰锋面有抖动、曲折、闪动，轮廓模糊粗糙，厚度较宽，火焰长度显著地缩短，同时在燃烧过程中伴有噪声，传播速度快。

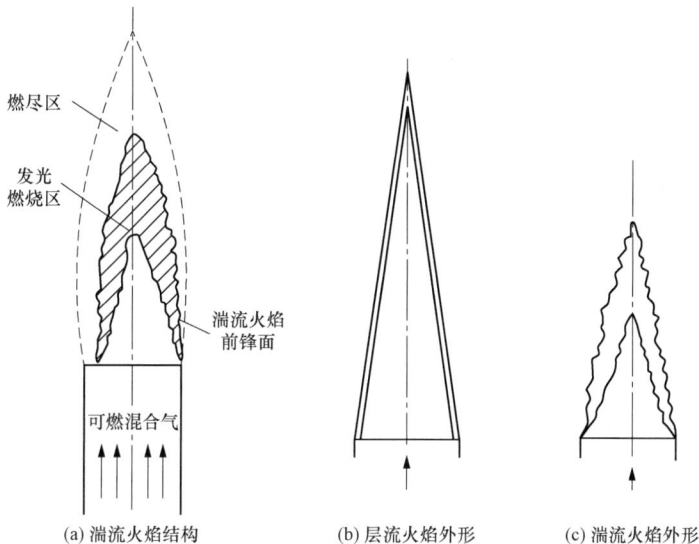

图 6-16　层流与紊流火焰结构

紊流火焰比层流火焰传播快主要有三个方面的原因：
（1）紊流流动使火焰变形，火焰表面积增加，因而增大了反应区；
（2）紊流加速了热量和活性中间产物的传输，使反应速率增加，即燃烧速率增加；

（3）紊流加快了新鲜未燃混合气团和已燃气团之间的混合，缩短了混合时间，提高了燃烧速率。

从上面的分析看出，尽管火焰在紊流中传播的机理与在层流中相同，均是依靠已燃气体与未燃气体之间热量和质量交换所形成的化学反应区在空间的移动，但是气流的紊流特性对火焰传播有着重大影响。换句话说，紊流燃烧是由紊流的流动性质和化学动力学因素共同起作用的，其中流动性质的作用占主导地位。在层流燃烧中，输运系数是燃烧物质的属性，而在紊流燃烧中，所有输运系数均与流动特性密切相关。

紊流特性常用紊流尺度和紊流强度两个参数来衡量。紊流尺度 l 为一个微团在消散前运动所经过的距离。它和微团本身尺寸大小具有相同的数量级，紊流尺度越大，说明气流受到的扰动也越大。l 和描述分子热运动的参数——分子平均自由程有些类似。紊流强度是微团"猛烈"程度的度量，因为紊流的运动速度可以表示为

$$v = \bar{v} + v' \tag{6-19}$$

式中：$\bar{v}$ 为平均速度；v' 为脉动速度。那么紊流强度 ε 就定义为流体微团的脉动速度与主流速度之比，即

$$\varepsilon = \frac{v'}{v} \tag{6-20}$$

从上面的定义可以看出，紊流尺度和紊流强度可以用来描述气体紊流运动中扰动波及的范围和扰动的强度。当气体处于紊流状态时，它的输运性能是很强的，即紊流的导热系数、黏性系数和扩散系数比层流状态的相应系数大得多（可能大几百倍）。紊流中输运物理量（热量、质量和动量）的运载体不是单分子，而是微团。微团的尺寸比分子大得多，因此所能运载物理量的数量也大得多。因为紊流的输运能力很强，所以紊流火焰传播速度比层流火焰传播速度快得多。

二、表面皱折燃烧理论

紊流火焰的研究工作是由德国的邓克尔（1940）和苏联的谢尔金（1943）开始的。他们认为紊流火焰面的基本结构仍是层流型的，由于紊流脉动作用在一定空间内使燃烧面弯曲、皱折乃至破裂，形成大小不等的团块，类似于"小岛"状的封闭小块，这样增大了燃烧面积，从而增大了燃烧速率，所以紊流火焰传播速度比层流火焰传播速度大得多。由于这种火焰表面皱折模型简单方便，因此被广泛采用。

邓克尔利用本生灯对丙烷-氧的预混气燃烧火焰进行了实验测定，给出了不同雷诺数对紊流火焰传播速度的变化，如图 6-17 所示。

由图（6-17）可见

（1）当 $Re < 2300$ 时，火焰传播速度与 Re 无关；

（2）当 $2300 \leq Re \leq 6000$ 时，火焰传播速度与 Re 的平方根成正比，气流雷诺数 Re 在该范围内的燃烧称为小尺度紊流火焰，此时紊流尺度 l 小于混合气体的层流火焰锋面厚度（$l < \delta_L$）；

（3）当 $Re>6000$ 时，火焰传播速度与雷诺数 Re 成正比，气流雷诺数 Re 在该范围内的燃烧称为大尺度紊流火焰，此时紊流尺度 l 大于混合气体的层流火焰锋面厚度（$l>\delta_L$）。对于大尺度紊流火焰，按照紊流强度的大小又可分为大尺度弱紊流和大尺度强紊流。通常将气体微团的脉动速度 v' 与层流火焰传播速度 u_L 进行比较，当 $v'<u_L$，称为大尺度弱紊流火焰；当 $v'>u_L$，称为大尺度强紊流火焰。紊流火焰结构如图 6-18 所示。

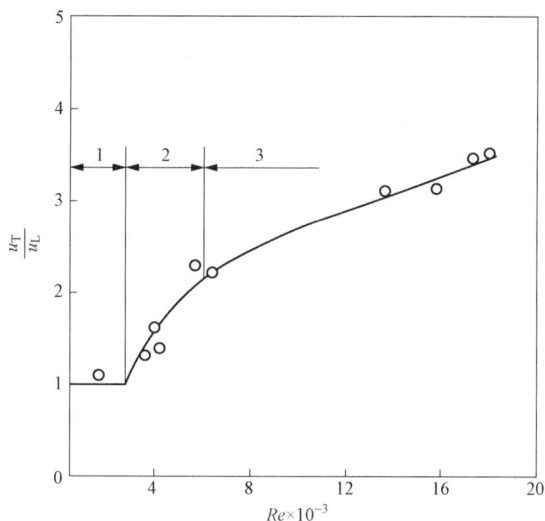

图 6-17　雷诺数 Re 对火焰传播速度的影响
1—层流；2—小尺度紊流；3—大尺度紊流

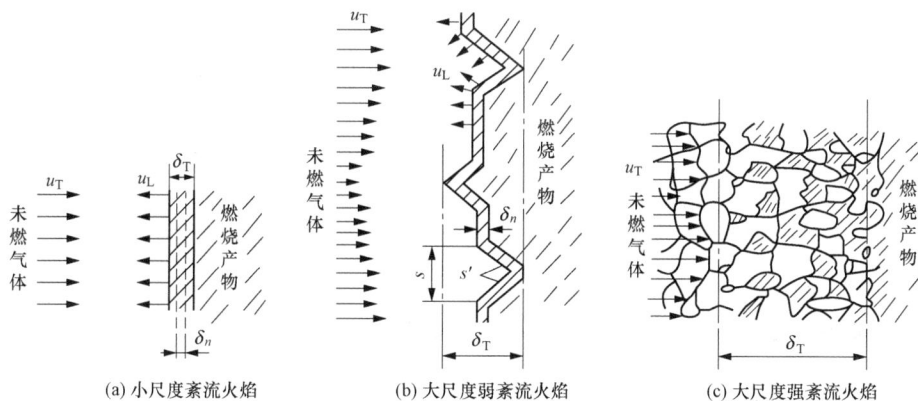

(a) 小尺度紊流火焰　　(b) 大尺度弱紊流火焰　　(c) 大尺度强紊流火焰

图 6-18　紊流火焰示意

1. 小尺度紊流火焰

在 $2300\leqslant Re\leqslant6000$ 范围内紊流是小尺度的，即 $l<\delta_L$ 且 $v'<u_L$，此时紊流强度低，扰动小，脉动速度小，火焰表面不会有较大的变形，只是不再光滑，变成波浪形。此时锋面表面积略有增加，锋面厚度略大于层流火焰锋面厚度，其燃烧过程没有发生根本变化。小尺度紊流只是增强了物质的输运特性，使热量和活性粒子的传输加速，从而使紊流火焰传播速度比层流火焰传播速度快，而在其他方面则没有什么影响。此时，紊流火焰传播速度 u_T 可按

层流火焰传播速度公式来计算，只是把相应的参数改为紊流参数即可。

根据层流火焰传播理论可知

$$u_L \propto \sqrt{a}$$

式中：a 为可燃混合气的热扩散率。

对于紊流火焰，也有如下关系：

$$u_T \propto \sqrt{a_T}$$

对于给定的可燃混合气，有

$$\frac{u_T}{u_L} = \frac{\sqrt{a_T}}{\sqrt{a}} = \sqrt{\frac{a_T}{a}}$$

对于管内流动，一般认为

$$\frac{a_T}{a} \propto Re$$

故有

$$\frac{u_T}{u_L} \propto \sqrt{Re} \qquad\qquad (6-21)$$

实验结果表明：

$$\frac{u_T}{u_L} \approx 0.1\sqrt{Re} \qquad\qquad (6-22)$$

式（6-22）表明，u_T 不仅和表征混合气物理化学参数影响的 u_L 有关，而且和紊流因素 Re 有关。当微团脉动增加时，a_T 增大，因而 u_T 增大。

2. 大尺度弱紊流火焰

一般情况下，层流火焰锋面厚度约在 1 mm 以下，只有内径为几毫米的管道内的紊流微团尺寸才会小于此值，这在工程上并不多见。实际工程中雷诺数 $Re > 6000$，均为大尺度紊流燃烧。在大尺度弱紊流时，脉动气团尺寸大于层流火焰锋面厚度（$l > \delta_L$），脉动作用可使火焰锋面变得比小尺度紊流更加弯曲。但气团脉动速度还远小于层流火焰速度（$v' < u_L$），尚不能冲破火焰锋面，仍保持一个连续的、扭曲、皱折的锋面，如图 6-18（b）所示。根据皱折表面燃烧理论，紊流火焰传播速度之所以增大，是由于紊流脉动使火焰锋面皱折变形，使表面积从层流时的 S_L 增大到紊流时的 S_T，而火焰锋面各处火焰都以 u_L 沿该点法线方向向未燃混合气推进，因此可以认为火焰传播速度的增大与表面积的增大成正比，即

$$\frac{u_T}{u_L} = \frac{S_T}{S_L} \qquad\qquad (6-23)$$

根据式（6-23），只要求出 $\frac{S_T}{S_L}$，就可得到 u_T。根据谢尔金的假定，可以把紊流燃烧区中所有火焰曲面折算成锥形面积。假定锥形底半径为 R，锥的高度为 h，锥的侧面展开为扇形，则有

$$\frac{u_T}{u_L} = \frac{锥体侧表面积}{锥底面积} = \frac{\pi R \sqrt{R^2 + h^2}}{\pi R^2} = \sqrt{1 + \left(\frac{h}{R}\right)^2} \qquad\qquad (6-24)$$

按照假想模型，锥体的高度 h 相当于初始尺寸为 l 的微团，在燃尽时间 τ 内以脉动速度

v' 所迁移的距离，即

$$h = v'\tau \qquad (6-25)$$

而燃烧从微团外表面向内推进的速度为 u_L，故其燃尽时间为

$$\tau = \frac{\dfrac{l}{2}}{u_L} \qquad (6-26)$$

代入式（6-25）可得

$$h = \frac{v'l}{2u_L} \qquad (6-27)$$

R 是微团尺寸的一半，即 $\dfrac{l}{2}$，和式（6-27）一起代入式（6-24），可得

$$u_T = u_L \sqrt{1 + \left(\frac{v'}{u_L}\right)^2} \qquad (6-28)$$

3. 大尺度强紊流火焰

在大尺度强紊流下（$l > \delta_L$，$v' > u_L$），火焰锋面在强紊流脉动作用下不仅变得更加弯曲和皱折，甚至火焰被撕裂而不再保持连续的火焰面。所形成的燃烧气团有可能跃出火焰锋面而进入未燃新鲜混合气中，而脉动的新鲜混合气气团也有可能窜入火焰区中燃烧。这时所观察到的燃烧区不再是一个薄层火焰，而是相当宽区域的火焰。此时进入燃烧区的新鲜混合气团在其表面上进行紊流燃烧的同时还向气流中扩散并燃烧，直到把气团烧完。因此，火焰的传播是通过这些紊流脉动的火焰气团燃烧来实现的。

塔兰托夫（Tarantov）根据实验研究后对紊流火焰传播速度进行了修正，提出

$$u_T \approx 4.3 \frac{v'}{\sqrt{\ln\left(1 + \dfrac{v'}{u_L}\right)}} \qquad (6-29)$$

根据式（6-29）计算的 u_T 值与实验结果比较符合。

另外，卡洛维兹等人在邓克尔和谢尔金的扭曲的层流火焰的基础上，考虑了紊流引起火焰传播速度的增加，运用紊流迁移距离的概念，给出了下列计算公式。

大尺度弱紊流

$$u_T \approx u_L + v' \qquad (6-30)$$

大尺度强紊流

$$u_T \approx u_L + \sqrt{2v'u_L} \qquad (6-31)$$

三、容积燃烧理论

紊流火焰表明燃烧理论的实质是：当燃烧表面扩大时，火焰皱折锋面到哪里，燃烧就到哪里，在紊流尺度不大、脉动速度较低时是较切合实际的。当脉动速度较高时，在一个微团的燃烧时间内，该微团已经受了多次脉动而被撕破分裂成多个新的微团，则表面理论就不符合实际，萨曼菲尔德和谢京科夫建立了以微扩散为主的容积燃烧理论。

利用滤色摄影法摄得的火焰照片表明，燃烧反应不是集中在薄的燃烧区内，紊流火焰的厚度为层流火焰的几十倍到百倍，紊流气团已深入到宽阔的燃烧区内进行着程度不同的反应，火焰中浓度及温度分布与层流差别很大。容积燃烧理论认为，紊流对燃烧的影响以微扩散为主。这种扩散非常迅速，不可能维持层流火焰结构，已不存在将未燃物和燃烧产物分开的火焰面。在每个微团存在的时间内，其内部温度、浓度是局部平衡的，但不同微团的温度和浓度是不同的；不同微团内存在着快慢不同的燃烧反应，先达到着火条件的微团先整体燃烧，未达到着火条件的微团在脉动中被加热，当达到着火条件后再燃烧；各微团间相互渗透混合，不时形成新微团，进行着不同程度的容积化学反应。

要了解这种火焰的传播速度与混合气物理化学性质及紊流程度的关系，就必须了解微团的尺寸，以及微团中各部分的脉动速度分布，这是相当困难的。苏联学者谢京科夫在不同的紊流强度和层流火焰传播速度 u_L 下，针对微团内几种可能的紊动速度分布做了紊流火焰传播的数值计算，得出了一定温度和压力下的定性关系，即

$$u_T \propto (v')^{\frac{2}{3}} u_L^{\frac{1}{2}} \tag{6-32}$$

这与由实验测得的紊流火焰传播速度的变化规律相近。

萨曼菲尔德提出应用相似假设方程，即

$$\frac{u_T \delta_T}{a_T} \approx \frac{u_L \delta_L}{v} \approx 10 \tag{6-33}$$

$$a_T = \frac{\lambda_T}{c_p \rho}$$

$$v = \frac{\lambda_L}{c_p \rho}$$

式中：a_T 为紊流扩散系数；v 为分子运动黏度；λ_L、λ_T 为层流和紊流时的热导率。

塔兰托夫提出煤油–空气混合气的紊流火焰传播速度的经验公式

$$u_T = 5.3(v')^{0.6-0.7} u_L^{0.4-0.3} \tag{6-34}$$

由于紊流实验条件的差别，此经验公式不能像层流火焰传播速度那样通用，它只适用于给定的混合气和紊流实验条件。

紊流火焰传播的这些物理模型还不够成熟，有待进一步验证、研究和发展。

四、紊流火焰传播速度的影响因素

通过前面的分析可知，雷诺数、脉动速度、层流火焰传播速度及混合气浓度是影响紊流火焰传播速度的主要因素。当然，影响层流火焰传播速度的因素，比如压力和温度等都会影响紊流火焰的传播速度。

不同可燃混合气的紊流火焰传播速度 u_T 是不同的，即使同一种可燃混合气，它们的组成不同，u_T 也有显著差别。可燃混合气的组成对 u_T 的影响如图 6-19 所示。从图中可以看出，和过量空气系数 α 对层流火焰传播速度 u_L 的影响一样，当 $\alpha \approx 1$ 时，紊流火焰传播速度 u_T 最大。根据实验，紊流尺度 l 对 u_T 的影响不大，在强紊流下，l 对 u_T 无影响。混合气温度增加，u_L 增大从而 u_T 增大。压力增大，使脉动速度 v' 增大，从而 u_T 增大。因此，在高温

高压的燃烧室内，紊流燃烧速度 u_T 比低温低压时大。

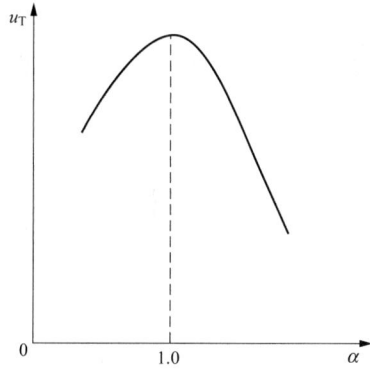

图 6-19 过量空气系数 α 对紊流火焰传播速度 u_T 的影响

第七章 气体燃料燃烧

第一节 气体燃料层流燃烧

气体燃料，作为燃料的重要组成部分，其利用一直受到人们的普遍重视。有关燃烧的许多基本理论都是建立在气体燃料燃烧实验研究的基础上的。相对于其他燃料，特别是固体燃料，使用气体燃料具有一系列的优点。例如，气体燃料的输送比较方便，燃烧设备也较为简单，自动控制较容易；燃烧产物中有害物质含量较少，有利于保护环境。因此，气体燃料的开发和利用具有广阔的前景。

气体燃料通常是不同气体的混合物，其中含有可燃成分，如碳氢化合物、氢和一氧化碳等；也含有一些不可燃气体，如氮、二氧化碳等。有的可燃气体混合物中还混有一些其他微量成分，如水蒸气、氧、氨、硫化氢、灰尘等杂质。一般来说，杂质的含量决定了某类气体燃料的优劣。杂质越多，其燃烧后释放出的热量越少。

常用的气体燃料有天然气、石油伴生气、炼焦煤气、油制气、液化石油气等。在目前的锅炉设备中，已广泛采用火炬燃烧方法来燃烧气体燃料。

在火炬燃烧中，火焰的形状与燃烧器结构形式、可燃气体和空气混合程度以及燃烧器工作的空气动力结构有着密切的关系。

当可燃气体混合物从燃烧器出口流出而着火时，所产生的火焰形状是圆锥形的。在燃烧器形式一定的情况下，火焰的形状及其长短取决于可燃气体与空气在燃烧器中的混合方法，图7-1表示了可燃气体与空气在燃烧器内三种不同混合方式的火焰的形状。

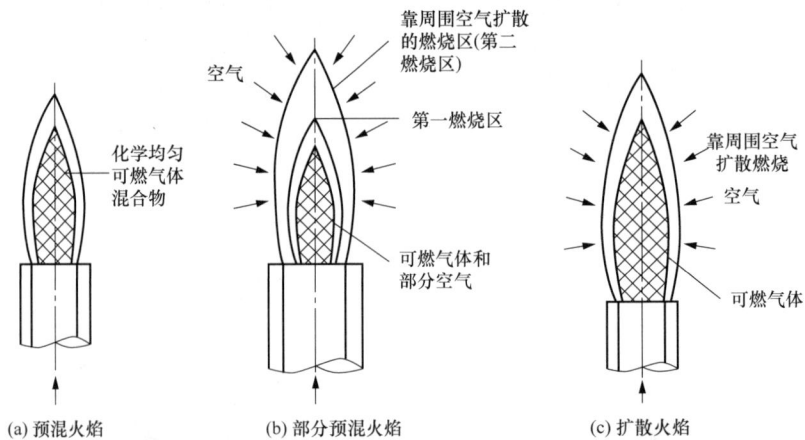

图7-1 可燃气体与空气不同混合方式的火焰形状

第一种为预混火焰，如图7-1中（a）所示。可燃气体通过燃烧器喷口喷入炉膛，如果燃料进入炉膛前先和燃烧所需的全部空气预先混合好，这种火焰就称为预混火焰，也称动力燃烧火焰，属于动力控制燃烧。预混火焰的燃烧温度高，燃烧强烈，燃烧完全，无黑烟，火焰呈淡蓝色，燃烧过程短。火焰中呈氧化性气氛，但易回火、脱火，稳定性较差。

第二种为扩散火焰，如图 7-1 中（c）所示。如果燃料不和空气混合，进入炉膛后再混合，这种火焰则称为扩散火焰，燃烧所需空气由周围空间的空气扩散供应，属于扩散控制燃烧。扩散火焰的燃烧温度低，燃烧不强烈，燃烧不完全，冒黑烟，火焰呈明亮的黄色，燃烧过程长，即火焰最长。火焰中呈还原性气氛，但其不会回火、也不易脱火，燃烧稳定。

第三种为部分预混火焰，如图 7-1 中（b）所示。如果燃料和部分空气混合后进入炉膛，这种火焰称为部分预混火焰，有内外两个火焰锋面。内火焰由预混的部分空气和部分燃料燃烧形成，外火焰由剩余燃料和外部扩散进来的空气燃烧形成。部分预混火焰也由扩散控制，其特点介于预混火焰和扩散火焰之间。

在燃烧设备中广泛采用扩散燃烧，保证火焰稳定，并且往往利用人工的扰动和涡流的方法来加速可燃物和空气的混合过程，强化燃烧。

一、可燃预混气的动力燃烧

在层流运动工况下，化学均匀的可燃气体混合物的火焰形状（即动力火炬的形状）如图 7-2 所示。

预先将可燃气体燃料及空气均匀混合后的可燃气体混合物送入燃烧器内，并且在可燃气体混合物中的空气含量足以保证可燃气体燃料的完全燃烧。可燃气体混合物在燃烧器的管内做层流运动，这时在管内任一截面上混合物的流动速度 v 分布规律为

$$v = v_0 \left(1 - \frac{r^2}{R^2}\right) \tag{7-1}$$

式中：v 为在某一横截面上任意点的混合物流速，m/s；r 为该点离开管子中心线的距离，m；R 为管子的半径，m；v_0 为管子中心线上的混合物流速，m/s。

当可燃气体混合物流出燃烧器的出口时，将做层流的自由扩张，即为层流自由射流，则在燃

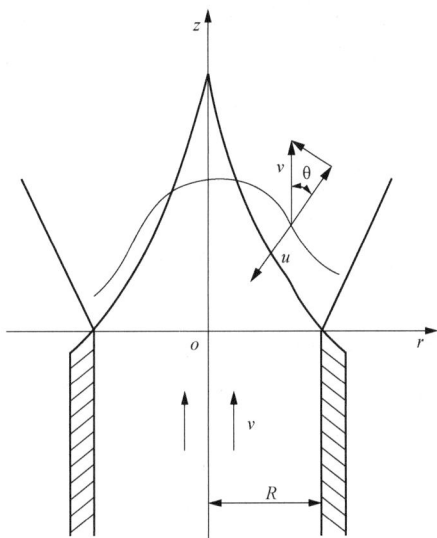

图 7-2　动力燃烧火焰形状

烧器出口处以外的混合物的速度将不再按抛物线的规律来分布。米海尔松认为在燃烧器出口处以外，靠近管壁处的混合物流速并不等于零，并建议采用如下的速度分布规律：

$$v = v_0 \left(1 - \frac{r^2}{R^2}\right) + v_R \tag{7-2}$$

在管壁处 $r = R$，混合物的流速 $v = v_R$，说明靠近管壁处的混合物流速并不等于零，而具有某一速度值 v_R。

在分析时，假定火焰锋面为一数学表面，在该表面上可燃气体混合物从初始状态突然过渡到剧烈燃烧，并完成其燃烧过程，所以在火焰锋面表面之前，亦即火焰表面内的核心中，

可认为混合物是在等温条件下流动。

可得到层流火焰传播速度 u_L 与坐标 z 的如下关系式：

$$z = \frac{1}{u_L}\left[(v_0 + v_R)(R-r) - \frac{v_0}{3}\left(R - \frac{r^2}{R^2}\right)\right] \qquad (7-3)$$

利用式（7-4）可以来计算火焰长度 L_B。由于假定火焰锋面为一数学表面，所以火焰长度 L_B 即为火焰中心线上（$r=0$）z 的数值，即

$$L_B = |z|_{r=0} = \left(\frac{2}{3}v_0 + v_R\right)\frac{R}{u_L} \qquad (7-4)$$

由式（7-4）可知，当可燃气体混合物的流速及燃烧器管径越大时，则火焰长度 L_B 越长；相反，当可燃气体混合物的火焰传播速度越大时，则火焰长度越短。

由以上的计算结果来看，火焰锥体的顶部是尖角的，这是由于在计算过程中，假定了火焰锋面移动的火焰传播速度在其表面的各处都是相同的。实际上在火焰锥体的顶部，其火焰传播速度数值最大，其原因可认为如下。

（1）在实际的火焰燃烧过程中，其火焰锋面不可能为一数学表面，所以在火焰锥体的内部，可燃气体混合物得到一定程度的预热，这样在喷管中心线上流动的混合物的预热程度较其他部分混合物高，因此在喷管中心线上应具有最大的火焰传播速度。

（2）与此同时，活泼中心从火焰的反应区向火焰锥体的内部进行扩散，这样在喷管中心轴线上所获得的活泼中心亦较其他部分为多，所以促使在中心轴线上的正常火焰传播速度为最大。

由此可见，在火焰中心线上的正常传播速度最大，当该处的火焰锋面达到稳定不动时，则该处的正常火焰速度必然与该处的混合物流速相同。

在靠近燃烧器管壁附近的气流速度最小，由于在该处向外界的散热量多，其正常火焰传播速度必然降低，得以维持该处火焰锋面的稳定，而不致缩到喷管以内去，这样，火焰锥体的母线在靠近燃烧器管壁附近就变成水平的趋势。

由实验可知，在紊流工况下，化学均匀可燃气体混合物的火焰形状差不多也是圆锥体形的，对于可燃气体混合物在紊流工况下火焰核心的长度 L_B^T 也可用和式（7-4）相近的形式来表示，即

$$L_B^T = \frac{\bar{v}}{u_T} \qquad (7-5)$$

式中：$\bar{v}$ 为紊流工况下的平均气流速度，m/s。

当气流速度 v 增加时，其火焰紊流传播速度 u_T 也成比例增加，则由式（7-5）可知，火焰核心的长度可能增加很少。

二、可燃气体的扩散燃烧

将气体燃料及空气分别由燃烧器送入炉膛内进行燃烧的火焰称为扩散火焰。这时气体燃料燃烧时所需的空气将从火焰的外界依靠扩散的方式来供给，故火焰的形状和火焰的表面积大小不再是取决于火焰传播的速度，而是取决于气体燃料和空气之间的混合速度，对于不同的气流流动工况，其混合过程也不同：在层流工况下，混合过程是纯粹依靠分子热运动

的分子扩散；而在紊流工况下，混合过程主要依靠微团扰动的紊流扩散。

扩散形式的火焰也可以在气体燃料和部分空气均匀混合后由燃烧器送入炉膛内进行燃烧而形成，其完全燃烧所缺的空气则从火焰的外界依靠扩散来供给，一般将预先和气体燃料混合好的那部分空气称为一次风，而将由外界扩散入火焰的那部分空气称为二次风。

对于气体燃料和空气分别由燃烧器送入炉膛内进行燃烧的扩散火焰形状和大小做如下的分析。

如图 7-3 所示，气体可燃物及空气分别在管径为 R_1 的内管和管径为 R_2 的外管中做层流流动，内、外管同心，这样管径为 R_2 的外管一方面可看为供给空气的"炉膛"，另一方面它限制了火焰向外扩散。为便于计算和分析，做如下的假定。

（1）气体可燃物及空气为定型流动。

（2）气体可燃物及空气的流速相同，都为 v，单位为 m/s。

（3）由于在燃烧区域中的化学反应速度很大，故燃烧速度只取决于空气和气体可燃物之间的扩散速度。

图 7-3　扩散燃烧火焰形状
1—空气过剩时；2—可燃气体过剩时

（4）同样，由于火焰锋面的宽度很薄，可假定为一数学表面，因而火焰锋面将空气及气体可燃物分开，在火焰锋面中，过量空气系数（实际供给空气量与理论完全燃烧所需空气量之比）为 1。

（5）在计算过程中不考虑气体由于受热而膨胀，以及不考虑燃烧产物的渗入。

为了避免气流在横截面上产生对流现象，将燃烧器垂直放置。空气和气体可燃物最先接触是在内管的边缘，故内管边缘为火焰的开始处。可得火焰长度关系式为

$$L_B \propto \frac{vR_2^2}{D} \qquad (7-6)$$

式中：D 为分子扩散系数，m²/s。

对于扩散火焰，当气流流动速度 v 增加和燃烧器管径 R_2 增大（系平方关系）时，火焰长度增加；当分子扩散系数 D 增加时，火焰长度减短。

对于层流工况来讲，假定 $D \approx v$，其中 v 表示运动黏性系数，则

$$\frac{L_B}{R_2} \propto Re \qquad (7-7)$$

可见火焰长度与喷口尺寸的比较与 Re 成正比，这只适合于层流工况。

对于圆截面燃烧器，空气和气体可燃物在单位时间内的流量与 vR_2^2 成正比，故由式（7-6）可知

$$L_B \propto \frac{Q}{D} \qquad (7-8)$$

式中：Q 为在单位时间内空气和气体可燃物的流量，m³/s。

对于矩形喷口，气体流量正比于 vR_2，则火焰长度关系式为

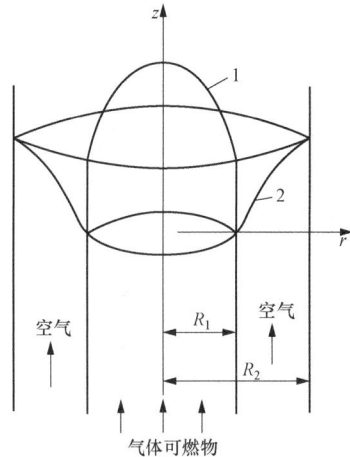

$$L_B \propto \frac{QR_2}{D} \tag{7-9}$$

式中：R_2 为燃烧器管径（即喷口的宽度），m。

对于紊流流动工况下，扩散燃烧时的火焰长度公式也与式（7-6）类似，只不过将式（7-6）中的分子扩散系数换成平均紊流扩散系数 D_T，即紊流工况下扩散燃烧的火焰核心长度为

$$L_B^T \propto \frac{\nu R_2^2}{D_T} \tag{7-10}$$

式中，平均紊流扩散系数 D_T 与 Re 数有关：

$$D_T = 9 \times 10^{-3} \, pRe^{0.84} \tag{7-11}$$

由式（7-10）及式（7-11）可见：在紊流流动工况下，扩散燃烧的火焰核心的长度同样随气体流速及燃烧器管径的增加而增加，但其增加的程度将比层流工况下为小。

综合以上分析，不论气体的流动工况为层流或为紊流，在化学非均匀的扩散燃烧过程中，其火焰的性质在很大程度上取决于气体的空气动力特性和混合过程的物理因素，而火焰核心的长度基本上与火焰传播的正常速度无关。

第二节　火焰稳定原理

工程用燃烧设备一般希望燃料和氧化剂保持稳定的化学反应和释放热量，以便于控制和工程利用。因此常要求燃烧设备中的火焰保持稳定，火焰锋面稳定在一定的位置，即应使送入燃烧室中的燃料和氧化剂在一定的位置开始着火，然后按要求发生剧烈的燃烧反应，并在一定位置熔尽和离开燃烧室，以保证燃烧设备的安全经济运行。

如果燃料已经着火，但由于火焰不能稳定，火焰锋面被气体越吹越远，这样必然导致熄灭。要保证火焰锋面稳定在某一位置的必要条件是：可燃物向前流动的速度等于火焰锋面可燃物火焰传播的速度，这两个速度方向相反，大小相等，因而火焰锋面就静止在其一位置上。

一、层流预混火焰稳定机理

从预混燃烧火焰传播机理知道，预混火焰的空间维度上火焰锋面稳定与燃烧气体的流体力学性质有关联。根据火焰传播速度的概念可知，未燃气流速度和火焰传播速度平衡时即可产生空间上的静止火焰锋面。所谓的燃烧火焰稳定，即指燃烧火焰面在静止空间的稳定。为了准确地描述层流预混燃烧的火焰稳定机理，本节将从一维层流预混火焰的稳定分析开始，并进一步研究二维层流预混火焰，进而阐述层流预混火焰的稳定原理。

二、层流预混火焰第一稳定条件

分析一维层流预混火焰的稳定问题时，为了要在气流中维持预混火焰的静止空间上稳定，首先应观察预混火焰在气流中的现象，进而分析预混火焰静止空间上稳定的条件。

图 7-4 所示为一维层流预混气体管道中燃烧，未燃的可燃混合气以等速度 v 向前流动，如果此时火焰传播速度 u_L 与气流速度 v 相等，即 $u_L=v$，则所形成的火焰波面就会稳定在管道内某一位置上，如图 7-4（a）所示。若火焰传播速度 u_L 大于未燃的可燃混合气的流速 v，

即 $u_L > v$，火焰波面位置就会向着可燃混合气的上游方向移动，如图 7-4（b）所示，这种情况在燃烧学术语中称作"回火"。反之，若火焰传播速度 u_L 小于未燃的可燃混合气流速 v，即 $u_L < v$，则火焰波面位置就会向着未燃混合气的下游方向移动而被气流吹走，如图 7-4（c）所示，此种情况被称为"脱火"。由此可见，为了保证在一维管道中可燃混合气连续不断地燃烧而不至于产生回火或脱火现象，就要求火焰波面稳定在某一空间位置上不动，这就是所谓的"驻定火焰"，也就是燃烧火焰的稳定。

所以，驻定火焰是稳定燃烧火焰，回火和脱火是不稳定燃烧火焰。

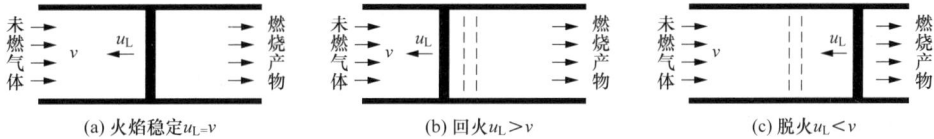

图 7-4　层流火焰传播与燃烧稳定关系示意

层流预混火焰第一稳定条件：层流预混火焰场中，当火焰空间的局部当地的未燃气体流速大小等于当地层流火焰传播速度且方向相反时，局部当地火焰波面在空间上稳定，即

$$\overrightarrow{u_L} = -\overrightarrow{v} \tag{7-12}$$

式（7-12）是层流预混燃烧火焰稳定的必要条件。

上述层流预混燃烧火焰的火焰稳定分析源自一维层流预混火焰的分析，但该结论适用于空间维度上的层流预混火焰，下面就此问题进行讨论。

观察本生灯的层流预混火焰稳定实验，本生灯层流预混火焰具备三维空间属性，如图 7-5 所示，在喷口处呈现一个圆锥状的稳定火焰。

在圆锥形火焰锋面上取一微元段，由于该微元段很小，可以认为是一直线段，未燃混合气流

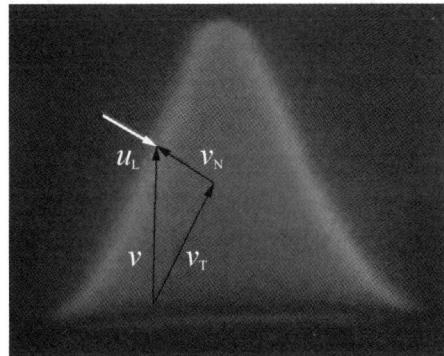

图 7-5　层流预混火焰二维空间火焰传播速度

与火焰波面的法线方向成 θ 角，它的速度值为 v，现把未燃混合气流速度 v 分解成一个平行火焰波面的切向速度分量 v_T 与一个垂直于火焰波面的法向速度分量 v_N。法向速度分量 v_N 欲使火焰波面沿法向向外侧扩展，为了维持该段火焰波面在空间位置上的稳定，势必有一个方向相反的动量势平衡法向速度分量 v_N，由一维层流预混火焰的火焰波面的第一稳定条件可知，这个平衡势即为火焰传播速度 u_L。因此，针对本生灯的锥形层流预混火焰，火焰稳定的第一条件形式为

$$u_L = v_N = v\cos\theta \tag{7-13}$$

从这一表达式中可看出，当气流速度 v 不等于火焰传播速度 u_L 时，为了维持火焰的稳定，火焰波面法线方向必须与气流方向形成一个倾斜角度。

所谓燃烧就是火焰本身以一定的速度迎着气流传播。式（7-13）一般称为层流预混火焰余弦定律，它表达了层流火焰传播速度与迎面来流气流速度在火焰稳定情况下的平衡关系（也可见图 7-2）。它在火焰传播理论中占有极重要的地位，它表明了在气流中燃烧的基

本规律。余弦定律表达式（7-13）是层流预混火焰稳定第一条件的另一种表述形式。

三、层流预混火焰第二稳定条件

依据热自燃着火原理，层流预混火焰的燃烧稳定必须遵守燃烧系统的能量守恒，仅仅满足预混火焰第一稳定条件是不够的。继续以上一节本生灯的层流预混火焰稳定问题展开讨论。

造成火焰波面位置在空间移动除了法向速度分量 v_N 外，还有切向速度分量 v_T 的影响。切向速度分量 v_T 力图使火焰波面上质点顺着波面表面方向向前移动。为了保证波面上的气体热量守恒和质量守恒，必须有波面上的前部气体微团补充到该点位置，这在远离火焰波面根部的表面上是不成问题的。但是在接近火焰根部的波面表面处，若没有一个稳定热源存在，则被移走的炽热气体微团位置上就不会有另一炽热气体微团从焰锋的根部来补入，火焰根的气体微团就将被冷却，在切向速度分量 v_T 作用下，整个火焰波面层将被冷气体微团逐步替代，燃烧火焰反应将停止，火焰波面层将消亡，宏观上体现为火焰随气流被吹熄。

由此推论，为了避免焰锋被吹走以确保焰锋的存在，在火焰根部必须具备一热源，不断地补充火焰根部火焰波面层气体微团的热量。该热源通过加热火焰根部附近未燃可燃混合气，使其着火，产生新的炽热气体微团，以补充在根部被分速度分量 v_T 气流带走的气体微团。显然，这个热源应具备足够高的热量水平，否则仍然不能稳定整个本生灯的锥形火焰波面层的存在。

对于一个本生灯的层流预混火焰，要能保证整个燃烧的火焰波面在空间稳定，在火焰体根部必须要有一足够大的热源。由此看来，对于一般性的层流预混火焰应具有同样的要求。

层流预混火焰第二稳定条件：气体层流预混燃烧的火焰体区域内存在一个或多个稳定的强烈燃烧化学反应局部区域，形成热源效果，是层流预混火焰保持稳定的充分条件。

层流预混火焰第二稳定条件是气体热着火理论在层流预混火焰的具体表现。

比较层流预混火焰的第一和第二稳定条件可以发现，火焰第一稳定条件是针对火焰波局部小区域而言，火焰第二稳定条件则是对火焰整体而言的。

在本生灯层流预混火焰的例子中，燃烧热源在火焰根部（见图 7-6）。其他燃烧状态（工况）的层流预混火焰可能会有不同的形式，取决于各自的流体力学特性。下面分析一个一般性层流预混火焰的稳定性问题。

图 7-7 所示为层流预混射流火焰的轴向不同距离位置的气体速度分布场和火焰传播速度分布场。气流速度 v 径向截面的分布特征一般取决于流体力学的射流特性。

对于火焰体中心区域，燃烧气体的温度比较接近，故气体热物性、燃烧反应速率亦差异不大，因此，此处的火焰传播速度基本相等。但是随着向喷口管壁和射流边界靠近，火焰传播速度将发生改变。在喷口管壁，由于受壁面的冷却作用以及对活化分子的吸附作用，火焰传播速度从距管壁处起向着管壁不断下降，而至距离壁面处速度下降为零，意味着火焰熄灭。在射流边界，由于受周围空气的卷吸产生稀释作用，火焰传播速度沿着射流的边界下降，并且随着气流的流动，卷吸稀释作用越来越强烈。这样，火焰传播速度就不仅在给定的边界层截面上发生变化，而且沿着边界层从一截面到另一截面也发生变化。

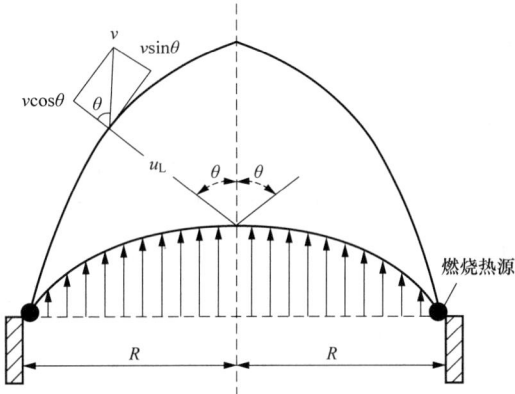

图 7-6　本生灯根部点火热源示意

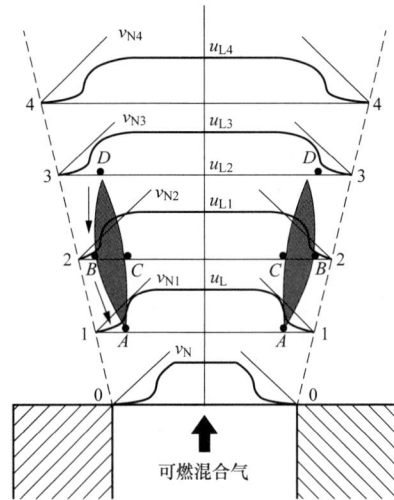

图 7-7　预混火焰射流燃烧热源区示意

燃烧热源的形成是由于气流速度和火焰传播速度在管壁和射流边界附近的分布所致。它受两个因素的影响：

（1）管口壁面散热的影响，离管口越远，熄火效应影响越小。

（2）混合气浓度的影响，由于射流的卷吸作用，离管口越远，可燃气浓度稀释越大，熄火效应影响越大。

下面具体分析火焰场几个截面的气流速度分布和火焰传播速度分布。

0-0 面：壁面散热，熄火效应明显，处处 $v > u_L$，火焰前沿被吹向下游。

1-1 面：离管口相对较远，火焰以传播速度 u_L 向边界移动，总可存在一个平衡点 A，$u_L = v$，形成所谓的燃烧热源。

2-2 面：若有热扰动，预混火焰波面被吹向下游，因离管口较远，熄火效应降低，火焰以传播速度 u_L 继续向边界移动，结果气流以速度 v 与火焰相交，在 BC 区间内，$u_L > v$，使火焰向上游移动，直到 1-1 面稳定于 A 点。

3-3 面：由于卷吸作用，熄火效应增加，火焰以传播速度 u_L 向离开边界的方向移动，结果气流以速度 v 与火焰相切于 D 点。

4-4 面：若加大流量使火焰继续向下游移动，空气的稀释作用更大，火焰以传播速度 u_L 进一步向右以至整个截面 $u_L < v$，火焰波面向下游移动。

在图 7-7 中：把 A、B、C、D 点相连形成一封闭的 $ABCD$ 区域，在空间上它则以此面积绕管轴的旋转体圆环，在此区域内满足 $u_L > v$，区域边界上 $u_L = v$，因此，它提供了火焰逆向传播至点 A 的必要条件。

在点 A 火焰波面处于稳定状态（$u_L = v$）时，该点可看作一稳定燃烧热源，它可以不断地引燃新流入的未燃混合气体。若由于某种原因破坏了点 A 平衡状态（$u_L = v$），则会引起火焰波面的移动。如果缺乏恢复平衡状态的条件，一种情况是火焰波面沿着气流无限制地向下游移动，造成脱火（或吹熄）；另一种情况是整个火焰波面逆气流上溯移动，形成回火。

但若具有上述 $ABCD$ 圆环区域，情况就不一样了，在某种扰动破坏平衡的状态下，它具有恢复平衡的能力。例如，若因某种原因使火焰波面脱离 A 点沿气流下移，则由于位于 $ABCD$ 区域内 $u_L > v$，火焰波面必将逆向移动到 A 点，恢复原有的平衡状态；反之，若因某种扰动使火焰波面脱离 A 点气流逆向上移，则由于此后上游气流中 $u_L < v$，因而火焰波面将被气流重新推回 A 点，再次恢复原有平衡状态。所以，该预混气体射流火焰具有了整个火焰区自稳定的特性。区域 $ABCD$ 火焰波面稳定驻定，必然是燃烧强烈的地方，充当了整个火焰稳定的燃烧热源。

换言之，预混火焰的空间稳定是由于它自身形成和存在一个诸如 $ABCD$ 类的燃烧热源区域，保证了燃烧稳定。$ABCD$ 区域内的燃烧热源是整个火焰燃烧系统的反应放热因素，而火焰体内的流体对流传热则是散热因素，只有当燃烧热源的反应放热因素大于流体对流传热的散热因素，火焰才有可能保持稳定整体。因此，层流预混火焰的第二稳定条件是基于能量守恒的气体热自燃理论在层流火焰中的表述。

2008 年 8 月 8 日，这个特殊的日子将永远被所有人所铭记。112 年来第一次，奥运的圣火在东方这片辽阔而神奇的土地上熊熊燃起，圣洁的五环旗帜在文明古国的夜空中徐徐飘扬，共同见证了中华民族百年奥运梦想的实现。

奥运圣火的传递是一项全球性的活动，途中需要横跨辽阔的地域，历经多变的气候与天气状况。恶劣的自然条件以及各种人文不确定因素都有可能成为威胁火炬传递的隐患。因此，传递活动对奥运火炬拥有极高的技术要求。北京奥运会使用的祥云火炬经过了科学、严格而细致的设计，拥有高额技术含量，成功突破了各道技术难关。在它的呵护下，圣火经受住了重重考验，在世人的瞩目中胜利抵达了终点。

祥云火炬的燃烧系统由火炬上部的燃烧器和下部的燃料供应装置组成，如图 7-8 所示。其中，燃料供应装置自下而上包含燃料罐，多功能稳压装置和回热管道三重体系。作为燃料的丙烷全部以液态形式储存在燃料罐中。多功能稳压装置与燃料罐以螺纹接口的方式紧密相连。液体丙烷从燃料罐中被直接抽入稳压装置，之后因温度和压强的剧变而气化。稳压装置在此过程中起到减压和稳压的作用，维持稳定的燃料流量。回热管道则环绕在整个燃烧系统周围，稳压装置流出的气态燃料首先经由燃料分配器进入回热系统，利用火焰的热量对燃料罐进行加温，之后才会抵达燃烧器。这一过程同时也提高了管内气体的温度，防止低温状态下燃料蒸气压降低影响燃烧性能，保证储存的燃料能够得到充分利用。

图 7-8　祥云火炬的燃烧系统

祥云火炬同时拥有预燃室和主燃室两套燃烧系统，在火炬设计的历史上首次采用了预燃火焰与主燃火焰相结合的"双火焰"结构。稳定供应的燃料在经过回热后会以接近 1:2 的比例分别被送入预燃室和主燃室进行燃烧。预燃室位于燃烧器下部，燃料供应部位采用了喷气式发动机的引射原理，当位于底部中心的喷嘴喷射出气态燃料时，气体的流动使压强减小，带动大量空气沿喷嘴周围的进气道涌入，与燃料充分混合，之后混合气体才会被点燃。预燃火焰总体呈亮蓝色，火焰形状小，温度高，隐藏于火炬内部，不受外界环境影响。而主燃室位于燃烧器上部，与预燃室相比，燃料喷出后并不与空气预先混合，而是经过充分的自然扩散后再点火燃烧，生成温度稍低但视觉效果良好的橙色火焰，其高度和亮度都有充分的保障。"双火焰"结构将稳定的预燃火焰设置为火炬的核心火焰，即使上层主燃火焰意外熄灭，下层的预燃火焰也能立即将其重新点燃，这一设计为圣火的持续燃烧提供了安全而可靠的保障。

在北京奥运圣火传递的路线中，珠峰的圣火传递尤为引人瞩目。让圣火抵达世界最高峰是继悉尼奥运将圣火的光芒引入大海、雅典奥运让圣火的足迹走遍全球之后，北京奥运对这项神圣运动的独特贡献。然而，主脉平均海拔超过 6000 m 的喜马拉雅山脉上严酷的自然条件却对圣火的传递造成了巨大的困难。与平原地区相比，火炬在珠峰的传递面临着一系列具有高原特征的气候挑战。珠穆朗玛峰上空气中氧气含量仅占零海拔地区氧气含量的 20%，气压仅占零海拔地区的 50%，而气温往往低达−30 ℃，温度、压强、氧气这三项维持燃烧必不可少的条件都得不到充分的保障。除此之外，喜马拉雅山地区风速多为每秒 16～17 m，强大的风力也对火焰的维持构成巨大的影响。为了克服这些困难，珠峰传递所使用的火炬在普通火炬的基础上进行了专项改造。相比其他地域使用的普通火炬，珠峰传递专用火炬的工艺要求更加严格，性能更为安全可靠。此外由于高原环境下固液混合燃料火炬不易点燃，而液态燃料火炬燃烧时间偏短，珠峰专用火炬采用了固态丙烷作为燃料。这一关键性改动不但实现了火炬在大风、低压、低温、低氧环境下的稳定燃烧，同时经过对燃料配方的特殊修改，火炬燃烧时间达到了 7～8 min，火焰颜色也更加明亮、形状更加饱满、姿态更加飘曳。经多次实践检验，珠峰火炬的研制工作取得了圆满的成功。祥云承载着圣火平安抵达了世界屋脊的最高点，向世界昭示了奥林匹克运动的伟大精神，也意味着中华民族伟大复兴的开始。

第三节　气体燃料紊流燃烧

工程燃烧设备一般容量较大，燃料消耗量多，因此燃料气流流速较高，实际燃烧过程基本都属于紊流燃烧过程。对于紊流火焰传播速度，前面章节已经进行了讨论。但求出了紊流火焰传播速度，并没有解决紊流燃烧的全部问题，求解紊流燃烧现象，重要的是求解反应平均量的分布和平均热效应（热流），需要通过紊流燃烧模型来处理平均化学反应速率。平均化学反应速率不仅受到紊流混合的影响，也受到分子输运和化学反应动力学的影响。至今，尚没有普遍适用的紊流燃烧模型可供使用。目前的紊流燃烧研究以理论模型研究为主。

在研究紊流火焰过程中发展起来的理论方法，可以分为两类：一类为经典的紊流火焰传播理论，包括皱折层流火焰的表面燃烧理论与微扩散的容积燃烧理论；另一类是紊流燃烧模型方法，是以计算紊流燃烧速率为目标的紊流扩散燃烧和预混燃烧的物理模型，包括最新发展的概率分布函数的输运方程模型和 ESCIMO[涡旋（eddy）、拉伸（stretch）、化学（chemical）、相互作用（interaction）、运动（motion）和耗散（out）] 紊流燃烧理论。第一类理论模型在讨论紊流火焰传播速度时已进行了介绍，本节主要介绍第二类紊流燃烧模型。

一、时均反应速率

对于简单的一步化学反应，反应速率可由阿累尼乌斯公式表示。此公式对于层流火焰是适用的。然而，当流动变为紊流后，温度、反应物浓度都将随时间和空间而脉动，此时，阿累尼乌斯公式只是描述了反应速率的瞬时值。与解决紊流问题一样，可以对反应速率取时间平均，也会出现二阶和三阶的脉动关联项。由于这些关联项的值很难直接测量，对这些关联项用一般的模型方法进行模拟是不可能的，也是无法检验其正确性的。对于这些二阶和三阶关联项，一般是采用一些近似的模型方法来求解。

对于不同类型的燃烧反应，紊流与燃烧的相互作用具有不同的特性，一般为了研究其相互作用，通常定义两种时间尺度并通过比较这两种时间尺度来描述。一个是反应时间尺度 t_r，它被定义为：所关心的反应物组分完全反应达到平衡值时所需的时间；另一个是紊流时间尺度 t_T，它被定义为：由于大漩涡紊流破碎成为小尺度漩涡的混合时间即反应发生之前混合进行到接近分子水平所需要的时间。反应时间尺度是反应物完全反应成为产物所需要的时间。处理有化学反应（燃烧）的紊流燃烧系统可以通过对比这两个时间尺度间的关系来表征。

1. 化学反应时间尺度≫紊流时间尺度

此时，化学反应时间尺度 t_r 比紊流时间尺度 t_T 大得多，也就是说化学反应相对于局部紊流的变化是非常慢的。此时，当紊流脉动相对较小时，那么紊流脉动对反应速率的影响可以忽略。因此，反应物混合相对很快，而反应进行相对很慢。因为脉动通常是由反应程度不同的各种各样的旋涡所产生的，而且因为火焰限制了脉动的产生，可以认为化学性质脉动在此类火焰中将是相对小的。

2. 化学反应时间尺度≪紊流时间尺度

这种类型的火焰在燃烧过程中是常见的，即称为快速反应。从总体来说，化学反应是快的，可以认为处于局部瞬态平衡。在这类火焰中，紊流混合过程是控制反应速率的过程。反应在反应物混合的瞬间即达到平衡。对于这些情况，可以用守恒量或叫混合分数来判别某处的"混合程度"。这种守恒量是局部瞬态当量比的一种度量，并且在瞬态守恒量和瞬态化学性质之间（例如组分、温度和密度）存在着唯一的函数关系。

一般地，局部紊流脉动的统计是由守恒量的统计学表征的，最容易的是用混合分数的概率密度函数（probability density function，PDF）加以关联。将化学性质对 PDF 积分，并适当加入纯燃料或空气流的间歇就可以适当地计算紊流对化学反应的影响。这类火焰模型已获得较好的解决，而且对化学反应速率很快的可以用平衡化学的假定而使问题得到简化。当不能用平衡化学假定时，只要反应速率足够快，这种方法依然可以得到很好的使用。

3. 化学反应时间尺度≈紊流时间尺度

化学反应时间尺度≈紊流时间尺度的情形被称为有限速率反应。化学动力学与紊流脉动两者必须被结合起来考虑。应该说这是在化学反应中常见的情形。这类化学反应是最复杂且是研究最缺乏的，对于这种类型的燃烧情况需要进一步研究。

二、紊流预混火焰模型

层流预混火焰以 u_L 的传播速度向未燃气传播，其数值只与可燃气体的物理化学性质有关。而紊流火焰传播速度 u_T 则不仅是物理化学性质的函数，而且还与流动状态有关。此时，火焰锋面强烈脉动，无法观察到单一连续的火焰锋面，燃烧是在一定的空间进行，呈"容积燃烧"的状况。

　　紊流的时均反应速率可以通过对二阶、三阶的关联项进行模拟，从而使方程组封闭。但由于涉及紊流和化学反应的相互作用，需要同时考虑紊流混合、分子输运及化学动力学三方面的因素，因此寻找一个通用的、把局部参数联系起来的公式是十分困难的。

　　为了求解紊流燃烧问题，另一个方法是分析影响时均速度的主要因素，提出时均速度的简化表达式，将计算结果与实验数据对比，并不断改进，提出新的模型。这就是布莱恩·斯帕尔丁等人发展紊流燃烧模型的基本思路。

　　1. 旋涡破碎模型（EBU）

　　最简单的紊流预混火焰模型就是斯帕尔丁提出的旋涡破碎模型（eddy-break-up model），简称 EBU 模型。它的基本思想是：把紊流燃烧区考虑成未燃气微团和已燃气微团的混合物，化学反应在这两种微团的交界面上发生，认为化学反应速率取决于未燃气微团在紊流作用下破碎成更小的微团，破碎速率与紊流脉动动能的衰减速度成正比。

　　有研究者采用旋涡破碎模型对二维紊流预混回流燃烧做了数值计算，计算结果表明冷态和燃烧情况下回流区的位置大致相同，但回流区大小和强度不同。回流区内的燃烧引起混合气膨胀，这表现为点火初期回流区尺寸迅速增大及自由空间中回流燃烧区尺寸的增加。随着燃烧在回流区外的发展，回流区外围的气体膨胀，压力升高，致使回流燃烧区又受到挤压，尺寸下降，回流燃烧区内的最大回流速度比冷态时大近 2 倍，紊流功能增加 3～4 倍。

　　2. 拉切滑模型

　　旋涡破碎模型在关于流动对燃烧速度的控制作用方面给出了简单的计算公式，并为紊流燃烧过程的数值模拟开辟了道路。但该模型未能考虑分子输运和化学动力学因素的作用，因此它只适用于高紊流预混燃烧过程。

　　为了进一步体现分子扩散和化学反应动力学因素的作用，斯帕尔丁于 1976 年提出了所谓的"拉切滑"模型（stretch-cut-and-slide model），它同样是把紊流燃烧区考虑成充满未燃气团和已燃气团，这些气团在紊流作用下受到拉伸和切割的作用重新组合，不均匀性尺度下降；在未燃气团和已燃气团的界面上存在着连续的火焰面，它以层流火焰传播速度向未燃部分传播。

　　该模型考虑了流动和分子输运的相互作用，充分体现了层流火焰传播速度 u_L 对紊流燃烧速率起着相当重要的作用。可见正确地计算 u_L 是正确运用拉切滑模型的关键之一。旋涡破碎模型是该模型的简化。

第四节　高速气流火焰稳定

一、高速气流中火焰稳定的基本条件

　　为使火焰在可燃混合气气流中获得稳定，其必要条件之一是火焰前锋根部存在满足气流速度 v 等于火焰传播速度 u_L 这一条件的速度平衡点，以形成固定点火源。这种情况只能在较低的气流速度下，利用气流射流边界层中较大的速度梯度的条件来实现。

　　一般来说，烃类燃料在空气中燃烧的层流火焰传播速度大多小于 40 cm/s，只有氢在空气中燃烧时，其火焰传播速度可达到 315 cm/s。烃类燃料在空气中的紊流火焰传播速度也仅在 100 cm/s 左右。但在许多实际燃烧装置中，例如燃气轮机燃烧室中，其进口气流速度一般为 40 m/s 左右；在航空燃气轮机和冲压式发动机燃烧室中，进入主燃烧室的气流速度可达 60 m/s，加力燃烧室的气流速度达 120 m/s。可见，实际燃烧装置中的气流速度比最大可能的紊流火焰传播速度要高出 10 倍以上。在这样高的气流速度下，火焰是难以稳定的。因此，必须在高速气流中采用某些特殊手段来稳定火焰。

火焰稳定的基本条件是在火焰根部产生稳定的点火源。因此，要实现高速气流中火焰的稳定，就必须在气流中创造条件建立一个平衡点，以满足气流法向分速 v_N 等于紊流火焰传播速度 u_T 的要求。通常是在气流速度场内人为地产生一个自偿性点火源，采用的手段主要是以下几种：利用引燃火焰（又称值班火焰）即在主气流旁引入小股低速气流，着火后不断引燃主气流；利用燃烧装置形状变化，如偏转射流（突然转弯）、壁面凹槽、突然扩张等改变气流方向的方法形成回流区，以稳定火焰；利用金属棒（丝、环），把金属棒放在火焰上，以改变速度分布，起到稳定火焰的作用；采用稳焰旋流器，利用旋转射流产生回流区，以稳定火焰；利用钝体产生回流区，以稳定火焰。采用哪种方式稳定火焰，要由燃烧装置的用途、所用燃料的种类等各种因素来决定。

二、火焰稳定的主要方法

除了可以利用第四章介绍的钝体稳定火焰之外，火焰稳定的主要方法还有利用引燃火焰稳定和利用旋转射流稳定等。

1. 利用引燃火焰稳定火焰

在高速可燃混合气气流附近布置一稳定的引燃火焰，使燃烧器喷口喷出的主气流得到不间断地点燃，从而稳定主火焰。该引燃火焰必然是流速较低、燃烧量较少的分支火焰，其流速可为主火焰的数十分之一，燃烧量可达主火焰的 20%～30%。可以认为，由于强烈的扩散和混合作用，在由引燃火焰产生的炽热气流与点燃前的可燃混合气气流之间发生强烈的热量、质量交换，冷的可燃混合气温度因此得以升高，反应速率增大，并进一步着火和燃烧。这种引燃火焰与冷的可燃混合气之间的作用一直不间断地进行下去，便可有效地保证主气流的燃烧稳定。

图 7-9 所示为利用引燃火焰稳定主火焰的几种典型方法。由上面的机理分析可知，要成功地稳定高速气流火焰，引燃火焰必须达到一定的燃烧量，获得足够的炽热气流，以保证引燃火焰与主气流之间热量、质量交换的强度。图 7-9（b）所示的烧嘴采用从直焰孔侧壁中间开分支孔的方法，分出引燃气流，在主气流根部形成引燃火焰。如果分支孔不够大，则引燃火焰的燃烧量不足，就可能得不到稳定火焰的良好效果。

图 7-9（c）、图 7-9（d）所示为稳定效果更好的烧嘴结构，图（c）为缩口式，图（d）为直筒式，这两种形式的烧嘴将主焰孔做成喷头型，使引燃火焰燃烧量达到主火焰的 20%～30%。同时，将引燃火焰孔设计成倾斜状，使其喷射在烧嘴管壁上，以大大降低喷出速度，提高引燃火焰的稳定性，扩大引燃火焰的燃烧范围。可以认为，引燃火焰燃烧量大、稳定性好的烧嘴，其火焰的稳定性最好。比较图 7-9（c）、图 7-9（d）中所示烧嘴（主焰孔相等，而烧嘴头部焰孔直径不等）可知。烧嘴头部焰孔直径大的直筒式，其引燃火焰的燃烧量大，烧嘴头部焰孔壁附近的喷出速度低，因此火焰稳定性较好。

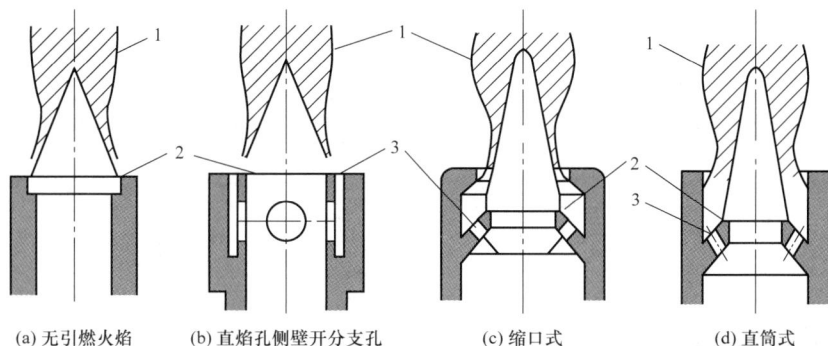

(a) 无引燃火焰　　(b) 直焰孔侧壁开分支孔　　(c) 缩口式　　(d) 直筒式

图 7-9　利用引燃火焰稳定主火焰的典型方法

1—主火焰；2—主焰孔；3—引燃焰孔

2. 利用旋转射流稳定火焰

旋转射流在燃烧设备中得到了广泛的应用，这不仅是因为它具有较大的喷射扩张角，使得射程较短，可在较窄的炉膛或燃烧室深度中完成燃烧过程，而且在强旋转射流内部形成一个回流区。因此，旋转射流不但可从射流外侧卷吸周围介质，还能从内回流区中卷吸高温介质，故它具有较强的抽气能力，可使大量高温烟气回流至火焰根部，保证燃料及时、顺利地着火和稳定燃烧。

例如，燃气轮机燃烧室由于其比体积热强度和进口气流速度高，给火焰的稳定带来较大的困难，因此目前广泛采用叶片式旋流器（主要有轴向式和径向式两种）作为火焰稳定器，如图 7-10 所示。在配置旋流器的燃烧室中，经旋流器流入火焰筒的一股空气流（占总空气量的 5%～10%）在旋流叶片的导流作用下，形成具有轴向、切向和径向分速的三维旋转气流。又由于空气黏性的作用，旋转扩张着的进口空气流将火焰筒中心的气体带走，使中心区气体变得稀薄，压力降低，从而在轴线方向产生一个逆主流方向的压力差。在此压力差的作用下，下游将有一部分气流逆流补充，结果形成了回流区（见图 7-11）。回流的高温烟气与刚由燃料喷嘴和旋流器供入的燃料和空气进行紊流掺混，不断地进行热量和活化分子交换，使燃料温度升高，反应速率增大。回流的高温烟气实际上就是燃烧空间中的一个稳定的点火源。此外，反向气流向顺流区的主流过渡时，必然会出现一个轴向速度相当低的顺向流动区域。在此区域内，存在气流速度与可燃混合物的火焰传播速度相等的平衡区，从而为燃料的

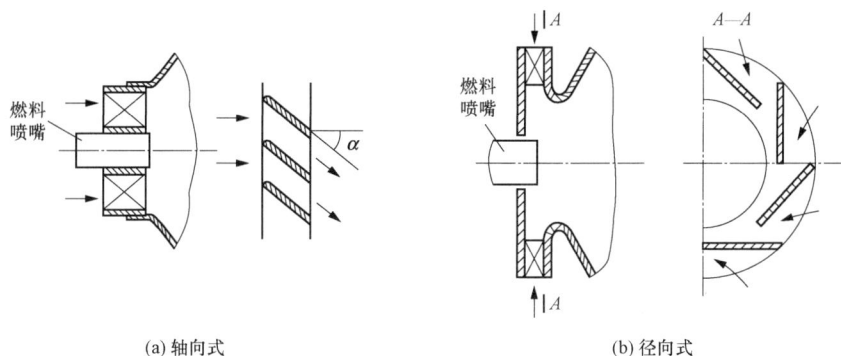

(a) 轴向式　　　　　　　　　　(b) 径向式

图 7-10　叶片式旋流器结构示意

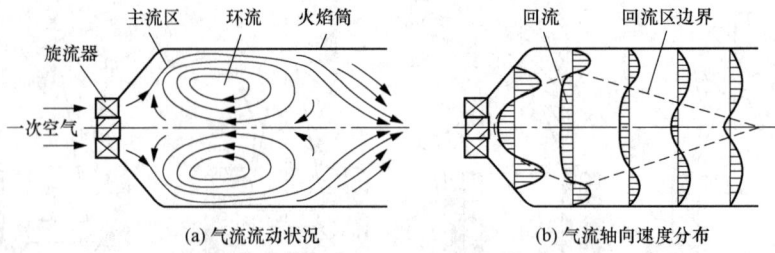

图 7-11   燃烧室火焰筒中气流的流动状况

连续点火和火焰的稳定创造了良好的条件。这种气流流动结构对于燃烧效率、火焰长度和燃烧稳定性等燃烧室特性均有决定性的影响，是燃料在高速流动的气面中实现稳定和完全燃烧的重要条件。

第八章　液体燃料燃烧

内燃机、燃气轮机、燃油锅炉等燃烧装置中存在液体燃料的燃烧，液体燃料的物理特性与燃烧特性对燃烧设备的安全经济运行与设计有着重要影响。液体燃料是指能产生热能或动力的液态可燃物质，主要包括原油以及石油加工而得的汽油、煤油、柴油、燃料油等。在燃烧装置中，液体燃料首先被雾化成油雾，油雾中的液滴蒸发，随后燃油蒸气在气态扩散火焰中燃烧。因此，本章主要介绍液体燃料的物理特性与燃料的雾化燃烧特性。

第一节　燃油特性及雾化

一、燃油的主要特性

1. 凝固点

燃油是各种烃的复杂混合物，它从液态变为固态是逐渐进行的，没有固定的凝固点。石油工业规定，试样油在一定的试管内冷却，将试管倾斜45°，试管中油面在 1 min 内保持不变时对应的油温为其凝固点。

2. 沸点

由于组成燃油的各种烃具有不同的沸点，因此燃油的沸点与凝固点一样，没有一个恒定值，而是一个温度范围，它的沸腾从某一温度开始，随着温度上升而连续进行。利用此特性，可以在石油蒸馏过程中收集不同沸点的馏出物。

3. 闪点

在燃油加热过程中，油气逐渐挥发出来并与空气混合，当点火源接近混合气时，可产生瞬间即灭的闪火现象的最低温度，称为闪点。闪点是安全防火的重要指标，油库中的油温至少应比闪点低 10 ℃，但压力容器和管道中没有自由液面时，可不受此限制。

4. 燃点

当油面上的油气与空气的混合物遇明火能着火连续燃烧，持续时间不少于 5 s 时，此时的最低油温为其燃点。对于液体燃料而言，燃点比闪点要高。

5. 静电特性

油是不良导体，它与空气、钢铁、布等摩擦容易产生静电。电荷在油面上积聚能产生很高的电压。一旦放电就会产生火花，使油发生燃烧甚至爆炸。产生静电的强弱与油的流动速度、管道材料和粗糙度、空气湿度和油中杂质含量等因素有关，因此，输油、储油的设备及管线均应有良好的接地。

6. 黏度

燃油的黏度常用恩氏黏度表示，恩氏黏度由恩氏黏度计测得，即 200 mm³ 的温度为 t ℃

的油从恩氏黏度小孔流出的时间和同体积 20 ℃蒸馏水流出时间之比，称为该油在 t ℃下的恩氏黏度。黏度对燃油的流动、过滤、雾化都有重要影响，黏度越小，流动与雾化效果越好。压力和温度都影响燃油的黏度，压力越大，燃油黏度越大；温度越高，黏度越小。

7. 含硫量

燃油中的硫以硫化氢、单质硫和各种硫化物的形式存在。按油中硫含量的多少，燃油可分为低硫油（$S_{ar} < 0.5\%$）、中硫油（$S_{ar}=0.5\% \sim 2\%$）和高硫油（$S_{ar} > 2\%$）。当燃油的含硫量大于 0.3%时，应注意低温受热面的腐蚀问题，燃油中硫含量越多，低温腐蚀问题越严重。

8. 灰分

燃油中灰分含量很少，但灰中常含有钒、钠、钾、钙等元素的化合物，其中钒酸钠的熔点较低，约 600℃，在壁温高于 600℃的受热面上会产生高温腐蚀。

二、燃油的雾化

1. 雾化过程

燃油雾化是喷雾燃烧过程的第一步，通过喷嘴将燃油变成液滴群，增加燃料的比表面积，加速燃料的蒸发气化，促进燃料与空气的混合，加速燃烧过程，提高燃烧效率。

雾化过程是将燃油碎裂成细、小液滴群的过程（见图 8-1），主要受雾化喷嘴前后的压力差、燃油射流与周围空气的相对速度等因素的影响。压力差越大，相对速度越大，雾化过程进行得越快，液滴群尺寸越细。雾化过程主要涉及四个阶段：第一阶段，燃油从喷嘴流出形成液柱或液膜；第二阶段，在惯性力、表面张力、黏性力以及气动力共同作用下，液柱或液膜破碎成丝或带；第三阶段，在表面张力作用下，液体丝或带收缩成大液滴；第四阶段，在气动力作用下，大液滴破碎为细、小液滴。

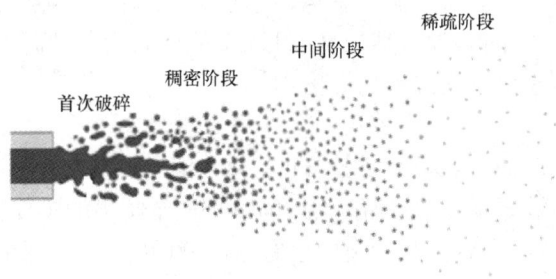

图 8-1　燃油雾化过程

2. 燃油雾化的特征参数

燃油雾化之后所形成的液滴群包含的液滴大小不均匀。通常评价燃油雾化性能的特征参数包括雾化锥角、雾化细度、雾化均匀度等。

（1）雾化锥角。雾化锥角分为出口雾化锥角与条件雾化锥角，如图 8-2 所示。出口雾化锥角是指喷嘴出口到喷雾炬外包络线的两条切线之间的夹角，也称为雾化角，以 θ 表示。条件雾化锥角是指以喷口为圆心、r 为半径的圆弧和外包络线相交点与喷口中心连线的夹角，以 θ_r 表示。雾化锥角的大小在很大程度上决定了燃料在燃烧空间的分布情况以及火焰外形的长短。雾化锥角较小时火焰细而长，会使燃油液滴不能有效地分布到整个燃烧室空间，不利于燃油液滴与空气的混合，造成局部缺氧，发生析碳，也会造成局部过量空气系数过大，燃烧温度降低，以致着火困难和燃烧不良。雾化锥角较大时，火焰短而粗，燃油液滴易喷射到炉墙或燃烧室壁面上，造成结焦积碳现象。

（2）雾化细度。雾化细度是评价燃油雾化性能的重要指标，反映了燃油雾化后液滴的粗细程度。由于雾化后的液滴大小是不均匀的，因此，雾化细度一般由液滴群的平均直径来描述。常用的计算方法包括索太尔平均直径（SMD）和质量中间直径（MMD）两种方法。索太尔平均直径等于液滴群所有液滴的总体积除以所有液滴的总表面积；质量中间直径的物理意义是大于和小于这个直径的液滴质量各占50%。

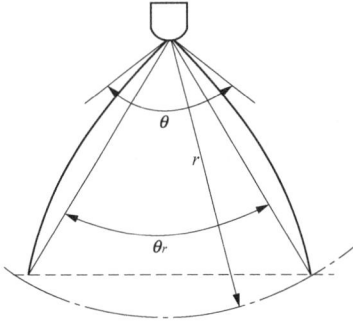

图 8-2　雾化锥角示意

索太尔平均直径或质量中间直径越小，雾化就越细，但是雾化液滴直径不宜过细，因为液滴微粒易被气流带走，易造成局部区域燃料浓度过高或过低，不利于燃烧的完全与稳定。雾化液滴直径也不宜过粗，会使燃尽时间延长，造成不完全燃烧，降低燃烧效率。

（3）雾化均匀度。雾化均匀度是指燃料雾化后油滴尺寸的均匀程度，可用液滴尺寸分布来描述。液滴尺寸分布描述的是每种尺寸的液滴各占多少，液滴尺寸差别越小，雾化均匀度越好。雾化均匀度过分均匀或均匀度较差都不利于燃料燃烧，需要根据燃烧设备类型、构造和气流情况等具体条件而定。

第二节　单个油滴的蒸发

燃油液滴的实际燃烧过程是非常复杂的，相互作用的因素很多，油滴的燃烧速率在很大程度上取决于蒸发速率。本节着重分析与燃烧有关的油滴蒸发问题。

一、相对静止高温环境中油滴的蒸发

建立油滴蒸发模型是模拟油雾燃烧的第一步，本节分析静止高温环境中单个油滴（半径为 r_c）的蒸发，油滴周围的气体是由燃油蒸气和空气组成的混合物，其浓度分布是球对称的。图 8-3 所示为油滴蒸发过程中燃油蒸气质量分数（Y_f）和空气质量分数（Y_a）的变化趋势。从图中可以看出，在油滴表面，燃油蒸气质量分数最高，空气质量分数最低，随着半径逐渐增大，燃油蒸气质量分数逐渐减小，而空气质量分数逐渐增大；在无穷远处，$Y_{f\infty}=0$ 和 $Y_{a\infty}=1.0$。显然，在任意半径处，$Y_f+Y_a=1.0$。

显然，燃油蒸气与空气在液滴表面和环境之间存在浓度梯度，必然导致质量扩散。燃油蒸气从油滴表面不断向外扩散，而空气从外部表面不断向油滴表面扩散。由于油滴表面对空气既不吸收也不放出，空气又不能堆积在油滴表面处，故油滴表面处的空气质量流量应为零。因此，为了平衡空气的扩散趋势，在油滴表面必然存在一个反向流动，这种气体在油滴表面以一定速度 v_s 离开的对流流动称为斯蒂芬（Stefan）流。由斯蒂芬流引起的空气质量迁

移与燃油蒸气迁移是以油滴中心为源的"点泉"流,所以

$$\pi r_s^2 \rho v_s Y_{as} = \pi r^2 \rho v Y_a = 常数 \tag{8-1}$$

$$\pi r_s^2 \rho v_s Y_{fs} = \pi r^2 \rho v Y_f = 常数 \tag{8-2}$$

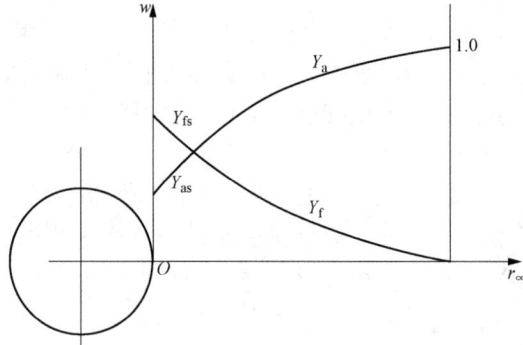

图 8-3   液体周围成分分布

Y_a—液滴表面外空气质量分数;Y_f—液滴表面外燃料蒸气的质量分数;

Y_{as}—液滴表面的空气质量分数;Y_{fs}—液滴表面的蒸汽质量分数

式中:ρ 为气体密度;r 表示液滴同心圆的半径;r_s 表示液滴表面圆的半径。

由于油滴表面处的空气质量流为零,因此返向流动的空气质量等于向油滴表面扩散的空气质量。则由质量平衡可得

$$\pi r_s^2 \rho v_s Y_{as} = \pi r_s^2 \rho D \left. \frac{dY_a}{dr} \right|_s \tag{8-3}$$

式中:D 为气体的分子扩散系数。

结合式(8-1),可知在任意球面上,式(8-3)的通用形式为

$$\pi r^2 \rho v Y_a - \pi r^2 \rho D \frac{dY_a}{dr} = 0 \tag{8-4}$$

式(8-4)表明,在蒸发液滴外围的任一对称球面上,由斯蒂芬流引起的空气质量迁移正好与分子扩散引起的空气质量迁移相抵消,空气的总质量迁移为 0。

在相对静止的高温环境中,燃油蒸气从油滴表面通过斯蒂芬流动和分子扩散两种方式迁移到周围环境中。油滴表面燃油蒸气的质量流为

$$q_m = -\pi r_s^2 \rho D \left. \frac{dY_f}{dr} \right|_s + \pi r_s^2 \rho v_s Y_{fs} \tag{8-5}$$

结合式(8-3),可知在任意球面上,式(8-5)的通用形式为

$$q_m = -\pi r^2 \rho D \frac{dY_f}{dr} + \pi r^2 \rho v Y_f \tag{8-6}$$

将式(8-4)与式(8-6)相加可得

$$q_m = -\pi r^2 \rho D \left(\frac{dY_f}{dr} + \frac{dY_a}{dr} \right) + \pi r^2 \rho v \left(Y_f + Y_a \right) \tag{8-7}$$

由于 $Y_f + Y_a = 1.0$,所以式(8-7)简化为

$$q_m = \pi r^2 \rho v \tag{8-8}$$

将式（8-8）带入式（8-6），可得

$$q_m = -\pi r^2 \rho D \frac{\mathrm{d} Y_\mathrm{f}}{\mathrm{d} r} + m_\mathrm{f} Y_\mathrm{f} \tag{8-9}$$

上式可改写为

$$q_m \frac{\mathrm{d} r}{r^2} = -4\pi \rho D \frac{\mathrm{d} Y_\mathrm{f}}{1 - Y_\mathrm{f}} \tag{8-10}$$

边界条件

$$\begin{cases} r = r_1, & Y_\mathrm{f} = Y_\mathrm{fs} \\ r = \infty, & Y_\mathrm{f} = Y_\mathrm{f\infty} \end{cases} \tag{8-11}$$

对式（8-10）进行积分，可得纯蒸发条件下相对静止高温环境中油滴的蒸发速率为

$$q_m = -4\pi r_1 \rho D \ln\left(1 + B\right) \tag{8-12}$$

$$B = \frac{Y_\mathrm{fs} - Y_\mathrm{f\infty}}{1 - Y_\mathrm{fs}} \tag{8-13}$$

参数 B 是一个无量纲数，称作物质交换数。计算时通常假定油滴表面的燃油蒸气压等于饱和蒸气压，因此只要已知油滴表面温度以及燃油的饱和蒸气压与温度的关系，即可求得 Y_fs，进而确定物质交换数 B。

从能量平衡的角度也可以确定油滴的蒸发速率。如图 8-3 所示，油滴蒸发、油滴加热、燃油蒸气加热所需的热量由外部环境提供，能量平衡方程为

$$-4\pi r^2 \lambda \frac{\mathrm{d} T}{\mathrm{d} r} + q_m c_p \left(T - T_1\right) + q_m h_\mathrm{fg} + \frac{4}{3}\pi r_\mathrm{s}^3 \rho_1 c_1 \frac{\mathrm{d} T_1}{\mathrm{d} \tau} = 0 \tag{8-14}$$

式中：公式左侧第一项为半径 r 的球面上由外部环境向内侧球体的导热量；第二项为燃油蒸气从 T_1 升温到 T 所需的热量；第三项为油滴蒸发消耗的潜热；第四项为油滴加热所需的热量，计算中假设油滴内部温度均匀，并等于 T_1；ρ_1 为油滴的密度；T、T_1 分别为控制球面和油滴的温度；c_p、c_1 分别为燃油蒸气和燃油的比定压热容；h_fg 为燃油的汽化潜热。

在油滴达到蒸发平衡后，有

$$\frac{\mathrm{d} T_1}{\mathrm{d} \tau} = \frac{\mathrm{d} T_\mathrm{bw}}{\mathrm{d} \tau} = 0 \tag{8-15}$$

式中：T_bw 为油滴平衡蒸发温度。
则式（8-14）可简化为

$$-4\pi r^2 \lambda \frac{\mathrm{d} T}{\mathrm{d} r} + q_m c_p \left(T - T_1\right) + q_m h_\mathrm{fg} = 0 \tag{8-16}$$

上式可转变为

$$\frac{q_m}{4\pi \lambda} \frac{\mathrm{d} r}{r^2} = \frac{\mathrm{d} T}{c_p \left(T - T_1\right) + h_\mathrm{fg}} \tag{8-17}$$

边界条件

$$\begin{cases} r = r_1, & T = T_\mathrm{bw} \\ r = \infty, & T = T_\infty \end{cases} \tag{8-18}$$

对式（8-17）进行积分，可得

$$q_m = 4\pi r_1 \frac{\lambda}{c_p} \ln\left[1 + \frac{c_p\left(T_\infty - T_{bw}\right)}{h_{fg}}\right] \tag{8-19}$$

由此可见，可以用式（8-12）或式（8-19）计算油滴的纯蒸发速率，但两式的应用条件不同。式（8-19）仅适用于计算油滴已达蒸发平衡温度后的蒸发，而式（8-12）却不受这个条件的限制。实验表明，大多数情况下，特别是油滴比较粗大以及燃油挥发性较差时，油滴加温过程所占的时间不超过总蒸发时间的 10%，因此当缺乏饱和蒸气压力数据时，也可用式（8-19）来计算蒸发的全过程。若油滴周围气体混合物的刘易斯数（$Le = \rho D c_p / \lambda$）等于 1，则有

$$\frac{\lambda}{c_p} = \rho D \tag{8-20}$$

此时，式（8-19）变为

$$q_m = 4\pi r_1 \rho D \ln\left(1 + B_T\right) \tag{8-21}$$

$$B_T = \frac{c_p\left(T_\infty - T_{bw}\right)}{h_{fg}} \tag{8-22}$$

对比式（8-22）与式（8-13）可知，当平衡蒸发且 $Le = 1$ 时，应有

$$B = B_T \tag{8-23}$$

$$\frac{Y_{fs} - Y_{f\infty}}{1 - Y_{fs}} = \frac{c_p\left(T_\infty - T_{bw}\right)}{h_{fg}} \tag{8-24}$$

已知油滴蒸发速率，可以求得油滴完全蒸发所需时间，这个时间称为蒸发时间。在准稳定状态下，油滴表面蒸发速率可定义为单位时间内油滴质量的减少，表达式为

$$q_m = -4\pi r_1^2 \rho_1 \frac{dr_1}{d\tau} \tag{8-25}$$

对比式（8-25）和式（8-19），可得

$$d\tau = -\frac{c_p r_1 \rho_1 dr_1}{\lambda \ln\left(1 + B_T\right)} \tag{8-26}$$

边界条件

$$\begin{cases} \tau = 0, & r_1 = r_{1,0} \\ \tau = \tau, & r_1 = r_1 \end{cases} \tag{8-27}$$

式中：$r_{1,0}$、r_1 为液滴的初始半径与半径。

对式（8-26）进行积分，可得

$$\tau = \frac{c_p \rho_1 \left(r_{1,0}^2 - r_1^2\right)}{2\lambda \ln\left(1 + B_T\right)} = \frac{d_{1,0}^2 - d_1^2}{K} \tag{8-28}$$

式中：$d_{1,0}$、d_1 分别为液滴的初始直径与直径。当燃料成分及蒸发条件一定时，K 为常数，称为蒸发常数，表达式为

$$K = \frac{8\lambda \ln\left(1 + B_T\right)}{c_p \rho_1} \tag{8-29}$$

式（8-30）可变换为

$$\tau K = d_{1,0}^2 - d_1^2 \tag{8-30}$$

式（8-30）称为平方直线定律，则液滴完全蒸发的时间为

$$\tau_0 = \frac{d_{1,0}^2}{K} \tag{8-31}$$

由式（8-31）可知，油滴初始直径越大，则完全蒸发所需时间越长，可见，若要缩短液体燃料的蒸发时间，需要具有较小的雾化细度，即较小的液滴尺寸。除此之外，燃料密度、气体物性等会影响蒸发常数，进而影响蒸发时间，燃油密度越小、气体的 λ/c_p 越大，蒸发常数越大，从而蒸发时间越短。蒸发常数还与环境温度、燃料气相质量分数分布有关。

二、强迫气流中液滴的蒸发

实际的液滴蒸发和燃烧过程，往往和周围气体间有相对运动，即使在静止的气流中蒸发和燃烧，由于液滴和气流存在温差，也会出现明显的自然对流现象。当液体燃料喷入炉膛时，和周围气体间有较大的运动速度。此时油滴周围的边界层会出现如图 8-4 所示的状况，即迎风面变薄，背风面变厚，其形状和相对运动速度的大小有关，这使得蒸发和燃烧过程的计算变得十分困难。现一般把液滴周围不规律的边界层折算成理想情况下的均匀边界层，只是折算的薄膜半径与理想情况不同。

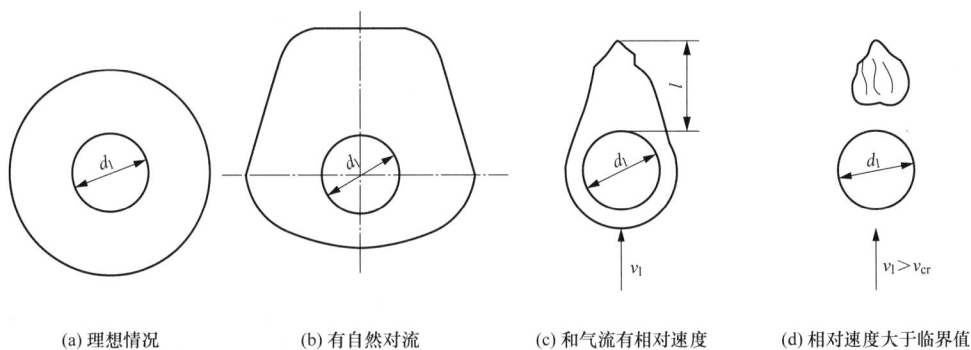

(a) 理想情况　　　(b) 有自然对流　　　(c) 和气流有相对速度　　　(d) 相对速度大于临界值

图 8-4　气流流速对液滴边界的影响

d_1—液滴直径；v_1—液滴迎面气流速度；v_{cr}—临界速度

折算薄膜理论采用适当的简化，使强迫对流、高温下的蒸发问题仍能应用静止高温中油滴球体对称蒸发推导所得的全部结论，只需要考虑对流引起的油滴非球对称对蒸发或燃烧的影响，采用折算薄膜概念进行修正。修正后的液滴蒸发速率为

$$q_m = 4\pi \frac{\lambda}{c_p} \frac{Nur_1}{2} \ln\left[1 + \frac{c_p(T_{su} - T_{bw})}{h_{fg}}\right] \tag{8-32}$$

式中：Nu 为油滴在气流中传热的努塞尔数；T_{su} 为折算边界层温度。

因此，在强迫对流气流中，液滴完全蒸发时间可写为

$$\tau_0 = \frac{d_{1,0}^2}{K_1} \tag{8-33}$$

$$K_1 = \frac{4\lambda Nu \ln(1 + B_T)}{c_p \rho_1} \tag{8-34}$$

随着相对速度的增大，Nu 增大，使得 K_1 增大，因而蒸发时间比在静止环境中明显缩短。

第三节　单个液滴的燃烧

液滴的燃烧是一个涉及同时发生热量、质量和动量交换，以及化学反应的复杂过程。影响液滴燃烧的主要因素有液滴尺寸、燃料成分、周围气体成分、温度、压力、液滴与周围气体间的相对速度等。

一、相对静止环境中液滴的燃烧

相对静止环境中燃料液滴燃烧时，可看成液滴被一对称的球形火焰包围，火焰面半径 r_f 通常比液滴半径 r_1 大得多。静止条件下的液滴燃烧属于扩散燃烧，其模型如图 8-5 所示。燃料液滴蒸气从液滴表面向火焰面扩散，而空气从远处向内扩散，扩散到火焰锋面处与油气流相遇，油气混合物达到化学计量数配比时，形成扩散火焰的火焰锋面。理想情况下，可假设火焰锋面的厚度为无限薄，即反应速度无限快，燃烧瞬间完成。燃烧产生的热量向两侧传递，其中向内侧传递的热量用于燃油蒸气的加热和油滴表面燃油气化，因此，向内传导的热量为：

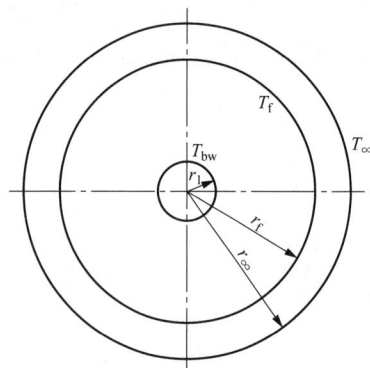

图 8-5　液滴燃烧模型示意

r_1—液滴半径；r_f—火焰锋面半径；
r_∞—远处半径；T_{bw}—油滴平衡蒸发温度；
T_f—火焰锋面温度；T_∞—无穷远处温度

$$4\pi r^2 \lambda \frac{\mathrm{d}T}{\mathrm{d}r} = q_m \left[c_p \left(T - T_s \right) + h_{fg} \right] \quad (8-35)$$

边界条件

$$\begin{cases} r = r_1, & T = T_{bw} \\ r = r_f, & T = T_f \end{cases} \quad (8-36)$$

对式（8-35）进行积分，可得

$$q_m = \frac{4\pi\lambda}{c_p \left(\dfrac{1}{r_1} - \dfrac{1}{r_f} \right)} \ln \left[1 + \frac{c_p \left(T_f - T_{bw} \right)}{h_{fg}} \right] \quad (8-37)$$

由于火焰锋面上氧气被完全消耗，因此从外侧扩散到火焰锋面的氧气量，必然等于火焰锋面上消耗的氧量，根据氧量平衡可得

$$4\pi r^2 D \frac{\mathrm{d}c}{\mathrm{d}r} = \beta q_m \quad (8-38)$$

式中：D 为氧分子扩散系数；c 为氧的浓度；β 为氧与燃油的化学计量比数。

边界条件

$$\begin{cases} r = r_f, & c = 0 \\ r = r_\infty, & c = c_\infty \end{cases} \quad (8-39)$$

对式（8-38）进行积分，可得

$$4\pi D \left(c_\infty - 0 \right) = -\beta q_m \left(\frac{1}{r_\infty} - \frac{1}{r_f} \right) \quad (8-40)$$

所以，火焰锋面的半径为

$$r_f = \frac{\beta q_m}{4\pi D c_\infty} \tag{8-41}$$

将式（8-41）代入式（8-37），扩散火焰单位时间燃烧的油量为

$$q_m = 4\pi r_1 \left\{ \frac{\lambda}{c_p} \ln\left[1 + \frac{c_p\left(T_f - T_{bw}\right)}{h_{fg}} \right] + \frac{D c_\infty}{\beta} \right\} \tag{8-42}$$

定义无量纲数——燃烧速度常数

$$K = \frac{8}{\rho_l} \left\{ \frac{\lambda}{c_p} \ln\left[1 + \frac{c_p\left(T_f - T_{bw}\right)}{h_{fg}} \right] + \frac{D c_\infty}{\beta} \right\} \tag{8-43}$$

因此，式（8-42）变为

$$q_m = \frac{\pi K \rho_l d_1}{4} \tag{8-44}$$

油滴燃烧过程中油滴的体积逐渐减小，因此，扩散火焰单位时间燃烧的油量可以表示为

$$q_m = -\frac{\mathrm{d}}{\mathrm{d}\tau}\left(\frac{\pi}{6} d_1^3 \rho_l \right) = -\frac{\pi d_1^2 \rho_l}{2} \frac{\mathrm{d}d_1}{\mathrm{d}\tau} \tag{8-45}$$

对比式（8-45）与式（8-44）可得

$$2 d_1 \mathrm{d}d_1 = -K \mathrm{d}\tau \tag{8-46}$$

因此有

$$\tau K = d_1^2 - d^2 \tag{8-47}$$

可见，油滴燃烧与蒸发都遵循同一个规律，即直径平方-直线定律。当油滴完全燃烧时，$d=0$，因此，油滴完全燃烧所需要的时间为

$$\tau = \frac{d_1^2}{K} \tag{8-48}$$

由此可见，燃油的雾化质量是控制燃烧的关键。燃料成分、燃料密度、气体物性、氧气的扩散等因素会影响 K，因此也会影响油滴完全燃烧所需时间。

二、强迫气流中液滴的燃烧

类似于液滴的蒸发，实际燃烧过程中燃料液滴和气流之间存在着相对运动，各参数如浓度、温度及斯蒂芬流等不再保持球对称，也采用折算薄膜理论来处理这些复杂问题。修正后的液滴燃烧速率为

$$q_m = 4\pi \frac{Nu r_1}{2} \left\{ \frac{\lambda}{c_p} \ln\left[1 + \frac{c_p\left(T_f - T_{bw}\right)}{h_{fg}} \right] + \frac{\rho_{O_2} D c_\infty}{\beta} \right\} \tag{8-49}$$

因此，在强迫对流气流中，液滴完全燃烧时间可写为

$$\tau = \frac{d_1^2}{K_1} \tag{8-50}$$

K_1 为修正后的燃烧速度常数，表达式为

$$K_1 = \frac{4 Nu}{\rho_l} \left\{ \frac{\lambda}{c_p} \ln\left[1 + \frac{c_p\left(T_f - T_{bw}\right)}{h_{fg}} \right] + \frac{\rho_{O_2} D c_\infty}{\beta} \right\} \tag{8-51}$$

式（8-50）主要适用于轻油，轻油液滴燃烧过程中直径不断减小，但是对于重油、渣油等，燃烧过程滴径变化不大，只是其密度变化，其液滴的燃烧时间为

$$\tau = \frac{\left(\rho_{1,0} - \rho_1\right)d_{1,0}^2}{6\lambda_g Nu_s \ln\left[1 + \dfrac{c_{pg}\left(T_f - T_{bw}\right)}{h_{1g}}\right]} \tag{8-52}$$

第四节　液滴群的燃烧及强化液体燃料燃烧的措施

一、液滴群的蒸发与燃烧

液体燃料的液滴群蒸发与燃烧是一个复杂的过程。它不是单个液滴燃烧的叠加，也不同于液滴在无限空间中的蒸发和燃烧，因为此时液滴群中各个液滴相互间要发生干扰，特别是当液滴群十分接近时更是如此。这种相互影响主要表现在相邻液滴间同时燃烧时有热量交换，以至于减少了每个燃烧液滴的热量散失；相邻液滴间同时燃烧也在争夺氧气，妨碍了氧气扩散到液滴表面。前一影响会促进液滴群的蒸发与燃烧，但后一影响会阻碍液滴群的燃烧。实际油雾的燃烧情况可以分为三种情况。

1. 预蒸发型气态燃烧

预蒸发型气态燃烧情况相当于雾化液滴很细，周围介质温度高或喷嘴与火焰稳定区间距离长，使液滴进入火焰区前已全部蒸发完，燃烧完全在无蒸发的气相区中进行。这种燃烧的火焰类似于气体湍流燃烧，燃油的蒸发过程几乎不影响火焰的长度。

2. 滴群扩散燃烧

滴群扩散燃烧是另一个极端情况，即周围介质温度低或雾化颗粒较粗或液体燃料的蒸发性能差，在燃烧区的每个液滴周围有薄层火焰包围，在火焰面内是燃料蒸气和燃烧产物，火焰面外是空气和燃烧产物，液滴蒸气向液滴周围的火焰提供可燃气体，并和氧气相互扩散进行燃烧反应。这种火焰的燃烧过程和蒸发过程几乎是同步的，蒸发过程的快慢控制着整个燃烧过程的进展，为了强化燃烧和缩短火焰，必须加速蒸发过程。

3. 复合式燃烧

复合式燃烧情况介于预蒸发型燃烧和滴群扩散燃烧之间。这时油雾中较细的油滴在进入燃烧区时已蒸发完毕，形成一定浓度的预混气体。在燃烧区既有预混气体的气相燃烧，又有较粗油滴的扩散燃烧。这种燃烧情况下，蒸发因素、湍流因素和化学动力学因素将共同起作用。燃烧设备、燃料种类以及燃烧工况的不同都会使火焰性质发生改变。

在实际液体燃料燃烧过程中，影响因素众多而复杂。例如，重质油在高温下燃烧时，会因缺氧而进行化学热分解，出现固体残质，其后期的燃烧接近固体燃料的燃烧，使固体不完全燃烧热损失增大。

实验研究表明，在液滴群燃烧时，液滴燃烧时间仍遵循直径平方-直线规律，只是燃烧速度常数 K 与单液滴燃烧时有所不同。在实际燃烧过程中液滴群的流量密度和液滴直径是不均匀的，因此，在同一时刻各个液滴的燃烧状况不一样，射流各断面上的燃烧状况也不相同。另外，液滴喷入燃烧室，各液滴将到达各个不同的位置，且燃烧室的温度场不均匀，因

此，即使液滴直径相同，在同一时间不同的空间内液滴的燃烧状况也不一样。因此不能用同一个 K 值来进行计算，目前还需要借助实验研究。

液体燃料的液滴群燃烧的火焰传播主要是借助于液滴的不断着火、燃烧。油滴的着火是由于周围高温介质所传递的热量，靠液滴本身的蒸发和蒸气的扩散实现。由于液滴群的燃烧需要经过传热、蒸发、扩散和混合等过程，所以液滴群的燃烧速度一般比均匀可燃混合气燃烧时要小，但是液滴群燃烧具有比均匀可燃混合气燃烧更为宽广的着火界限和稳定工作范围。

二、强化液体燃料燃烧的措施

1. 强化液体燃料的蒸发过程

液体燃料燃烧的特点为液体先蒸发成油蒸气，油气体与空气混合后才能燃烧。为加速液体燃料燃烧，必须先加速其蒸发过程，即在一定加热温度下尽量增大蒸发的表面积。因此，必须维持燃烧室较高的温度，并改善雾化设备的雾化质量，使雾化的液滴细而均匀。

2. 强化液体燃料与空气的混合过程

为加速已蒸发的燃料气体尽快着火和燃烧，必须使燃料蒸气与空气迅速混合，这需要增强空气与燃料蒸气间的对流和湍流扩散。为使燃烧器出口的雾化气流容易着火，还要应用旋转气流，以便在中心形成回流区，使高温的热烟气回流至火焰根部加热雾化气流，使之着火燃烧，这可由调风器通过合理的配风实现。一般将送入调风器的空气分成两部分，一部分从喷嘴附近送入，首先与雾化气流混合，称为一次风；另一部分离喷嘴稍远处送入，称为二次风。配风是否合理以及调风器的结构会直接影响液体燃料燃烧的完全程度。调风器一般采用圆形双通道结构。有一种称为平流式调风器，其具有结构简单、阻力小和便于自动控制等优点，广泛应用于燃油配风中。另一种为文丘里管式结构调风器，喷嘴置于中心位置，喷嘴外围为旋流叶片组成的稳燃器，一次风通过该旋流叶片后形成回流区。稳燃器外部为环形直流通道，通过二次风，以使液体燃料在着火后继续获得燃烧所需的空气。

3. 防止或减少液体燃料热裂解

碳氢燃料在高温下缺氧会进行化学热分解或热裂解。一般可分解成轻质碳氢化合物、重质碳氢化合物和自由碳，其中，轻质碳氢化合物易着火，而重质碳氢化合物和自由碳不易着火和燃尽。

实验表明，液体燃料在 600 ℃以下进行热分解时，碳氢化合物呈对称分解，分解为轻质碳氢化合物和自由碳；在高于 650 ℃时，呈不对称分解，除分解成轻质碳氢化合物和炭黑外，还有重质碳氢化合物，温度越高则热分解速度越快，因此，在组织液体燃料燃烧时应当注意。防止或减少液体燃料热裂解的措施主要包括：

（1）以一定空气量从喷嘴周围送入，防止火焰根部高温缺氧而产生热分解。

（2）适当降低雾化气流出口区域的温度，即使产生热分解也能形成对称的分解产物——轻质碳氢化合物。

（3）改善液滴雾化质量，以利于迅速蒸发和扩散混合，减小高温缺氧区。

三、合理配风

在喷嘴燃烧过程中合理配风主要表现为通过配风强化着火前的液气混合，形成适合高温回流区和促进燃烧过程的液气混合。合理的配风及配风器设计应满足以下基本要求。

（1）为防止燃料油在高温下热裂解，必须在火焰根部送入一部分空气，称为一次风。这股风一般在油气着火前已和空气混合，通常经过旋流叶片并在出口处产生旋转气流。由于旋转射流的扩张角较大，故也难以按需要将燃料油送入火焰根部，因此在油配风器的中心管内通入部分空气，称中心风。送入火焰根部的一次风与中心风量占总风量的 15%～30%，这股风量太大会影响回流区，从而影响着火和燃烧过程。

（2）送入的空气必须与油雾混合强烈。由于燃油的发热量高，只要空气与油气混合强烈，可使燃烧速率提高，一般在离燃烧器出口约 1 m 的距离内即能使大部分燃油燃尽。为此，燃油雾化气流的扩张角与空气射流的扩张角度应合理匹配。一般旋流燃烧器出口的旋转射流衰减较快，当油雾气流与空气在前期混合不好时则后期也较难混合好，故空气射流的扩张角不宜过大，一般比油雾扩张角小些，以便使空气高速喷入油雾中，达到早期强烈混合的要求。为了不使空气射出的扩张角过大，应该控制配风器的旋流强度不宜过大。试验证明，除过量空气系数对燃烧影响外，如调节旋流器的叶片角度使气流扩张角过大或过小时，也会增加炭黑的生成而对燃烧不利。

（3）采用旋转气流，使燃烧器出口附近形成大小适当的回流区，可利于燃料的着火与燃烧。回流区离喷口不应太近，以免高温回流烟气烧坏喷口与叶片；但也不应离喷口太远，否则会使燃料在燃烧室内不易燃尽。

回流区的大小主要由配风器的旋流强度大小决定。回流区大小与气流出口处的扩口角度成正比，也与旋流强度（旋流数）的大小成正比，当旋流强度过小时形成的回流区过小，使燃油着火、燃烧延后；当旋流强度过大时，形成的回流区过大，使燃烧器喷口易烧坏，也会使雾化气流容易喷入回流区因缺氧而热裂解，对燃尽不利。为了在运行中得到较高的燃烧效率，一般采用能调节旋流强度的调风器调节合适的回流区大小及位置。调节旋流强度的方法常采用改变旋流器内叶片的出口角度。经验表明，当燃烧器出口风速较高时，必须采用较大旋流强度才能稳定火焰。

（4）加强风、油后期的混合。离心式机械雾化喷嘴出口的油雾分布很不均匀，大量油滴集中在靠近回流区边界的环形截面内，这个区域容易因配风不良而导致缺氧，还有一些粗油滴也难免产生热裂解而形成炭黑，这些难燃的炭黑必然留到火焰尾部燃烧，如果后期混合较差则火焰会变长，形成燃烧不完全热损失。为减少局部缺氧，不能用增加总风量的办法，而只能采用合理配风来解决。提高燃烧器出口风速可以起到加强后期风、油混合的作用，以此强化燃烧，也有利于低氧燃烧，这对于燃油锅炉提高锅炉效率、降低低温腐蚀和大气污染是极为有效的。配风器一般都采用一次风和二次风分别送入，为保证火焰的稳定，一次风常采用旋转气流，以产生适当的回流区，旋流一次风扩张角较大，扰动也较强，并携带油雾与二次风相交混合。二次风可采用弱旋流强度或直流射流以使二次风扩张角较小，且采用直流风可以提高风速以加强后期混合，又不使阻力增大。

第九章 固体燃料燃烧

第一节 煤的热解及挥发分的燃烧

一、煤的热解

一般来讲，煤的热解是指煤在隔绝空气或惰性气氛中持续加热升温且无催化作用的条件下发生的一系列化学和物理变化，在这一过程中化学键的断裂是最基本的行为。煤的热解在煤科学和煤的利用技术中是至关重要的研究和开发对象。煤的热解及其分析技术已经被用作探测煤结构的工具。同时煤热解本身也是煤转化的一种途径和得到煤液化产物的一种辅助的方法。煤的热解也构成了液化、燃烧和气化等过程的第一步，而在这些过程中煤种的选择、特定煤种所能达到的燃烧效率和煤热解产物性质的预测都是人们非常关注的问题。对以上过程的优化和深化就在于对煤热解过程的认识。虽然在这些高温过程中热解在很短时间内就完成了，但通常认为热解影响着整个过程。

当煤被加热至 120 ℃以上，煤基本被干燥，水分蒸发完毕。煤在 200℃左右释放 CH_4、CO_2 和 N_2，在 200 ℃以上发生脱羟基热分解反应，析出 CO、CO_2、H_2S、烷基苯类、甲酸和草酸等。煤粒可能产生膨胀，并且变成含有很多孔的颗粒。煤热分解的化学过程大致如图 9-1 所示，受热煤颗粒（块）首先释放出活性羟基，一部分活性羟基与固态的化合物反应生成焦炭，另一部分羟基进一步分解为气化化合物，即为基本挥发分。在温度继续升高的情况下，基本挥发分二次分解，生成以小分子为主的二次挥发分。

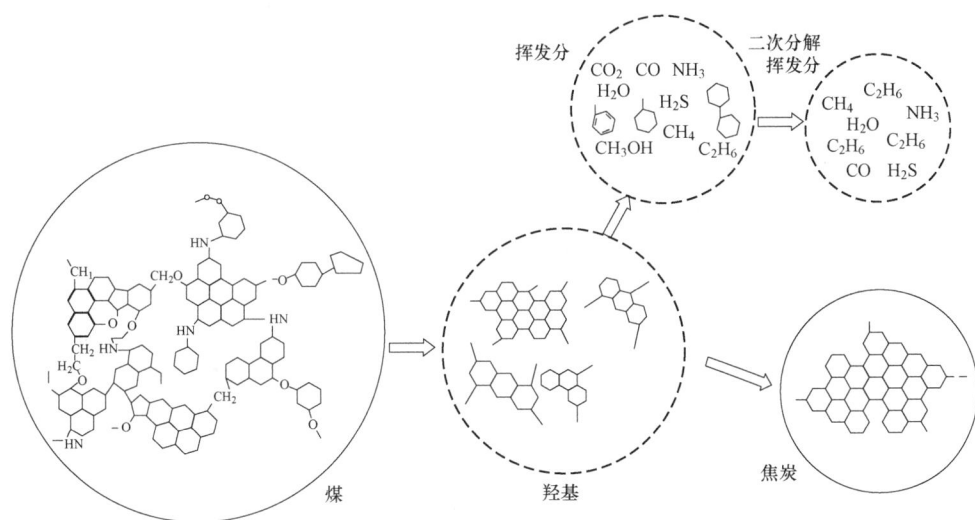

图 9-1 煤热分解反应过程示意

二、煤热解（气化/燃烧）实验研究仪器

1. 热重分析仪

热重分析仪（thermo gravimetric analyzer，TGA）又称热天平，被广泛应用于煤的热解、气化和燃烧反应动力学研究，热重法已成为煤反应动力学研究的经典方法。TGA 由天平、加热炉、程序控温系统与记录仪等几部分组成，基本原理示意如图 9-2 所示。将放有煤样的坩埚置于可进行程序控温的加热炉内，炉内通入反应气体（可以是惰性气体）。测温热电偶贴近于坩埚底部，随着温度的上升，煤样会因经历诸如热解、气化过程而发生重量损失，该仪器可自动记录样品重量的变化，即在程序控制温度条件下，通过直接测量固体物质量在反应过程中随温度（时间）的变化，得到固相反应组分的转化率随反应温度（时间）的变化关系。反应后的气体通入气体分析仪如红外光谱（fourier transform infrared soectroscopy，FTIR）来进行产物的组成分析。

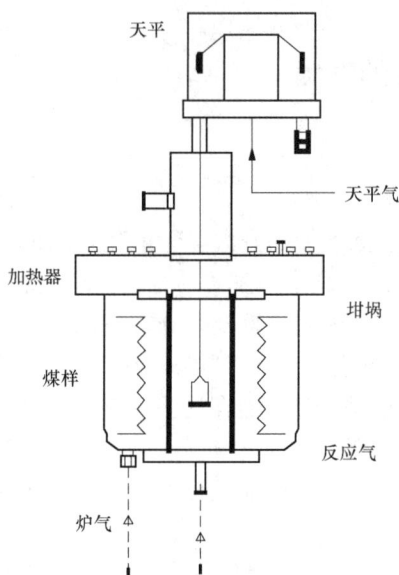

图 9-2　TGA 原理示意

TGA 的主要优点有：① 定量测量，可较精确地测量颗粒在反应过程中的质量变化并进行记录；② 通过气速调节可以研究外扩散对反应的影响；③ 操作简单、能够自动收集数据并进行简单的数据处理；④ 可以方便地进行产物分析，如和 FTIR 等联用进行气体产物组成分析等；⑤ 已实现商品化。

TGA 不足之处在于：① 升温速率低，通常为每秒几十摄氏度，同工业装置实际反应情况（$10^5 \sim 10^6 \, ℃/s$）有较大区别；② 试验时煤粒都堆积在坩埚中，无法实现较好的分离，反应气体只是从炉膛内流过，并未直接穿过煤粒层，这些都将导致反应过程中的析出物凝聚在正在受热的煤颗粒上发生所谓的二次反应，且会影响剩余反应物的活性；③ 作为一种间歇式反应器，每次实验只能添加少量煤样，实验获取的产物量有限，不利于进行后续分析。

2. 丝网反应器

丝网反应器（wire mesh reactor，WMR）多用于进行高升温速率下的煤反应动力学研究。WMR 基本工作原理（见图 9-3）是利用电流流过金属质（含铬、镍、钼等）的丝网，使其瞬间到达高温状态并加热单层均匀分布在丝网上的煤粉。测温热电偶安装于承载煤样的丝网上，用于检测反应温度。反应气体需要预先经过整流装置，以保持层流的状态垂直穿过丝网，并迅速将反应产物气体携带进入分析仪器。丝网上的反应剩余产物可进行收集，用以做进一步的分析。

WMR 的主要优点有：① 升温速率较高，可达 $10^4 \, ℃/s$；② 煤粒是单层均匀分布在丝网上的，颗粒间反应行为接近

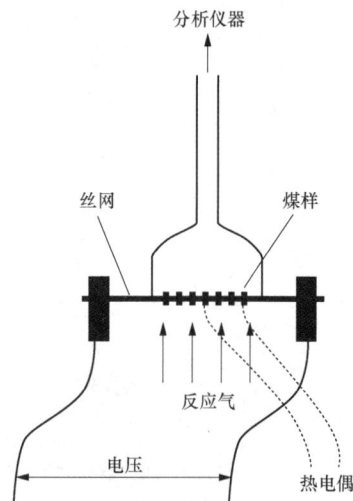

图 9-3　WMR 原理示意

且相互独立，同时高升温速率减少了初次分解产物同热煤粒的接触时间，这些都在很大程度上抑制了二次反应的发生；③ 只有少部分反应气体在快速通过丝网时被加热至有限温度，然后和低温反应气体进行充分混合，极大地避免了气相间的高温反应；④ 还可以进行外扩散对反应的影响研究；⑤ 热电偶所测温度反映的是承载煤粒的丝网温度，因而反应温度、升温速率可以得到较为精确的控制。

WMR 不足之处在于：① 升温速率和工业反应器实际情况相比依然存在较大差距；② 由于丝网网孔尺寸的限制，为避免反应颗粒脱落，所选颗粒粒径较大（通常为 $106 \sim 150 \, \mu m$）；③ 和 TGA 同样都是间歇式反应器，每次实验获取的产物数量有限（焦样仅为 3～5 mg）。

3. 滴管炉

滴管炉（drop tube furnace，DTF）中的固体反应物依靠气流夹带进入反应器。DTF 基本原理如图 9-4 所示，它的结构简单，采用细长形的连续流动管式反应器。煤粉被气体所夹带，向下流过电加热的反应炉管，在炉内和反应气发生一系列的化学反应。加热元件均匀布置于炉管周围，以实现炉内良好的等温性。夹带煤粉的载气和稀释的煤粉沿管中心流入，反应气体则沿给煤管周围的环面送入。反应物在进入取样枪后被迅速冷却，然后通过过滤或旋风装置收集煤焦，反应挥发气体则通入气体分析仪器进行分析。

DTF 的主要优点有：① 和 WMR 一样，都是重要的高升温速率实验室反应器，与采用静止堆放煤粉方法的 WMR 所不同的是，DTF 中的煤粉是连续流动的，反应器具有很高的升温速率（$10^4 \sim 10^5 \, ℃/s$），同工业反应器中的实际升温速率已十分接近；② 给入煤粉的平均粒径在几十个微米且给料量很小，可较好地实现炉内煤粉颗粒彼此分离、独立参加反应；③ 炉内煤粉是连续流动的，这同工业装置中的实际情况相吻合；④ 通过改变实验所采用的煤粉粒径，调整炉内反应气体速率，可以进行内、外扩散对反应的影响研究；⑤ 快速的升温速率和分离的颗粒相都有助于大大减少活性挥发物二次反应的机会；⑥ 给料器可连续不断地向炉内送入煤粉，因而可生成足够数量的反应产物用于后续分析。

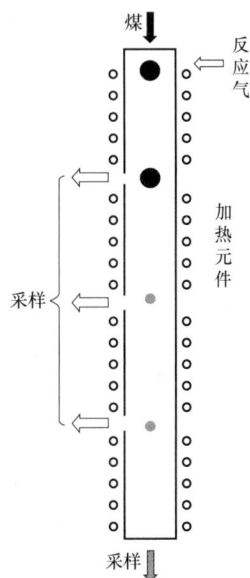

图 9-4 DTF 原理示意

DTF 不足之处在于：① 给料器作为 DTF 的重要组成部分，准确、实时、适量地向滴管炉内输送煤粉是研制滴管炉的关键技术之一，因此需要专门开发相应的微量给料技术，以保持管内稀释的颗粒相；② 由于煤粒始终被气体夹带运动，目前尚缺乏方便而可靠的测试方法，用以准确测量煤粒的表面温度和运动速率；③ 反应温度、升温速率难以实现精确的控制。

三、影响煤热解失重的因素

1. 煤种影响

煤种对热解失重的影响是明显的，主要表现在不同煤种的工业分析挥发分有差别，因此，在热解失重上，不同煤阶的煤的热解失重变化就会很大。对于无烟煤，其热解失重量就很小；而烟煤就相对较高，而且挥发分含量越高，挥发分的析出速度就越快一些。

大同烟煤和淮南烟煤的常压热解特性曲线如图 9-5 所示。由于已经干燥过，所以两种煤样在 300 ℃以前基本无失重。随着温度的继续升高，挥发分逐渐析出，煤粉一次热解开始，在 400 ℃左右时 DTG 曲线有一明显的失重速率峰，主要是煤中桥键和侧链结构的断裂、重组，并形成 CO_2、CO、CH_4、水等小分子气体和焦油类物质析出。当温度高于 700 ℃，煤样失重速率加快，二次热解开始，煤中发生大分子结构的缩聚、交联反应以及焦油的裂解等，主要产物为 CO、H_2 和小分子的烃类物质。

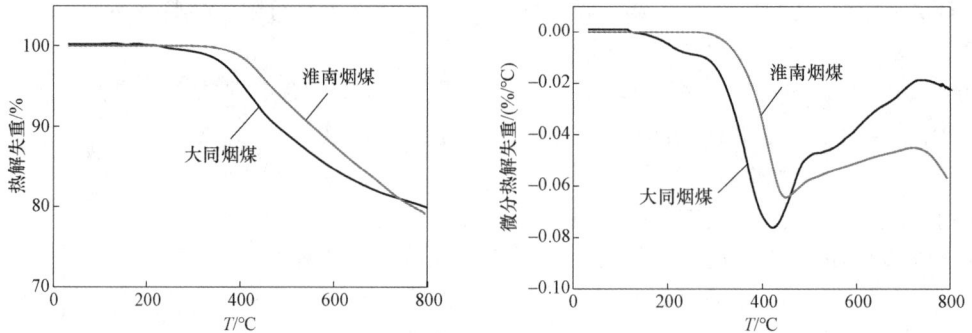

图 9-5　大同和淮南烟煤热解 TG 和 DTG 曲线

由煤粉热解时的 TG 和 DTG 曲线可以确定一系列热解特征参数，包括：

（1）挥发分初析温度 T_S，指试样开始失重时所对应的温度，是衡量煤质挥发分析出难易的一个重要因素，取 DTG 曲线上开始恒定出现负值的点，℃。

（2）挥发分最大失重速率 $(dw/dt)_{max}$，mg/min。

（3）$(dw/dt)_{max}$ 对应的峰值温度 T_{max}，℃。

（4）$(dw/dt)/(dw/dt)_{max}=1/2$ 所对应的温度区间 $\Delta T_{1/2}$，即半峰宽，℃。

（5）热解特性指数 D，$D=\dfrac{(dw/dt)_{max}}{T_{max}\cdot T_S\cdot \Delta T_{1/2}}$，mg/（min·℃³）。

煤样的热解特性参数见表 9-1。

表 9-1　　　　　　　　　　　　　　　煤样的热解特性参数

煤种	T_S /℃	T_{max} /℃	$\Delta T_{1/2}$ /℃	$(dw/dt)_{max}$ /（mg/min）	D /[10^{-9}mg/（min·℃³）]
大同烟煤	215	421	356	−0.12	3.72
淮南烟煤	323	449	395	−0.10	1.75

由表 9-1 可以看出，大同烟煤的挥发分初析温度要比淮南烟煤低约 100 ℃，说明在升温速率一定时，大同烟煤更容易发生热解。此外，大同烟煤的挥发分最大失重速率要高于淮南烟煤，而峰值温度和半峰宽则较低，这说明大同烟煤的挥发分释放强烈，释放高峰出现早且集中。由表 9-1 可知，大同烟煤的热解特性指数 D 也要高于淮南烟煤。综上可知，在反应温度较低时，大同烟煤的热解活性更高，热解更迅速。

2. 温度影响

在通常的热解温度下，温度越高热解产物的生成量越大，但析出过程可能随加热速率或煤种的不同而有所不同。

有学者用大量的美国和英国煤进行慢速干馏得到了挥发分产率与温度的关系图，如图 9-6 所示，按 1000 ℃时的热解产物做了归一化处理。这条曲线可以看作一条适用于任何煤样的通用曲线。

当然图 9-6 并不能说明，在 1000 ℃以上合理的较长时间内，热解产物的收率与热解温度无关，实际上煤种不同或加热速率不同，曲线可以产生平移，但曲线形状基本保持不变。

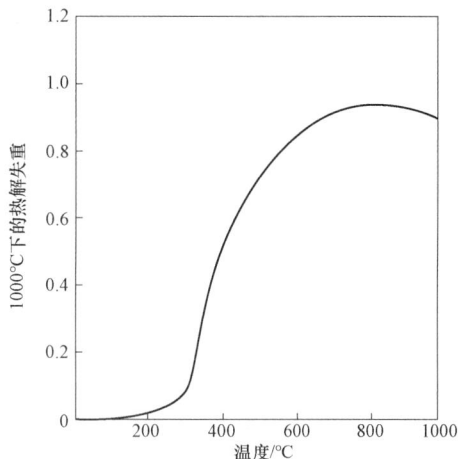

图 9-6　温度对热解失重的影响

3. 加热速率的影响

加热速率对热解产物的影响比较复杂，与类似于工业分析挥发分测定的慢速加热相比，煤快速热解确实可保持较高的挥发分产率，但许多研究者认为这并不一定是加热速率本身的影响。因为采用快速加热技术，煤必须均匀地铺在加热网或均匀分布在气流中，这样就可以避免某些作用类似工业分析等方法时会有的裂解反应和炭沉积，从而提高了热解产物的收率。因此，许多研究者认为，有时产率的提高归结于加热速度，可能主要是由于采用了为达到快速加热而选取的试验条件有关。

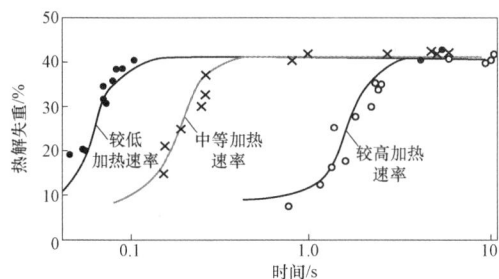

图 9-7　不同加热速率下热解失重量随时间的变化关系

但是，加热速度确实对热解的温度−时间历程有明显的影响。如果煤在炉内的停留时间一定，加热达到一定的温度后，维持该温度至一固定的停留时间，此时提高加热速度会使热解产物的产率增加。如果停留时间足够长，产率基本不变。不同加热速率下时间对热解产率的影响如图 9-7 所示。从图中可以看出，在试验的工况范围内，加热速度的增加并不影响最终的热解产率，但可以明显地缩短达到指定失重所需的时间，也就是说提高了热解产物析出的速率。

图 9-8 所示为不同温度下加热速度对热解产物生成量的影响关系。图中显示的温度是按一定的升温速率所达到的温度。由图 9-8 可以看出，随着升温速率的提高，达到一定的热解失重的温度也随之提高，如果热解失重为最终的 90% 所对应的温度，在升温速率 1 ℃/s 时为 860 ℃，而升温速度为 1000 ℃/s 时为 1200 ℃，升温速度为 10 ℃/s 时高达 1700 ℃。从图中还可以看出，当加热速度提高时，不仅最高热解产物析出速度所对应的温度移向高温区，而且产生一定分数的热解产物的温度范围变宽，这反映了在给定温度下热解产量与该温度下所经过的时间有关，即与加热速度有关。由于同样的理由，加热速度会影响到在达到一定温度之前所产生的热解产物的累计量，后者又影响到在该温度下瞬间热解的速度。

当二次反应是重要因素时，加热速度对温度-时间历程的影响会对热解产物的最终结果有明显的影响。

4. 压力的影响

煤在热解时会发生二次反应，主要包括裂解及析炭沉积。二次反应可使焦油中的某些组分转化为较重和较轻的组分，当压力降低时，由于热解产物在煤粒中逸出时的阻力较小而不易发生，这样就会使煤在压力较低时热解失重增大。

在研究煤的原始热解时，可以采用减压热解的方法。此时产生的焦油受二次反应的影响较小，即可以认为是一次热解的产物。

图9-9所示为压力对热解产物析出的影响，试验用煤的工业分析挥发分为41.5%（质量分数），实验温度为1000℃。从图中可以看出，随着压力的增加，热解析出量呈单一下降趋势。这说明由于压力的增大，煤粒内部裂化及炭沉积度增大，常压下热解析出量为50%（质量分数），而在真空下可高达57%（质量分数），10MPa的压力下却仅为37.2%（质量分数）。

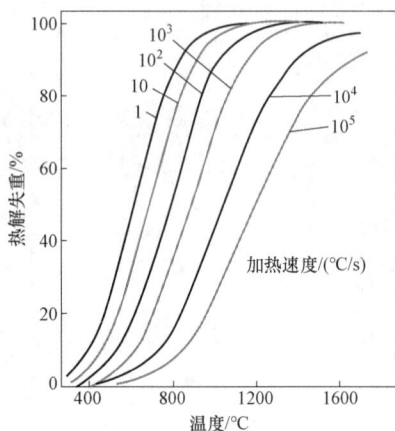

图9-8 不同温度下加热速度对热解失重的影响

图9-10所示为与上述煤种相同的煤做原料时温度压力对热解的共同影响。从图中可以看出，仅在某一定温度之上时压力的影响才表现出来，在图上约为 600℃；在高于此温度时，较高压力下的失重率几乎与温度变化无关。鉴于上述对压力影响的解释，这些数据说明在低于某一温度下形成的挥发物在煤粒中的温度、时间及其他条件下对二次反应实际上是惰性的，而大部分煤粒在较高温度下又增加的挥发物都是活性挥发分。此外，这里所得到的600℃临界温度是加热速度及最终温度下持续时间两者的函数。对这部分的研究尚有待于进一步深化。

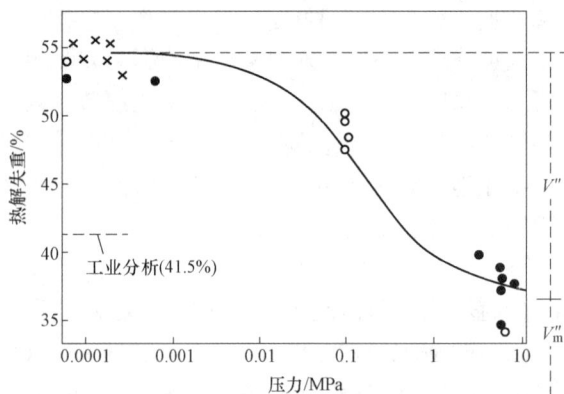

图9-9 压力对热解失重的影响

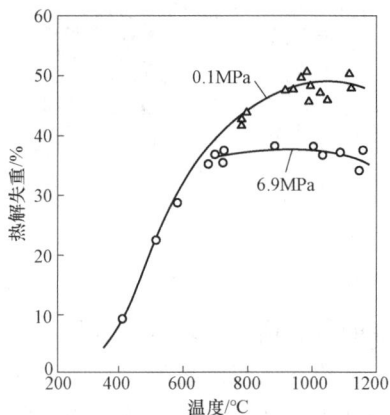

图9-10 压力温度对热解失重的影响

5. 颗粒粒度的影响

许多研究人员研究了煤粒粒度对热解析出的影响，但由于不同颗粒在相同的外界条件下，内部的温度时间历程都不一样，甚至同一颗粒粒度下温度的微小变化所引起的热解产率的变化大于恒温下改变颗粒粒度所引起的变化。因此，增大颗粒粒度对热解产率的减少影响很小以至可以忽略。但由于颗粒粒度的改变经常导致升温速率放慢，如果停留时间一定，则可能导致热解产物量也降低。

由于大颗粒煤的热解产物逸出阻力较大，若考虑一次反应过程的阻力，则颗粒粒径增加时二次反应和析炭沉积量会增加，从而造成热解产物析出量的减少。

四、热解产物

如前所述的煤假想大分子结构，煤热解时在其几个薄弱键桥处首先发生断裂，释放出气体。热解过程如图 9-11 所示。

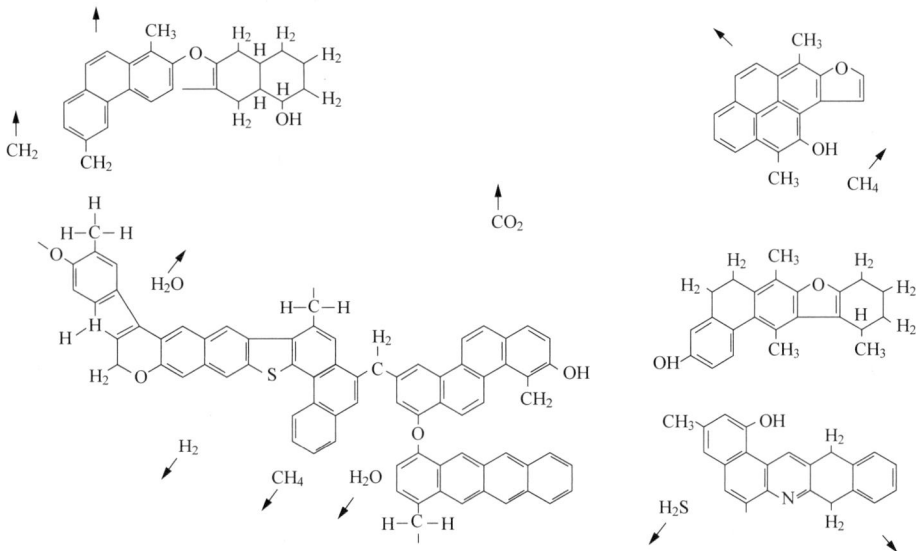

图 9-11　煤热解过程

煤的热解产物主要是由焦油及气体所组成。气体成分中，多数情况下甲烷是主要组分，其余为 CO_2、CO、H_2O、H_2、HCN 以及轻质烃等。对于热解产物，煤种明显是一个影响组分的主要因素，而且温度、加热速率等也会对各种成分产生很大的影响，如温度升高时，CO_2 浓度减少，CO 和 H_2 浓度会增加。

影响热解产物的因素如下：

（1）煤种的影响。不同的煤种的热解产物的组分可能相差极大。如，煤种从褐煤向无烟煤变化时，对褐煤与无烟煤，其热解产物中气态成分占热解产物的大部分（70%～75%），但对于烟煤类总热解产物中气体仅占有较小部分，而焦油则为主要产物。因此，煤种对初次反应中的焦油形成及二次反应敏感性的变化具有重要的影响。

（2）温度的影响。温度是影响热解产物组分的最重要变量。温度影响包括两个基本方面，一个是对煤本身的热解，另一个是对热解产物的二次反应。在不存在二次反应的情况下，某一个挥发物组分产率随温度升高均为单一地增加，即随着产生该组分的分解反应的增加而增加。在存在大量的二次反应时，温度的升高将提高某些组分的产率，而抑制其他组分的产生，当然它反映出由于二次反应相应地引起的某些组分的产生或消耗。例如高温下，CO、H_2 等的产率增加，其他组分则相应减少。温度的影响很明显地与时间的影响有联系，但如果反应速度是化学动力学控制时，则后者相对地只起次要作用。如果考虑到传热或传质因素，则时间因素的重要性将增大。

（3）加热速度的影响。前面已经讨论了加热速度对挥发分析出总量的影响，并指出如果不考虑二次反应的影响，加热速度本身对各种热解产物的影响不大，但会对热解的温度时间历程产生明显的影响。加热速度本身对不同的热解产物的析出影响很小，但如果在不同的试验方法下，为得到不同的加热速率，试样量以及加热速度会有所不同，可能会导致析出的热解产物在煤层中的停留时间产生变化，此时由于二次反应的影响，热解产物成分仍有可能发生变化。

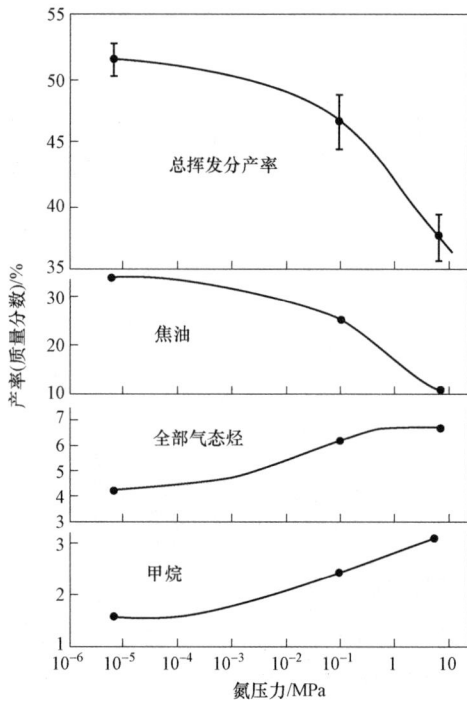

图 9-12　压力对热解产物各组成生成量的影响

（4）压力的影响。对于压力对热解成分各组分的影响，目前人们了解得还不是非常透彻，图 9-12 所示为在氮气气氛下压力对热解组分的影响。从图中可以看出，压力越高，热解产生较多的半焦、较少的总的热解产物、较少的焦油以及较多的甲烷。

应该指出的是，增加压力影响最大的是消耗焦油，增加了半焦和轻质烃的收率。这种现象对于具有相对高的焦油收率的烟煤更显突出，包括裂解和半焦形成的二次反应对产物收率起了作用，甚至在二次反应机会相当小的情况下也是如此。由于薄层煤和挥发物一旦离开煤粒，煤粒与气体没有接触，此时二次反应可能是在煤粒内部发生。而甲烷与氢气的影响是成对的，压力增加，甲烷生成量增加，而氢气量减少，但逸出氢的总和却不随压力的变化而变化，可以认为氢气和甲烷所代表的是包含氢自由基的两个不同反应历程的产物。自由基形成是速度控制步骤。因为这种结合的氢和甲烷逸出的特征在所研究的整个温度范围内发生，这个解释意味着氢自由基是由许多反应形成的。

（5）颗粒粒度的影响。从传热的角度来讲，颗粒度对热解是有影响的。当煤粒度增大时，从煤外部到煤粒中心存在着温度差，从而影响煤粒中心处的温度时间历程，这样会对热解产物的析出产生影响，粒度越大，各种热解产物的析出减慢。

若从二次反应的角度考虑，当颗粒粒度增大时，总的热解产率析出量略有增加，同时焦油产率下降，而甲烷和碳的氧化物的生成量会增加，当然变化量不是非常大。

五、热解动力学模型

自从 1970 年美国的查尔斯·贝特若提出了最简单的煤热解动力学的单方程模型以来，

许多学者相继提出了双方程、多方程、多组分析出、热解机理性、竞争反应以及通用模型等各种经验、半经验以及理论模型，使热解动力学模型有了极大的进步，目前热解动力学模型的发展趋势大致有两个方面：其一是向简单的通用模型发展，主要兼顾实用；其二是向详细的化学反应机理模型发展，主要考虑从本质上反映热解过程，并从动力学的角度加以描述。

1. 单方程模型

最简单的煤热解反应动力学模型是 1970 年由贝特若提出的单方程模型，即认为煤的热解是在整个煤粒中均匀发生的，其总的过程可近似为一组分解反应。因而，热解速度可以表达为

$$\frac{\mathrm{d}V}{\mathrm{d}t}=k\left(V_\infty-V\right) \tag{9-1}$$

式中：V 为时间 t 以前所产生的挥发分的累积量，当 $t\to\infty$，$V\to V_\infty$；k 为热解反应速度常数，可用阿累尼乌斯定律 $k=k_0\exp(-E/RT)$ 表示；V_∞ 为煤的有效挥发分含量。

根据试验研究结果，单方程模型有以下三个问题需要注意：

（1）最终的有效挥发分产量 V_∞ 往往超过按工业分析标准得到的挥发分含量 V_{daf}。

（2）比较各类试验数据可看到，活化能 E 和频率因子 k_0 的差异很大，E 值在 16.75～188.4 kJ/mol 变化，而 k_0 的变化可达几个数量级。发生这一变化的部分原因是煤种发生变化，但主要原因是把试验数据代入一个带有任意性的动力学模型所致。

（3）V_∞ 在高温下往往会转变成温度的函数，因而该模型仅适合于在中等温度下的热解，而在高温下则不适用。

鉴于上述理由，单方程模型仅可用于粗略的估算和比较，要进行准确一些的计算，用该模型是不合适的，为此有人试图改进单方程模型的实用性，认为热解过程可以采用不同时间间隔发生的一系列一级过程来表达，即按时间划分几个一级过程，每个过程均有不同的活化能和频率因子。另一种方法则是采用 n 级反应式表达，即

$$\frac{\mathrm{d}V}{\mathrm{d}t}=k\left(V_\infty-V\right)^n \tag{9-2}$$

式（9-1）与式（9-2）的缺点之一是它计算的是在达到终温过一段时间之后观测到的表观热解产物的渐近收率，V_∞ 的表观值也仅为终温的函数。然而这既不能与热解机理相一致，在数学上也经不起验证。同样，在指定温度下较长时间后所观测到的相对慢的失重速度需要另一组参数，这些参数是明显地不同于适合短时间失重行为的参数。因为煤的热解显然不是一个单一反应，在等速热解时，反应集中在不同温度间隔的许多重叠的分解过程，而在一般加速热解的情况下，反应集中在不同时间和不同温度间隔的许多重叠的分解过程。对于这些方程式，任何一组参数都不能期望在一个较宽的条件范围内能正确地代表全部数据。因此，一些研究者沿着同一思路修改了单方程模型，提出了双方程模型。

2. 双方程模型

美国的斯廷利·斯廷克勒等人于 1975 年提出的双平行反应模型是目前应用比较广泛的热分解模型。他们认为煤粉颗粒的快速热分解是由两个平行的一级反应控制，即其中 k_1、k_2 服从阿累尼乌斯定律，各有频率因子。

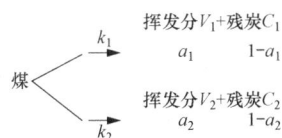

$$\text{煤}\begin{cases} \xrightarrow{k_1} & \text{挥发分}V_1+\text{残炭}C_1 \\ & a_1 \qquad 1-a_1 \\ \xrightarrow{k_2} & \text{挥发分}V_2+\text{残炭}C_2 \\ & a_2 \qquad 1-a_2 \end{cases}$$

在该模型中，$E_2>E_1$，$k_2>k_1$。这样在低温时，第一个反应起

主要作用；在高温时，第二个反应起主要作用。总的挥发分析出速率为

$$\frac{\mathrm{d}V}{\mathrm{d}t} = \frac{\mathrm{d}V_1}{\mathrm{d}t} + \frac{\mathrm{d}V_2}{\mathrm{d}t} = (a_1 k_1 + a_2 k_2) m \qquad (9-3)$$

式中：m 为挥发分析出时煤的质量，kg。

双方程模型在实际数值模拟中应用极广，其主要原因是由于在数值模拟时其计算比较简单，而计算结果又有一定的准确性。但当要专门进行热解产物的精确描述时，本模型误差仍较大。

对双方程模型的发展，是多方程模型，假设热解的发生经历一系列无限多个平行反应，并假定了活化能是一个连续的高斯分布形式，而频率因子是一个公共值。

无论是单方程、双方程还是多方程热解模型，均是考虑总体的热解产物的析出过程。

从另一种思路出发的煤热解模型化方法是将一级反应模型应用于许多单个化合物或几类化合物的释放过程。从试验数据可以推断，对很多产物不能采用一级反应过程来描述。可是当一个组分的释出仅由很少几个步骤控制，或由累积产率或释放速率与温度关系图上简单形状的几个高峰所控制时，则其动力学可用一个、二个或三个平行的反应来很好地描述，而步骤的数目可根据性质的复杂性来加以选择。这就是热解产物的组分模型。

鉴于煤种复杂多样，以及热分解过程与热分解环境条件密切相关，上述热分解模型均有可调参数 E 和 k，它们分别适用于不同的煤种和试验条件。所以有研究者力图从煤的固有特性出发，使一些参数与煤种无关，建立简单通用的模型。这些模型都有较好的应用。

六、热解产物的燃烧

煤热解产物的燃烧是一个相对薄弱的研究领域，主要原因可能有两个：首先是热解产物燃烧本身的复杂性，它的反应机理本身非常复杂，涉及许多碳氢化合物的反应；其次是由于热解产物的燃烧在煤的燃烧过程中相对于残炭来讲要容易得多，而且可以用一般的气体燃烧的理论来近似描述，所以总体研究相对薄弱。

从 20 世纪 60 年代开始，由于强调了对煤的转变过程的详细理论模型的描述，对煤热解产物的燃烧问题进行了逐步深入的研究。一些研究者提出了煤的反应顺序，这就涉及了热解产物燃烧的某些方面，但到目前为止，尚未能对热解产物的燃烧做完整且准确的描述。

热解产物的实际燃烧过程中，热解的煤粒与空气的混合、热解产物与空气的混合、热解产物的燃烧是相互联系或者相互交叉的。如气体温度足够高时，可以假设，热解产物与氧化学反应速度很快，则热解产物与氧气处于局部的热力学平衡状态。因此，当热解产物离开煤时，它们与当地的气体立即达到平衡，此时决定反应的是混合状况；反之，当混合强烈时，可以认为过程决定于化学反应。当然作为一个精确的数学模型，则应同时考虑传质和热力学的因素。

1. 局部平衡法

通过采用全息摄影方法，可观察热解产物从煤粒中的释放过程，如热解产物的射流并形成热解产物云。此时，如气体温度和停留时间合适，则每一个小云均能与氧气结合形成扩散火焰。局部平衡法就从此实验现象出发，当气体温度足够高时，假设热解产物与氧化性气体处于局部热力学平衡状态，此时热解产物的燃烧完全取决于热解产物射流与周围环境的扩散过程。

此时可以认为无须考虑动力学参数，而仅考虑热解产物的紊流混合过程。这样在不完全清楚煤所释放的化学组分的情况下，也能估算出挥发分燃烧的放热和最终生成物的成分，所需的

仅是热解产物的元素组成。

2. 总体反应速率法

对于热解产物的燃烧，热解产物组成中煤焦油的比例是相当大的，燃烧过程应考虑这一部分气体组成。而煤焦油的组分十分复杂，为了定量表示这些反应过程，一些研究者提出了通过总体反应速率来描述碳氢化合物的燃烧情况，这种总体反应速率使各种碳氢化合物变成一氧化碳和其他一些产物，并且如同其他的反应一样，允许进一步进行反应。目前常用的总体反应速率模型有以下三类：

第一类，假定碳氢化合物燃烧机理归纳为一个产物为 CO 和 H_2O 的总体反应。

第二类，总体反应产物为 CO 和 H_2。

第三类，提供了 H_2、CO、C_2H_4 及烷烃的总体反应速率。

3. 完全反应法

为了精确描述热解产物的完整燃烧情况，应该把热解产物的每一个组分的反应机理结合在一起，以形成整体的反应机理。但由于目前对热解产物的组成成分了解不够，得到的反应动力学速率数据还不是很可靠，使进行全面的计算还不可能。焦油中含有几百种碳氢化合物成分，而最简单的一个甲烷氧化反应，有的研究者就提出了 322 个反应，所以到目前为止，要想真正描述完全反应是不可能的。但作为第一步的考虑，可以以甲烷氧化反应机理为基础，考虑相对较全面的热解产物的氧化反应还是有可能的，因为甲烷似乎是所有研究中的一种共同的产物成分。利用甲烷氧化反应作为基础，可能把对燃烧的描述推广到包括其他碳氢化合物和热分解产物在内的燃烧问题中去。在纯甲烷氧化系统中的大部分反应，在其他挥发分的反应中也同样可以找到。在甲烷系统的反应顺序中包含了一氧化碳、二氧化碳和氢的氧化反应，形成的水蒸气也必然包括在整个的反应机理中。这种方法还需要进一步发展。

第二节　焦炭的燃烧

在上一节中，已经详细分析和阐述了煤的热解、挥发分析出问题，并且已经知道在煤脱去挥发分以后，剩下来的结构类似石墨，是由很多晶粒组成的焦炭。由于焦炭无论在煤中的质量百分比和占煤的发热值百分比都是主要的，因此煤粒的燃烧速度、温度及燃尽时间主要由焦炭决定，原因如下。

（1）焦炭中所含可燃质的质量占煤的总质量的 55%～97%，焦炭的发热值占煤的总发热值的 60%～95%。

（2）挥发分和焦炭的燃烧时间虽然不能截然分开，但是焦炭的燃烧是煤的燃烧各阶段中最长的阶段。对于粉状燃料，焦炭的燃烧约占全部燃烧所需要时间的 90%。

（3）焦炭的燃烧过程对其他阶段在创造热力条件上具有极为重要的意义。

所以，煤的燃烧过程可以认为主要是焦炭的燃烧过程，本章主要研究焦炭的非均相燃烧。

一、碳的形态与结构

固体碳具有两种结晶形态——石墨和金刚石。在金刚石的晶格中碳原子排列十分紧密，原子间键的结合力很大。金刚石硬度高而活性小，很不容易被氧化；压力越高，热力学稳定性越好。

煤中的碳为石墨晶体。石墨的晶格结构为六角晶格，各个基面相互叠置。在基面内碳原子分布于正六角形的各个顶点上。石墨晶体基面是互相平行叠置的，全部偶数和奇数基面都是对称的，因此偶数基面六角形的几何中心正好位于下层奇数基面的六角形的一个顶点上。同层基面原子间结合较牢固，层与层间结合较疏松。

在常温下，碳晶体表面会吸附一些气体分子，此时，温度不高，它属于物理吸附。当外界压力或温度变化时，这些气体分子会被解吸而离开晶格，回复到原有状态，而不会有任何化学反应。

当温度升高时，气体分子可溶于晶体基面之间，使晶格变形，生成了性质很不稳定的固溶物。固溶物也可以分解产生一些气体而逸出，但这些已非原吸附的气体，而是发生了一定的化学变化后生成的新物质。

当温度很高时，物理吸附已很微弱，固溶物也逐渐减少，化学吸附却占了主导地位。由于晶格基面界面上的碳原子一般只有1~2个价电子与基面内的其他碳原子相结合，尚有多余的自由键，因此活性较大。但由于晶格基面活化能的影响，在低温时并不能表现出强的化学吸附能力，当温度升高时才明显地增加它的活性，产生强的化学吸附。新生气体会自动地或被其他气体分子撞击而解吸，并逸入空间。

二、碳燃烧化学反应过程

碳的燃烧是气固非均相化学反应的过程，这种异相化学反应较均相反应要复杂得多。非均相反应是指反应物系不处于同一相态之中，在反应物料之间存在着相界面。

根据 Langmuir（欧文·朗缪尔）异相反应理论，现在比较一致的认识是，碳和氧的异相反应是通过氧分子向碳的晶格结构表面扩散，由于化学吸附络合在晶格的界面上。该吸附层首先形成碳氧络合物，然后由于热分解或其他分子的碰撞而分开，这就是解吸。解吸形成的反应产物扩散到空间，剩下的碳表面再度吸附氧气。整个碳的燃烧就是通过氧的扩散、氧在碳表面的吸附、表面化学反应、反应络合物的吸附、氧化和脱附及扩散等一系列步骤完成的。其燃烧反应包括以下步骤：

（1）氧气从气相扩散到固体碳表面（外扩散）。

（2）氧气再通过颗粒的孔道进入小孔的内表面（内扩散）。

（3）扩散到碳表面上的氧被表面吸附，形成中间络合物。

（4）吸附的中间络合物之间，或吸附的中间络合物和气相分子之间进行反应，形成反应产物。

（5）吸附态的产物从碳表面解吸。

（6）解吸产物通过碳的内部孔道扩散出来（内扩散）。

（7）解吸产物从碳表面扩散到气相中（外扩散）。

以上七步骤可归纳为两类，（1）、（2）、（6）、（7）为扩散过程，其中又有外扩散和内扩散之分；而（3）、（4）、（5）为吸附、表面化学反应和解吸，故称表面反应过程。整个碳表面上的反应取决于以上步骤中最慢的一个。

煤的燃烧是扩散控制还是动力控制是多年来许多学者研究和讨论的问题。

限制焦炭氧化反应速率的主要因素可以是化学的或气态扩散。一些研究者曾假设存在不同温度的区域或存在不同阻力起控制作用的工况。在Ⅰ区中，化学反应是决定速率的关键一步，Ⅱ区的特点是化学反应和内孔扩散都起控制作用，Ⅲ区是以体积中质量传递的限制作用为特征的。图 9-13 说明了这些区域，并表明了反应速率与煤粒直径及氧化剂浓度的理论关系。任何一个研究者所得的动力学数据都必须根据获得该数据的条件来解释。在Ⅰ区，实验测得的活化能将是真实的活化能，反应级数将是真实的级数，因为化学反应是决定速率的一步。在Ⅱ区，测得的活化能大约是真实值的一半，而测得的或表观的反应级数 n 与真实的级数 m 有如下的关系

$$n=\frac{1}{2}(m+1) \tag{9-4}$$

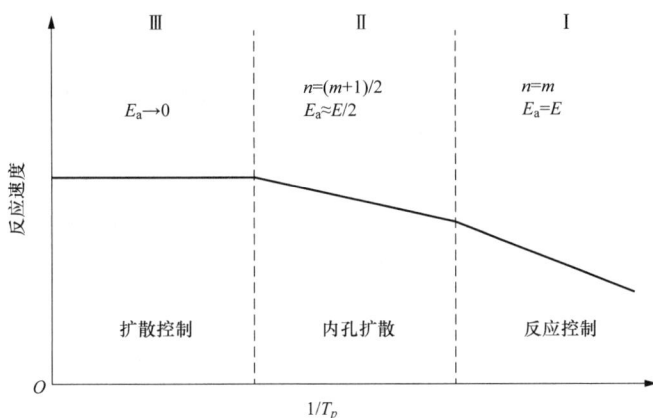

图 9-13　焦炭的非均相氧化速率控制的工况

E_a—实验测得活化能；E—真实活化能

在Ⅲ区，这时体积气相质量传递的限制作用表现为阻力，其表观活化能将是很小的。

三、碳与氧的反应机理

虽然对碳和氧的反应机理研究有上百年的历史过程，也积累了丰富的研究资料，但是对碳和氧的一次反应产物究竟是什么，由于不同的研究者以各自的实验条件为基础，从而得出的结论也各不相同。总体有以下三种理论：

（1）CO_2 是一次反应产物，而燃烧反应产物中的 CO 只是 CO_2 与 C 的二次反应产物。

（2）CO 是一次反应产物，反应产物 CO 在碳表面附近与 O_2 接触被氧化成 CO_2。

（3）碳和氧反应首先生成不稳定的碳氧络合物，即

$$xC+\frac{y}{2}O_2 \rightarrow C_xO_y$$

然后络合物或由于分子的碰撞而分解，或由于热分解同时生成 CO_2 和 CO，即

$$C_xO_y \rightarrow mCO_2+nCO$$

两者的比例随反应温度的不同而不同，在 730～1170K，两种反应产物浓度的比值约为以下的关系：

$$\frac{c_{CO}}{c_{CO_2}}=2500\exp[-6240/(RT)] \tag{9-5}$$

到目前普遍接受的是第三种观点，即碳和氧的反应首先生成中间碳氧络合物，络合物或由于分子的碰撞而分解，或由于热分解同时生成 CO_2 和 CO。学者们进行了碳和氧一次反应机理的实验，结果表明其燃烧过程可分为以下几种方式。

1. 温度在 1200℃ 以下时的反应

第一步先生成络合物

$$3C+2O_2 \rightarrow C_3O_4$$

第二步是络合物分解。在高能量氧分子撞击下，分解反应为

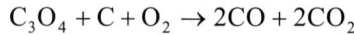

$$C_3O_4+C+O_2 \rightarrow 2CO+2CO_2$$

则一次反应的总反应为

$$4C+3O_2 \rightarrow 2CO+2CO_2$$

在碳颗粒和空气相对静止条件下，低于 700℃，CO 不燃烧，如图 9-14 中 $Re<100$ 情况下（$t<700℃$）所示。如果温度达到 800℃ 以上时，一次反应产生的 CO 在向周围扩散过程中，遇到 O_2 后进行燃烧，在碳颗粒周围产生新的火焰，产生 CO_2。由于温度低，CO_2 和 C 的二次反应即气化燃烧可以忽略。这种情况下，O_2 能够到达碳表面，碳表面进行氧化反应。如图 9-14 中 $Re<100$ 情况下（$t=800\sim1200℃$）所示。

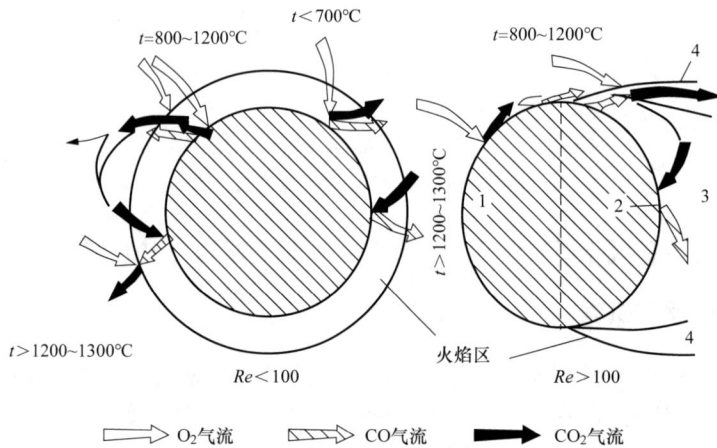

图 9-14 碳表面燃烧过程

1—迎风面；2—背风面；3—回流区；4—火焰

如果碳颗粒和 O_2 有相对运动，则在碳颗粒迎风面发生氧化反应，CO_2 能扩散到背风面，但温度低，背风面没有气化燃烧反应。如图 9-14 中 $Re>100$ 情况下 $t=800\sim1200℃$ 所示。

2. 温度在 1200～1300℃ 以上时的反应

在高温下，首先生成的络合物 C_3O_4 直接发生热分解

$$C_3O_4 \rightarrow 2CO+CO_2$$

在相对静止条件下，一次反应生成更多的 CO，在向外扩散过程中，会消耗更多的 O_2，使到达碳颗粒表面的 O_2 逐渐减少，碳表面的 CO_2 浓度提高，在高温下 C 与 CO_2 发生气化燃

烧，产生更多的 CO。由于 CO 燃烧消耗氧气，最后没有氧扩散到碳表面，在碳表面只发生碳与 CO_2 的气化燃烧，如图 9-14 中 $Re<100$ 情况下 $t>1200\sim1300\ ^\circ\!C$ 所示。

在相对运动条件下，碳的迎风面发生氧化反应，背风面发生气化燃烧反应，如图 7-4 中 $Re>100$ 情况下 $t>1200\sim1300\ ^\circ\!C$ 所示。

四、碳燃烧的单膜模型

碳燃烧问题的处理方法与液滴蒸发燃烧的处理方法类似，对于碳燃烧，其表面的化学反应取代蒸发。人们考虑基于以下假设的单个球形碳粒的燃烧。

假设：

（1）燃烧过程是准稳态的。

（2）球形碳粒在静止的无穷大环境介质中燃烧；介质中只含有氧气和惰性气体，如氮气；与其他粒子间无相互作用，并且忽略对流作用。

（3）在粒子表面，碳与 O_2 反应生成 CO_2，即反应 $C+O_2 \rightarrow CO_2$。一般而言，选择这一反应并不是最好的，因为在燃烧温度下，首要产物是 CO。虽然如此，这一假设可以估计 CO 的氧化在何处怎样发生的问题。当需要考虑 CO 的影响时，可以采用双膜模型进行分析。

（4）气态物质仅由 O_2、CO_2 和非活性气体组成。O_2 向内扩散并与碳表面反应生成 CO_2。CO_2 向外扩散。非活性气体形成滞止层。

（5）气相热传导率入，比热容 c_p 和密度与质量扩散率的乘积 ρD 都是常数。此外，假设刘易斯数 $Le=\dfrac{\lambda}{\rho c_p D}=1$。

（6）碳粒不能穿透气相物质，即忽略粒子间的扩散。

（7）无介质的参与，粒子的温度和放射率与黑体相当。

图 9-15 是描述以上假设的基本模型，表示组分质量分数和温度曲线随径向坐标的变化。可以看到，CO_2 的质量分数在粒子表面最大，在远离粒子表面处为零。相反地，O_2 的质量分数在粒子表面取其最小值。后面将看到如果 O_2 的化学反应速率非常快，那么在粒子表面 $Y_{O_2,s}$ 为零。如果化学反应速率很慢，那么在粒子表面有一定浓度的 O_2。既然假设在气相物质中没有反应，并且所有热量在粒子表面释放，因此，温度从表面最大值 T_s 单调下降到远离表面温度 T_∞。

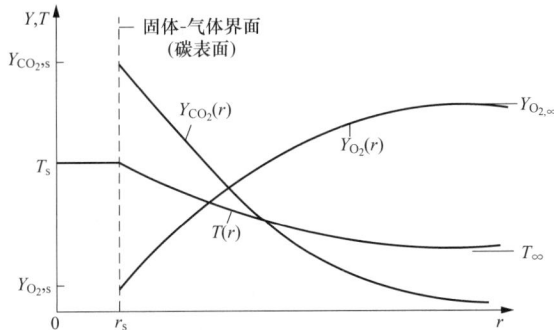

图 9-15　碳燃烧单膜模型组分和温度分布

1. 问题陈述

下面分析的主要目的是决定允许的碳的质量燃烧率 w_C 和表面温度 T_s，其次是确定碳表面 O_2 的质量分数和 CO_2 的质量分数。

2. 总质量和组分守恒

图 9-16 阐明了三种组分质量流量（$\dot{q}_{m,C}$，$\dot{q}_{m,CO_2}$ 和 $\dot{q}_{m,CO_2}$）之间的关系。在粒子表面，碳的质量流量必须与 CO_2 向外和 O_2 向内的质量流量的差值相等，即

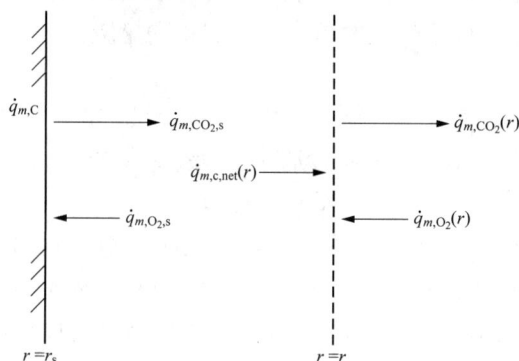

图 9-16 碳表面和任意径向位置组分质量流量

$$\dot{q}_{m,C} = \dot{q}_{m,CO_2} - \dot{q}_{m,O_2} \tag{9-6}$$

类似地，在任意半径 r 处，净质量通量是 CO_2 和 O_2 的质量通量的差值，即

$$\dot{q}_{m,net} = \dot{q}_{m,CO_2} - \dot{q}_{m,O_2} \tag{9-7}$$

由于对于半径位置（无气相反应）和时间（稳态）每种组分质量通量是常数，可以得到

$$\dot{q}_{m,C} 4\pi r_s^2 = \dot{q}_{m,net} 4\pi r \tag{9-8}$$

或

$$\dot{q}_{m,C} = \dot{q}_{m,net} = \dot{q}_{m,CO_2} - \dot{q}_{m,O_2} \tag{9-9}$$

因此，与预期的一样，可以看到向外的质量流量是碳的燃烧速率。CO_2 和 O_2 的质量流率可以由表面化学计量数联系起来，即

$$12.01\,kgC + 31.999kgO_2 \rightarrow 44.01kgCO_2 \tag{9-10a}$$

以每千克碳为基础，可以得到

$$1kgC + ykgO_2 \rightarrow (y+1)kgCO_2 \tag{9-10b}$$

式中质量化学计量数为

$$y = \frac{31.999kgO_2}{12.01kgC} = 2.664 \tag{9-11}$$

对于双膜模型，可以得到不同值的化学计量数。可以把气相组分的质量流量和碳的燃烧速率联系起来，即

$$q_{m,O_2} = yw_C \tag{9-12a}$$

$$q_{m,CO_2} = (y+1)w_C \tag{9-12b}$$

因此，现在的问题是求任一组分的质量流量。为了做到这点，可以用 Fick 定律来表述

O_2 守恒：

$$\dot{q}_{m,O_2} = Y_{O_2}(\dot{q}_{m,O_2} + \dot{q}_{m,CO_2}) - \rho D \frac{d(Y_{O_2})}{dr} \tag{9-13}$$

燃烧速率与质量通量的关系为 $q_{m,i} = 4\pi r^2 \dot{q}_{m,i}$，代入方程（9-12a）和式（9-12b），并考虑流动的方向（向里流动为负，向外流动为正），通过一些变换，方程（9-13）可变为

$$q_{m,C} = \frac{4\pi r^2 \rho D}{(1 + Y_{O_2}/y)} \frac{d\left(\dfrac{Y_{O_2}}{y}\right)}{dr} \tag{9-14}$$

应用于方程的边界条件为

$$Y_{O_2}(r_s) = Y_{O_2,s} \tag{9-15a}$$

和

$$Y_{O_2}(r \to \infty) = Y_{O_2,\infty} \tag{9-15b}$$

可以用一阶常微分方程的两个边界条件来确定特征值问题 w_C 的表达式。分离方程（9-14），并在方程（9-15a）和方程（9-15b）给出的两个积分界限间积分得到

$$q_{m,C} = 4\pi r_s \rho D \ln\left[\frac{1 + Y_{O_2,\infty}/y}{1 + Y_{O_2,s}/y}\right] \tag{9-16}$$

因为 $y_{O_2,\infty}$ 是一给定值，如果知道碳表面上氧气的质量分数 $y_{O_2,s}$，问题就可以解决了。为了求 $w_{O_2,s}$，需要用表面化学动力学模型。

3. 表面动力学

假定相对于 O_2 反应，$C + O_2 \to CO_2$ 是一阶的，则碳的反应速率可以表示为

$$w_C = kM_C c_{O_2,s}$$
$$k = A\exp\left(-\frac{E}{RT_s}\right) \tag{9-17}$$

式中：$c_{O_2,s}$ 为在碳表面氧气的摩尔浓度；k 为速率常数，经常用 Arrhenius 形式表示。将浓度转化为质量分数，即

$$c_{O_2,s} = \frac{M_{mix}}{M_{O_2}} \frac{p}{RT_s} Y_{O_2,s}$$

将碳表面（$r = r_s$）燃烧速率与碳的质量流量联系起来，方程（9-17）可变为

$$w_C = 4\pi r_s^2 k \frac{M_C M_{mix}}{M_{O_2}} \frac{p}{RT_s} Y_{O_2,s} \tag{9-18}$$

或者简化为

$$w_C = K_{kin} Y_{O_2,s} \tag{9-19}$$

式中除了 $Y_{O_2,s}$ 外的所有动力学参数都综合到因素 K_{kin} 中，K_{kin} 取决于压力、表面温度和碳粒的半径。从方程（9-19）求解 $Y_{O_2,s}$，并代入到方程（9-16）中，可以得到燃烧速率 w_C

的单变量超越方程。这一方程不便于求解，为此，采用传热学中所用的模拟电路法。这一方法便于求解，且物理概念清晰。

4. 模拟电路分析

为了发展电路分析，需要把 $q_{m,C}$ 的两种表达方式的方程（9-16）和方程（9-19）变换成包含所谓"势差"或驱动力和阻抗的形式。对于方程（9-19），这是容易变换的，即

$$q_{m,C} = \frac{(Y_{O_2,s} - 0)}{1/K_{kin}} = \frac{\Delta Y}{R_{kin}} \tag{9-20}$$

式中加上一个零表示"势差"，"阻抗"是化学动力因素 K_{kin} 的倒数。因此，方程（9-20）类似于欧姆定律，这里 $q_{m,C}$ 是"流动变量"或"电流模拟"。

处理方程（9-16）需要一点变换处理。首先，重新整理对数项得到

$$q_{m,C} = 4\pi r_s \rho D \ln\left[1 + \frac{Y_{O_2,\infty} - Y_{O_2,s}}{y + Y_{O_2,s}}\right] \tag{9-21}$$

如果定义一个传递数 B_m

$$B_m = \frac{Y_{O_2,\infty} - Y_{O_2,s}}{y + Y_{O_2,s}} \tag{9-22}$$

方程（9-21）变成为

$$q_{m,C} = 4\pi r_s \rho D \ln[1 + B_m] \tag{9-23}$$

将方程（9-23）线性化，如果 B_m 的值很小，通过级数展开并加以截断，则

$$\ln(1 + B_m) = B_m - \frac{1}{2}B_m^2 + \frac{1}{3}B_m^3 - \cdots \tag{9-24a}$$

取第一项，即

$$\ln(1 + B_m) \approx B_m \tag{9-24b}$$

由于 $y = 2.664$，$Y_{O_2,s}$ 在 $0 \sim Y_{O_2,\infty}$（对于空气 $y = 0.233$）间变化。可见，近似方程（9-24b）是合理的。线性化后的方程（9-16）可以写为

$$q_{m,C} = 4\pi r_s \rho D \left(\frac{Y_{O_2,\infty} - Y_{O_2,s}}{y + Y_{O_2,s}}\right) \tag{9-25}$$

$q_{m,C}$ 可以表示为"势差"和"阻抗"的比值，即

$$q_{m,C} = \frac{Y_{O_2,\infty} - Y_{O_2,s}}{\dfrac{y - Y_{O_2,s}}{4\pi r_s \rho D}} \equiv \frac{\Delta Y}{R_{diff}} \tag{9-26}$$

注意，在 R_{diff} 中 $Y_{O_2,s}$ 不是常数，从而使 $q_{m,C}$ 与 ΔY 之间为非线性关系。

由于由化学动力学推导的燃烧速率方程（9-20）与单独由传质原理推导的方程（9-26）必须是相同的，所以得到有两个串联电阻的电路。图9-17所示为得到的模拟电路。

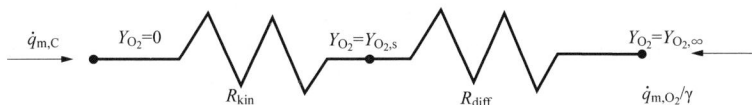

图9-17　化学反应和扩散阻力的碳粒燃烧的模拟电路

需要注意的是，由于选择的势为O_2的质量分数，碳从低势流向高势，这与电路分析相反。当图9-17中表示的流动流量是$q_{m,O_2}/y(=-q_{m,C})$时，分析结果是完全相同的。

通过电路分析，现在可以确定燃烧速率$q_{m,C}$，由图9-17得

$$q_{m,C} = \frac{Y_{O_2,\infty} - 0}{R_{kin} + R_{diff}} \tag{9-27}$$

式中

$$R_{kin} = \frac{1}{K_{kin}} = \frac{yRT_s}{4\pi r_s^2 M_{mix} kp} \tag{9-28}$$

$$R_{diff} \equiv \frac{y + Y_{O_2,s}}{\rho D 4\pi r_s} \tag{9-29}$$

由于R_{diff}包含未知数$Y_{O_2,s}$，在此方法中还需要一些迭代，可以直接写出并求解二次方程。在下面的部分，要讨论进一步使用电路分析方程式（9-27）～方程式（9-29）。

5. 极限情况

极限情况主要依赖于粒子温度和尺寸，其中一个阻抗可能比另一个阻抗更大，因此，使得w_C基本上仅取决于更大的那个阻抗。比如，假设$R_{kin}/R_{diff} \ll 1$。这样，燃烧速率认为是扩散控制的。利用R_{kin}和R_{diff}的定义方程（9-28）和方程（9-29）并取它们的比值，得到

$$\frac{R_{kin}}{R_{diff}} = \frac{y}{y + Y_{O_2,s}} \frac{RT_s}{M_{mix} p} \frac{\rho D}{k} \frac{1}{r_s} \tag{9-30}$$

现在可以看到单独的变量怎样影响这个量的。通过以下几种途径可使这个比值变小。首先k可以非常大，这意味着快速的表面反应速度。可以看出大的粒子尺寸r_s或高的压力p具有相同的影响。虽然表面温度显示出现在方程（9-30）的分子上，但是它的影响主要通过依赖于温度的k。由于$k = A\exp\left(-\dfrac{E}{RT_s}\right)$，$k$随着温度的升高迅速增加。由于扩散控制燃烧，可以看出，没有化学动力学参数影响燃烧速率，并且在粒子表面O_2的浓度为零。

另一种极限情况是，当$R_{kin}/R_{diff} \gg 1$时，动力燃烧。在这种情况下，R_{diff}小，节点$Y_{O_2,s}$和$Y_{O_2,\infty}$基本上是相等的，也就是在粒子表面O_2的浓度是大的。此时，化学动力参数控制燃烧速率，传质参数是不重要的。动力燃烧发生在粒子尺寸小、压力低和温度低（低温使得k变小）的时候。

碳燃烧的限制方式见表9-2。

表 9-2 碳 燃 烧 区 总 结

区	R_{kin}/R_{diff}	燃烧速率定律	发生条件
扩散控制	$\ll 1$	$q_{m,C} = Y_{O_2,\infty}/R_{diff}$	r_s 大，T_s 高，p 高
两者之间	≈ 1	$q_{m,C} = Y_{O_2,\infty}/(R_{kin}+R_{diff})$	
动力学控制	$\gg 1$	$q_{m,C} = Y_{O_2,\infty}/R_{kin}$	r_s 小，T_s 低，p 低

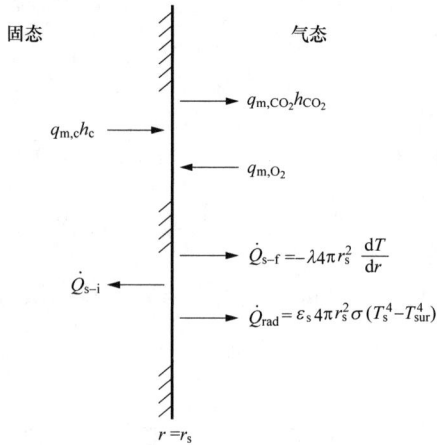

图 9-18 在空气中燃烧的表明的能量平衡

6. 能量守恒

到目前为止，在人们的分析中认为粒子表面温度 T_s 是一已知量，然而，这一温度不能是任意的值，而是取决于粒子表面能量守恒。而粒子表面能量平衡强烈依赖于燃烧速率，也就是能量和传质过程是耦合的。

图 9-18 说明了与燃烧的碳表面相关的各种能量流。写出表面能量平衡得到

$$q_{m,C}h_C + q_{m,O_2}h_{O_2} - q_{m,CO_2}h_{CO_2} = \dot{Q}_{s\text{-}i} + \dot{Q}_{s\text{-}f} + \dot{Q}_{rad} \tag{9-31}$$

因为假设燃烧在稳态发生，没有热量向粒子内传播，因此，$\dot{Q}_{s\text{-}i} = 0$。方程（9-31）的左端可简化为 $q_{m,C}\Delta h_C$。式中 Δh_C 是碳-氧燃烧反应热。因此，方程（9-31）变为

$$q_{m,C}\Delta h_C = -\lambda_g 4\pi r_s^2 \left.\frac{dT}{dr}\right|_s + \varepsilon_s 4\pi r_s^2 \sigma(T_s^4 - T_{sur}^4) \tag{9-32}$$

式中：T_{sur} 为大气环境温度。为了得到粒子表面气相温度梯度，需要写出气相能量平衡并求解温度分布。参考液滴蒸发模型，可得

$$\left.\frac{dT}{dr}\right|_{r_s} = \frac{Zq_{m,C}}{r_s^2}\left[\frac{(T_\infty - T_s)\exp\left(-\dfrac{Zq_{m,C}}{r_s}\right)}{1 - \exp\left(-\dfrac{Zq_{m,C}}{r_s}\right)}\right] \tag{9-33}$$

式中：$Z \equiv c_{pg}/(4\pi\lambda_g)$。将方程（9-33）代入到方程（9-32）中，并重新整理，得

$$q_{m,C}h_C = q_{m,C}c_{pg}\left[\frac{\exp\left(\dfrac{-q_{m,C}c_{pg}}{4\pi\lambda_g r_s}\right)}{1 - \exp\left(\dfrac{-q_{m,C}c_{pg}}{4\pi\lambda_g r_s}\right)}\right](T_s - T_\infty) + \varepsilon_s 4\pi r^2 \sigma(T_s^4 - T_{sur}^4) \tag{9-34}$$

式中：T_∞ 为燃烧高温环境温度。

方程（9-34）包含两个未知量 $q_{m,C}$ 和 T_s。为了得到碳燃烧问题的完整解，需要联立求解方程（9-34）和方程（9-27）。由于这两个方程都是非线性的，迭代法可能是求解它们的最好方法。在扩散控制和动力控制的中间区，$Y_{O_2,s}$ 也变成了未知量。因此，需要将方程（9-18）加到方程组中。

五、影响焦炭燃烧的因素

1. 内部孔洞影响

在前两节中所述的碳粒燃烧速度是假定化学反应在碳粒表面上进行的情况下来讨论的，这种情况只是对于碳粒表面是平滑的，而且反应气体不能透入内部时，才算是真正的"表面燃烧"（即外部燃烧）。

实际上，一切非均相反应不仅在外表面进行，而且在物质内部进行。碳是多孔性物质，碳的燃烧和气化在一定的温度条件下在碳粒表面上进行，同时随着反应气体向孔隙内部渗透扩散，反应过程也扩展到碳粒内部。

当内部反应重要时，其定量细节大大依赖于颗粒大小和反应性条件，但其定性模式却具有共通性，这种模式即是关于多孔固体反应的"三区"概念。

低温下当反应相对较慢时，反应气体扩散进多孔固体内部的速度比反应中能消耗的气体的速度快，扩散和消耗呈平衡时，反应气体已扩散到固体中心，并以一定数量遍布在固体内，即为Ⅰ区。

随着温度上升，消耗速度超过扩散速度，扩散到多孔固体内部的气体在一个反应区域内全部被消耗掉而未能贯穿到中心，留下一个未反应的内芯重新达到平衡，即为Ⅱ区。

温度再高上去，反应退缩至固体外表面（Ⅲ区），此时扩散到固体内部的气体很少，反应速度受边界层扩散速度控制。

在不同的温度范围内，多孔碳球总的有效反应面积是一个变数。可引用一个有效反应深度 ε 的概念来表示内孔在不同温度下对燃烧的影响

燃烧速率可以分为两部分：内外表面的反应和外部扩散。

同时考虑碳球外表面和内部反应情况，对于不同工作条件、碳球半径 r_0、有效反应深度 ε、碳球内表面积 S_i 碳球内部空隙平均直径 ξ 等参数，内孔对燃烧的影响有以下四种情况。

（1）$k(1+\varepsilon S_i) \gg NuD/d$。这发生在温度很高的情况下，化学反应速率很大，整个反应过程仅取决于反应气体的外部扩散，氧在外表面及内孔中的浓度远小于环境中的氧浓度，这相当于碳燃烧的扩散控制。这种情况称为外部扩散燃烧。

（2）$NuD/d \gg k(1+\varepsilon S_i)$，并且 $r_0 \gg \varepsilon \gg \xi$。这种情况发生在温度较低、碳球颗粒较大且内部孔隙很小时，由于传质系数较大，所以在碳球外表面处氧浓度十分接近远处环境氧浓度。另外，由于孔隙很小，在孔隙深处的氧浓度实际上等于零。因而整个反应速率取决于内部的扩散速度与内部表面的反应速率比值，这种情况称为内部扩散燃烧。

（3）$NuD/d \gg k(1+\varepsilon S_i)$，并且 $\varepsilon \gg r_0$。这是温度较低、碳球颗粒很小时的情况。这时在碳球外表面和内部孔隙表面上的氧浓度都接近于远处环境氧浓度。所以，碳球的总反应速率只取决于内外表面的反应速率，因为扩散到内部孔隙中的氧是足够的，内表面全都发生反应。这种情况称为内部动力燃烧。

（4）$NuD/d \gg k$（$1+\varepsilon S_i$），并且 $\varepsilon \approx \xi$。这时温度较低、碳球内部孔隙的平均直径和有效反应深度接近。这时，由于反应深度很小，可以认为内部孔隙实际上对反应过程没有影响，反应属于动力控制，并集中在碳球外表面进行，相当于碳燃烧的动力控制。这种情况称为外部动力燃烧。

从以上分析可知，随着系统温度、颗粒大小以及内部孔隙尺寸的改变，多孔碳球的燃烧控制工况也相应变化。分析多孔性燃料的燃烧过程，掌握过程的控制因素，应全面考虑各种影响因素。另外，通常多孔碳球除了与氧反应外，在足够高的温度下还会与扩散进内孔的二氧化碳进行还原反应。

2. 挥发分析出对燃烧的影响

煤粒被送入燃烧室后由于受热而很快蒸发出水分，变成干燥的煤。同时，当受热达到一定温度后开始发生热分解，并析出挥发分。由于挥发分中含有多种可燃气体，因此，如果外界温度较高，一般在 500 ℃ 以上时，如能和空气以一定的比例混合，挥发分中的气态可燃物质就会达到着火条件而燃烧起来，从而把煤粒周围的气体温度迅速提高，然后再引燃焦炭和使残留在煤粒中的挥发物继续析出。由此可见，挥发分在煤的着火过程中起着十分重要的作用。煤化程度相对较浅的煤种如褐煤、高挥发分烟煤，其挥发分比煤化程度较深的煤种如低挥发分烟煤和无烟煤多，因而着火比较容易。

由于挥发分的析出过程是一个热分解过程，挥发分析出的速率随时间按指数函数规律而下降。起初析出速率很高，80%～90% 的挥发分能较快析出，但最后的 10%～20% 则要经过较长时间才能完全析出。因此，实际上存在着挥发分的燃烧和焦炭的燃烧交叉平行进行的过程。许多学者研究过挥发分的析出速率及其对整个煤燃烧过程的影响，由于不同的研究者以自己的研究或实验为根据，因而持有不同的观点，迄今仍有争论。

一种观点认为，在煤的燃烧过程中，煤从开始干燥到析出挥发分直至挥发分大部分烧掉的时间，只占总燃烧时间的十分之一。例如有研究者对单颗粒大直径的煤粒燃烧过程采用高速摄影发现，挥发分的析出和燃烧一直到它的火焰消失后，焦炭才开始着火，挥发分的燃尽时间仅占整个煤粒燃尽时间很小的一部分。这是以大直径煤粒实验为基础的。

另一种观点认为，挥发分的析出与燃烧是和焦炭的燃烧同时进行的，而且挥发分的析出一直延长到燃烧过程的末期。如有研究者认为挥发分的析出过程与煤粒的大小、加热速率和煤粒表面物质的密度有关。在煤粒燃烧的初始阶段，煤粒表面的温度达到最大值，表面层中含有的水分和沥青质开始蒸发和气化，从而在表面达到水蒸气和可燃气体分压力的最大值。由于煤粒是多孔性物质，因此产生的水蒸气和可燃气体不但向四周空间扩散，而且还向煤粒内部的孔隙扩散。在向煤粒内部扩散的过程中，由于煤粒内部温度较低和浓度较高，水蒸气和可燃气体会凝结。随着煤粒燃烧过程的发展，煤粒内部的温度不断提高，使内部的水分和油质也开始蒸发和气化，其分压逐渐提高，并由内部喷出。由于煤粒本身的阻力，水蒸气和可燃气体向外扩散的速率会受到限制，从而延长了整个挥发分的析出和燃尽的时间。有研究者对挥发分为 42% 的少量烟煤粉在气流中的燃烧过程进行试验，结果表明，挥发分在煤粉燃烧的开始阶段析出速度虽然很快，但一直延续到煤粉燃尽的最后阶段。有研究者对压制成不同大小的单颗粒泥煤（干燥无灰基挥发分为 70%）进行燃烧试验发现，其着火过程和前述的高速摄影结果相似，但在挥发分的火焰消失后，剩余焦炭中还含有约 20% 的挥发分。

因此，以上的分析和试验结果都表明，挥发分和焦炭同时燃尽的论点较为合理。但是，在燃烧的初始阶段，焦炭烧掉约 15%～20% 时，80%～90% 的挥发分已经燃尽。

由于挥发分能够在较低的温度下析出和着火、燃烧，从而为焦炭的着火与燃烧创造了极为有利的条件。同时，挥发分的析出过程使煤粒膨胀，增大了内部孔隙及外部反应表面积，也有利于提高焦炭的燃烧速率。挥发分较焦炭易燃，是煤中可燃物的一部分，挥发分的燃烧也是煤燃烧过程的一部分，这些因素均有利于整个煤粒燃烧速率的提高。但是，另一方面，由于挥发分在焦炭周围燃烧，消耗了从周围介质中向煤粒表面扩散进来的部分氧气，以至于扩散到煤粒表面的氧气显著减少。特别是在燃烧初期，在挥发分的析出和燃烧速率较大的阶段，这种影响尤其严重。

3. 灰分对燃烧的影响

灰的存在对煤燃烧有以下几方面潜在的影响：

（1）热效应。大量的灰改变了煤粒的热特性，灰也要随煤粒一起被加热到高温，消耗热量。

（2）辐射特性。灰的辐射特性不同于煤粒和烟气，灰的存在给碳燃尽提供了一个辐射传热的介质。

（3）颗粒尺寸。焦炭在燃烧过程中往往会破裂成小碎片，这一破碎过程与焦炭中灰的含量与特性有关。

（4）催化效应。焦炭中不同矿物质能使焦炭的反应性增加，尤其是在低温条件下。例如，在 923 K 时，当焦炭中钙的含量从 0 变为 13% 时，褐煤焦炭的反应性增加了 30 倍。

（5）障碍效应。灰为氧的扩散增加了障碍。氧气必须克服这个障碍才能到达焦炭表面，尤其是在接近燃尽时，高灰含量将阻碍燃烧。由于灰的软化和熔化，燃烧工况会恶化。

各种煤的灰分是极不相同的，不仅不同煤种的煤灰分不同，即使是同一种煤有时灰分也不相同。从来源上分类，灰分可以分为三种：第一种有机性灰是成碳质所含的矿物性杂质，它与燃料的有机组分有关，在燃料的可燃质中分布得很均匀，这种灰分只占总灰量的极小部分；第二种灰分是煤在碳化期间渗透进来的矿物杂质，且数量变化范围很大，表现为可燃质的残渣或可燃质内部间隔开的夹层，其分布也比较均匀；这两种灰分统称为内在灰分，是在煤矿形成过程中就已存在的矿物杂质，它以微粒或夹层状较均匀地混杂在可燃质中，总的含量不高；第三种灰是在开采、运输和储存时混杂进来的矿物杂质，称为外在灰分，它的颗粒很大，占灰分的大部分，可以用机械选煤法加以清除。煤在磨细以后，外在灰分及内在灰分中的夹层状灰分会与可燃质分开，因此，它们对煤的可燃质的燃烧过程，没有直接的妨碍作用，只是降低了炉膛温度和阻碍了氧气扩散到焦炭表面。

煤磨细后不能从碳颗粒中分离出来的内在灰分，较均匀地分布于可燃质中，在燃烧温度低于灰的软化温度时，在焦炭颗粒从外表面到中心一层一层的燃烧过程中，焦炭粒的外表面将形成一层灰壳。灰壳会随着燃烧过程的发展而不断增厚，此时外层的灰壳就包裹在内层的焦炭上，增加了氧扩散到内层焦炭的阻力，从而妨碍焦炭的燃尽。灰壳扩散阻力的大小取决于灰壳的厚度、浓度等因素。

研究表明，当灰壳达到一定厚度后，灰壳的扩散阻力远大于外部扩散力和化学反应阻力之和，此时的燃烧属于灰壳的扩散控制。因此，当燃烧速率取决于氧在灰壳中的扩散速率时，灰壳厚度和燃烧时间的平方根成正比。但是在开始燃烧的瞬间，这时灰壳的厚度很小，燃烧温度较低，因而燃烧属于外部动力控制，这时灰壳的厚度正比于燃烧时间。

当燃烧温度高于灰的流动温度时，情况就完全不同。此时大煤粒的灰层就会熔融，而从焦炭粒表面上形成液态灰滴而坠落，从而不断暴露出焦炭的反应表面，不再形成灰壳。

4. 气化反应对燃烧的影响

在空气燃烧中，因为烟气中 CO_2 和 H_2O 含量较少，通常仅考虑 O_2 燃烧反应，但即便如此，由于氧气浓度的降低与 CO_2 和 H_2O 浓度的升高，CO_2 和 H_2O 气化反应仍可能与燃烧反应一同作用于煤焦的燃尽过程。

本书主编利用热重分析仪对煤焦在低氧浓度下的燃烧特性进行了研究。图 9-19 为大同煤焦在 5%氧浓度下的 DTG 曲线。如图所示，与 O_2/N_2 相比，煤焦在 O_2/CO_2 中的燃烧明显滞后于前者，燃烧速率也较低，燃尽温度较高。但不同气氛下的煤焦均在 900 ℃ 左右燃尽，说明整个燃烧过程中基本无 CO_2 气化反应参与，燃烧速率的差异主要源于 CO_2 和 N_2 物理性质的区别。在将部分 CO_2 替换为 H_2O 后，煤焦燃烧的 DTG 曲线明显向高温区移动，其失重峰值也有所增加。因为 H_2O 较强的导热及辐射换热能力，环境热量向煤粉颗粒的传递及散失均很快，再考虑到 H_2O 较高的比定压热容，煤粉颗粒周围热量的蓄积较为困难，此时挥发分的析出着火对于煤粉颗粒在 $O_2/H_2O/CO_2$ 中温度的提升就显得尤为重要。由于煤焦无挥发分燃烧放热，故其颗粒升温速率慢、温度低。因此只有在较高的环境温度下，煤焦颗粒才能积聚足够的热量被点燃。温度继续升高超过 800℃ 后，煤焦的燃烧速率逐渐加快，而 H_2O 和 CO_2 气化反应的相继发生则进一步加速了煤焦的消耗，进而导致其整体反应速率有明显增加。

图 9-20 为大同煤焦在 2%氧浓度下的 DTG 曲线。通过比较图 9-19 和图 9-20 发现，由于氧气浓度的下降，煤焦的主要反应区域向高温区偏移，整体反应速率也有相应降低。由图 9-20 可知，在 900 ℃ 以前，与 5%（体积分数）氧浓度时类似，煤焦在 O_2/CO_2 中的燃烧速率仍低于 O_2/N_2 中的燃烧速率，但是温度继续升高，煤焦在 O_2/CO_2 中的燃烧速率逐步高于 O_2/N_2 中。当温度低于 900 ℃ 时，煤焦仅可与氧气发生燃烧反应，其在 O_2/CO_2 中的燃烧速率要低于 O_2/N_2 中。当温度高于 900 ℃ 时，煤焦不但能与氧气反应，还可同时与 CO_2 发生气化反应。此时 CO_2 气化反应有助于加速煤焦的消耗，而且随着温度的升高，气化反应速率也在增加，在燃烧和气化反应的共同作用下煤焦的整体反应速率迅速上升。煤焦在 $O_2/H_2O/CO_2$ 中的 DTG 曲线较 O_2/CO_2 中向高温区移动，且其反应速率亦有显著升高。

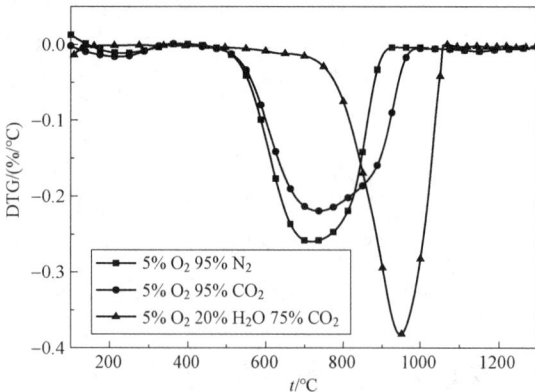

图 9-19　大同煤焦在 5%氧气浓度下的 DTG 曲线　　图 9-20　大同煤焦在 2%氧气浓度下的 DTG 曲线

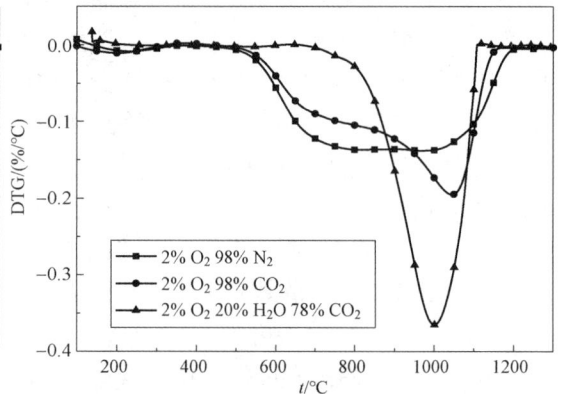

如前所述，反应气氛中的 H_2O 在一定程度上限制了煤焦颗粒温度的快速提高，再加上较低的氧气浓度，导致其升温速率进一步降低，因而煤焦在约 800 ℃ 时才开始燃烧。此时，

在 H_2O 气化反应作用下，煤焦的整体反应速率迅速上升并超过仅考虑燃烧反应时（O_2/N_2）的情况。温度超过 900 ℃，由于 CO_2 气化反应的加入，煤焦的整体反应速率仍在持续增加。又因为 H_2O 气化较 CO_2 气化可更快地加速煤焦的消耗，故 CO_2 和 H_2O 的共气化反应速率要高于单一 CO_2 气化，导致煤焦在 $O_2/H_2O/CO_2$ 中高温区的整体反应速率要高于 O_2/CO_2 中。

第三节　生 物 质 的 燃 烧

生物质（biomass），根据国际能源机构（international energy agency，IEA）的定义，是指通过光合作用而形成的各种有机体，包括所有的动植物和微生物。

生物质能则是太阳能以化学能形式储存在生物质中的能量形式，它一直是人类赖以生存的重要能源之一，是仅次于煤炭、石油、天然气之后第四大能源，在整个能源系统中占有重要的地位。

生物质能是清洁的可再生能源，与传统的化石能源相比，生物质含硫量和含氮量低，燃烧后烟气中的硫氧化物和氮氧化物含量低。生物质能可通过生物质发电、生物质燃气、生物质成型燃料和生物质液体燃料的形式加以利用。生物质资源的来源包括农业、林木、生活污水和工业有机废水、城市固体废弃物和畜禽粪便。

我国生物质资源非常丰富，具有分布广泛、稳定性高、储存运输方便等独特的优势和特点，但如何合理发展和充分利用生物质能受到国内外科研机构和政府的广泛关注。生物质能的储备量占一次能源的 30%左右，大力发展生物质能对世界能源体系具有重要作用。而农作物秸秆的产量每年高达上亿吨，这些生物质资源折合成煤炭资源相当于 1.5 亿～3 亿 t 标准煤，具有很高的利用价值。我国生物质可用资源量巨大，但大部分生物质资源被浪费，利用率极低。因此，根据生物质燃料特点，如何高效利用生物质燃料成为我国发展清洁燃料的重中之重。

一、生物质特性

生物质燃料具有水分和挥发分含量高但发热量低的特点，因此生物质单独燃烧热经济性不高，但其可再生、低硫的特性可降低污染物的排放，且可实现 CO_2 零排放，是清洁的低碳燃料。将煤与生物质混合掺烧，在降低电厂燃料成本的同时，可解决污泥、秸秆和药渣等固体废弃物的处理问题。燃煤电厂正由混煤掺烧逐渐过渡到煤与生物质掺烧。

表 9-3 为煤与三种生物质的工业分析与元素分析对比。如表中所示，煤与各生物质之间的煤质特性差异较大，煤具有高固定碳、高热值和低挥发分的特点；污泥与药渣的煤质特性较为相近，灰分含量和挥发分含量均较高，固定碳含量低，热值低；秸秆挥发分含量高，灰分含量低，热值较污泥和药渣偏高。各生物质的氢含量偏高，氧含量最高，达到 55%～75%；秸秆和污泥硫含量较低，均小于 1%；而药渣硫含量偏高，与煤的硫含量相同。

城市污泥、中药渣和秸秆等生物质燃料的共同特点是水分和挥发分含量高但发热量低。当这些生物质燃料与煤掺烧时锅炉容易燃烧不稳定，燃烧效率降低，尤其是当锅炉在低负荷运行时。此外，由于生物质与煤混烧的灰分比煤高，更易附着于锅炉管壁，导致积灰严重。生物质灰中的碱性成分含量高，而碱性成分的灰熔点低于酸性成分，并容易形成低熔点的共熔物，降低灰熔点，进而容易结渣。

表 9-3   煤与三种生物质的元素分析与工业分析对比

样品	工业分析/%（质量分数）				元素分析/%（质量分数）					低位发热量 / (J/g)
	M_{ad}	A_{ad}	V_{ad}	FC_{ad}	C	H	O	N	S	
贫煤（C）	1.61	26.96	13.91	57.52	61.38	2.89	33.20	0.97	1.57	21248.80
秸秆（G）	9.8	18.73	59.55	11.92	35.00	4.88	58.28	1.51	0.33	12678.07
污泥（N）	4.17	49.57	45.42	0.84	20.27	2.94	73.43	2.38	0.98	6579.35
药渣（Z）	9.09	41.78	48.21	0.92	18.52	3.36	74.86	1.91	1.57	4640.49

由于大多生物质燃料中氮和硫的含量比原煤要低，在掺烧过程中可降低锅炉 NO_x 和 SO_2 排放。同时，由于生物质是一种 CO_2 零排放的燃料，使用生物质发电可减少 CO_2 排放。因此，在生物质掺烧过程中，需综合考虑 NO_x、SO_2 和粉尘以及 CO_2 排放的经济效益。

二、生物质燃烧特性

本书主编利用热重分析仪进行了煤与污泥、秸秆和药渣等生物质的燃烧实验。

图 9-21 是煤和生物质单独燃烧的 TG 和 DTG 曲线。由 TG 曲线可以看出，四种样品在超过 800 ℃时已基本燃尽，其中秸秆的总失重量最大，接下来依次为煤、药渣、污泥，该结果与表 9-3 中工业分析结果一致。由 DTG 曲线可以看出煤只有一个明显的失重峰，而秸秆、污泥和药渣均有多个失重峰。

因为原煤为贫煤属于劣质煤，着火时为非均相着火，挥发分和焦炭同时燃烧，因此仅在 400～650 ℃出现了一个明显的失重峰，对应的峰值温度为 517 ℃。由于固定碳燃烧较为缓慢，故煤的失重峰呈低且宽的形状。此外，煤粉在升温初期出现了轻微的表观增重现象，这主要是因为其对氧的物理及化学吸附作用。秸秆、污泥和药渣的燃烧过程均出现了三个失重峰，第一个失重峰是由于水分的析出引起的；三者的第二个峰分别出现在 270 ℃、320 ℃、230 ℃附近，为挥发分的析出与燃烧阶段；第三个峰分别出现在 360 ℃、740 ℃、770 ℃附近，为固定碳的燃烧阶段。而药渣除了三个主要的失重峰外，在 320～675 ℃有几个较小的失重

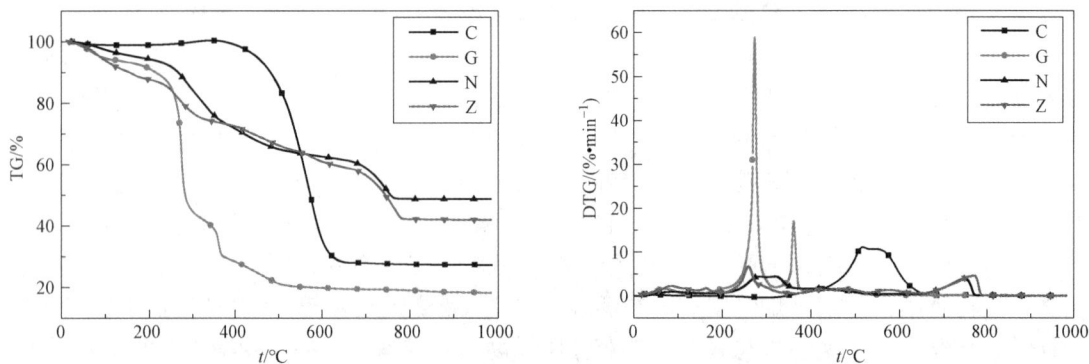

图 9-21   煤和秸秆等生物质单独燃烧的 TG、DTG 曲线

峰，各峰之间没有明显的界限。这可能与药渣自身各物质成分的析出燃烧温度不同有关。

污泥和药渣的固定碳燃烧阶段温度区间基本一致。秸秆、污泥、药渣三者挥发分析出燃烧阶段的失重峰均高于固定碳燃烧阶段的失重峰，挥发分的燃烧速度比固定碳燃烧速度快。秸秆的挥发分与固定碳燃烧的失重峰温度区间较为接近，二者在燃烧过程中相互作用更加明显，而污泥、药渣的挥发分与固定碳燃烧的失重峰温度区间相距较远，二者在燃烧过程中的相互作用会弱一些。

采用 TG-DTG 法确定着火温度，燃尽温度 T_h 为样品失重占总失重 98%时所对应的温度。着火温度只能反映燃烧初期的反应能力，不能概括整个燃烧过程，因此还需要根据可燃性指数 C、综合燃烧特性指数 I 来综合评价各样品的着火难易程度和燃烧性能的优劣。

可燃性指数 C 可反映样品点燃的难易程度，可燃性指数越大，燃料的燃烧和着火稳定性越好。

$$C=\frac{(\mathrm{d}w/\mathrm{d}t)_{\max}}{T_i^2}$$

式中：$(\mathrm{d}w/\mathrm{d}t)_{\max}$ 为最大燃烧速率，%/min；T_i 为着火温度，℃。

综合燃烧性指数 I 可全面反映样品的着火和燃尽性能，S 越大，则样品的综合燃烧性能越好。

$$I=\frac{(\mathrm{d}w/\mathrm{d}t)_{\max}(\mathrm{d}w/\mathrm{d}t)_{\mathrm{mean}}}{T_i^2 T_h}$$

式中：$(\mathrm{d}w/\mathrm{d}t)_{\max}$ 为最大燃烧速率，%/min，其对应的温度为峰值温度 $T_{\max}$，℃；$(\mathrm{d}w/\mathrm{d}t)_{\mathrm{mean}}$ 为平均燃烧速率，%/min；T_i 为着火温度，℃；T_h 为燃尽温度，℃。

由表 9-4 可知，煤粉的着火温度最高，生物质的着火温度均低于煤粉的着火温度，药渣的燃尽温度最高。秸秆的最大燃烧速率和平均燃烧速率均为最大，而污泥和药渣的燃烧速率比煤粉的小。生物质的可燃性指数和综合燃烧特性指数均大于煤粉的对应指数，其中秸秆所对应的各燃烧特性参数最大。

表 9-4　　　　　　　　　　煤与各生物质的燃烧特性参数

试样	T_i/℃	$T_{\max}$/℃	T_h/℃	$(\mathrm{d}w/\mathrm{d}t)_{\max}$ / (%/min)	$(\mathrm{d}w/\mathrm{d}t)_{\mathrm{mean}}$ / (%/min)	$C\times10^{-5}$ /[%/ (min·℃²)]	$I\times10^{-7}$ /[%²/ (min²·℃³)]
C	462	517	640	11.12	1.5	5.21	1.22
G	260	274	601	58.83	1.69	87.03	24.47
N	205	320	759	4.36	1.06	10.37	1.45
Z	160	260	777	6.73	1.2	26.29	4.06

当秸秆与煤掺烧时，如图 9-22 所示，由 TG 曲线可以看出，混合物的失重曲线介于秸秆与煤单独样品 TG 曲线之间，秸秆在较低的掺混比例时，燃烧后期的 TG 曲线与煤单独燃烧的 TG 曲线基本一致，随着秸秆掺混比例的增加，由于秸秆的灰分含量较小，混合物总失重量逐渐增大。

当秸秆掺入煤粉后，掺混样品在 300 ℃左右出现第一个失重峰，而且随着掺混比例的增加，其失重速率不断增大。主要原因是，秸秆反应活性高，温度升高后其首先着火燃烧，而且掺混量越多，其燃烧速率越快，导致失重峰值逐渐升高。在燃烧后期，随着秸秆掺混量的增加对煤焦的燃烧影响较大，代表煤焦燃烧过程的第二失重峰峰值减小，峰宽变窄，且有着向低温端移动的趋势。混合物中挥发分的析出燃烧改善了煤的燃烧，使其燃烧提前。

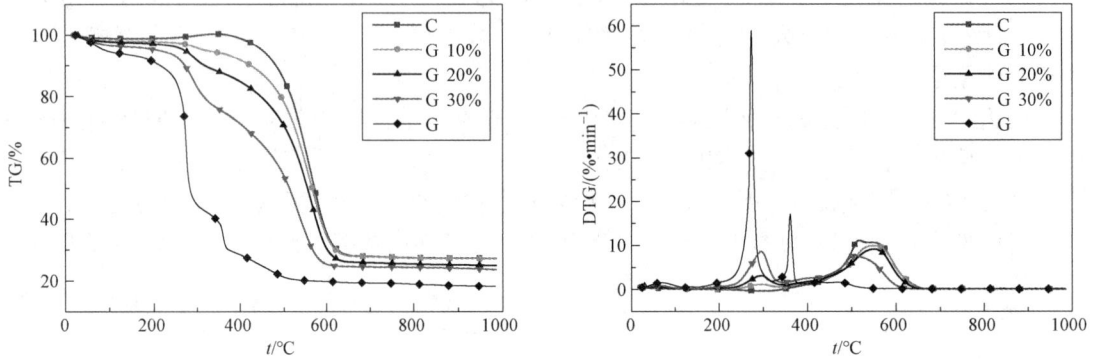

图 9-22　煤和秸秆掺混燃烧的 TG、DTG 曲线

由表 9-5 可以看出，随秸秆掺混比例的增大，混合物的着火温度和燃尽温度减小，平均燃烧速率增大，但最大燃烧速率减小。可燃性指数与综合燃烧指数均未随秸秆的掺混比例线性变化，秸秆掺混比例为 30% 时，混合物可燃性指数与综合燃烧指数为秸秆掺混比例为 10% 时的近 4 倍，这是由于秸秆含量较高时挥发分的析出使混合物着火性能和综合燃烧特性有较大改善。

表 9-5　　　　　　　　　　　煤与秸秆掺混样品的燃烧特性参数

试样	T_i/°C	T_{max}/°C	T_h/°C	$(dw/dt)_{max}$ / (%/min)	$(dw/dt)_{mean}$ / (%/min)	$C*10^{-5}$ /[%/ (min·°C^2)]	$S*10^{-7}$ /[%^{2}/ (min^2·°C^3)]
G10%	458	558	637	9.93	1.5	4.73	1.11
G20%	452	550	635	9.12	1.55	4.46	1.09
G30%	232	296	605	8.62	1.57	16.02	4.16

第十章 燃烧硫氧化物和氮氧化物生成特性

第一节 燃料中硫和氮的赋存形态

一、硫的赋存形态

燃料中的硫根据其存在形态,通常分为有机硫和无机硫两大类。有机硫是指与燃料有机结构相结合的硫,组成极为复杂;而无机硫则是以无机物形态存在的硫,主要以硫化物形式存在,还有少量硫酸盐。另外,在有些煤和油中还有少量以单质状态存在的单质硫。

1. 气体燃料

常见的气体燃料有天然气、由固体或液体燃料加工而成的人工燃气、生物质气等。气体燃料中的硫分 95% 左右是无机硫,主要以 H_2S 形式存在,少量的有机硫包括二硫化碳(CS_2)、硫氧化碳（COS）、硫醇（CH_3SH）类、噻吩（C_4H_4S,也称硫茂）、硫醚（CH_2SCH_3）等。

2. 液体燃料

常见的液体燃料包括各种燃料油、液化石油气、生物质油等。用于电站锅炉的主要是重油,它是石油炼制后的残油,主要是减压渣油。石油中的硫主要以 H_2S、单质硫和各种有机硫化物的形式存在。有机硫存在于一些官能团中,包括噻吩类、硫醇类 R-SH、硫醚等,以噻吩类居多。

3. 硫在煤中的存在形态

煤中的硫分按其存在形态也可分为无机硫和有机硫两种,有的煤中还有少量的单质硫。无机硫包括硫化物和硫酸盐两种形式。硫化物主要是指 FeS_2,它以两种晶体形态存在,即黄铁矿和白铁矿,其中黄铁矿占主导地位。由于这两种矿物质化学性质相同,故一般可以不加区分地称为黄铁矿。硫酸盐硫主要以晶格松散的石膏（$CaSO_4 \cdot 2H_2O$）和硫酸亚铁（$FeSO_4 \cdot 7H_2O$）形式存在。

有机硫的组成极其复杂,目前大体上知道,有机硫存在于一些官能团中,包括噻吩、硫醚类、硫醇类 R-SH、亚砜类、硫醌类和硫蒽类。其中噻吩类约占全部有机硫的 40%～70%。

煤中的硫又可分为可燃硫和不可燃硫。有机硫、黄铁矿硫和单质硫都能在空气中燃烧,都是可燃硫。元素分析得到的硫分含量就是指可燃硫的含量。在煤炭燃烧过程中不可燃硫残留在煤灰中,所以又称为固定硫,如硫酸盐硫就属于固定硫。硫酸盐硫的含量计在灰分中。煤中各种形态硫的总和称为全硫。也就是说,全硫通常就是煤中的硫酸盐硫、黄铁矿硫、单质硫和有机硫的总和。

二、氮的赋存形态

气体燃料中的氮含量相对较低,因为气体燃料通常是通过天然气或其他烃类物质的转化而来,这些原料在转化为气体燃料的过程中,其氮含量得到了有效的控制和调整。一些工业过程副产物燃料气可能含有较高比例的氮气，这些氮气的存在会降低燃料气单位体积的热值，对燃烧特性也会产生一些影响，但对氮氧化物生成的影响同空气中的氮气。液体燃料氮的含量也相对较低，通常在 0.2%左右，对燃料的主要成分和性质影响较小。气体和液体燃料燃烧过程中产生氮氧化物的氮主要来自空气。煤母体中含有的氮称为燃料氮，含量较少，一般为 0.5%～3%。煤中氮起源于煤形成时期的植物和细菌中含有的蛋白质、氨基酸、生物碱、叶绿素等。煤中的氮是在泥炭化阶段固定下来的，因此几乎都是以有机氮形式存在，以各种含氮官能团的形式存在于化合物中，是煤大分子结构的一部分。煤中氮的有机官能团结构决定了燃料氮在煤的热解、气化、燃烧过程中氮元素热变迁的路径。大多数学者认为，吡咯和吡啶是煤中含量最多的氮形态。50%～80%为吡咯型含氮官能团，20%～40%为吡啶型含氮官能团，0～20%为季氮型含氮官能团。

第二节 SO₂ 生成机理

一、硫的析出、分解与燃烧

含硫燃料燃烧火焰的特征是火焰呈淡蓝色，这种颜色认为是由反应式（10-1）形成的，即

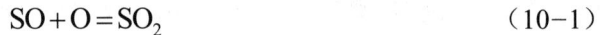

$$SO + O = SO_2 \qquad\qquad (10\text{-}1)$$

煤中硫燃料转化为 SO_2 具有阶段性。前一阶段是由挥发分析出着火引起部分不稳定有机硫分解而形成的，其出现时间会因温度升高而不断前移。后一阶段是由稳定性较高的有机硫和无机硫分解形成的。图 10-1 显示了 800 ℃和 1000 ℃炉温条件下 SO_2 的生成特性。图中虚线代表析出体积分数，双峰代表了硫燃烧转化为 SO_2 的两个阶段；实线代表 SO_2 析出率。

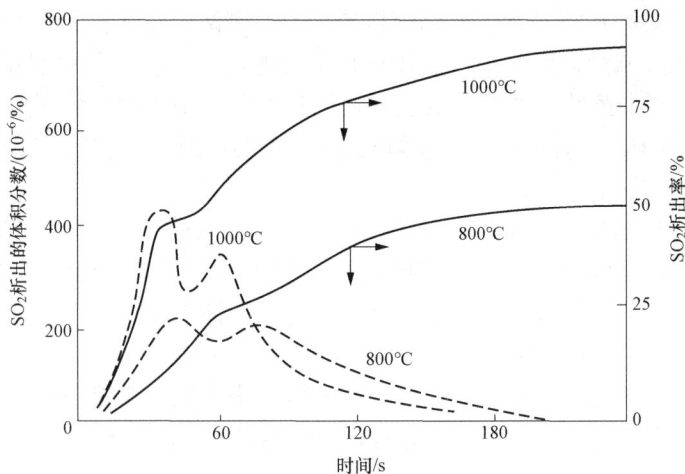

图 10-1 SO₂ 生成特性

1. 有机硫

煤粉燃烧时先发生热解，挥发分析出，各种形态的硫也相继析出。不同煤中硫的存在形

态不一样，析出的量和析出温度也都不一样。在褐煤中，热不稳定的有机硫官能团较多，如脂肪族的硫醇、硫醚及硫蒽等，在温度接近 700 ℃时，硫的析出量已较多。在烟煤和无烟煤中，芳香烃的硫醚和硫醇在约 900 ℃时才会有较高的析出量，而噻吩类即使在 950 ℃时析出量也较低。不同形态的有机硫热分解温度也不同。一般认为煤在加热到 400 ℃时有机硫即开始分解，但各种煤也有差异。

在惰性气氛中，硫醇在加热到 300～400 ℃时开始分解，生成硫化物和烯烃。硫蒽类二硫化物在 400 ℃时生成苯硫酚，在 550 ℃时生成二苯并噻吩。以噻吩系化合物为代表的芳香族硫，包括二苯并噻吩、萘并苯分噻吩和噻吩，其中最难分解的是二苯并噻吩。硫蒽在 550 ℃热分解时，二苯并噻吩还很稳定，而且它的氧化物砜在 690 ℃时热解也生成二苯并噻吩。二苯并噻吩大量分解的温度在 800 ℃以上。研究发现，二苯并噻吩热解产物是苯、焦油和 H_2S。苯并噻吩和噻吩也有类似的反应。

有机硫在还原性气氛下热分解的主要中间产物是 H_2S。研究发现，煤在 1000 ℃下热裂解干馏煤气中含硫组分体积分数 90%是 H_2S，其余大部分是 CS_2 和少量的 COS，以及硫醇和噻吩系化合物，而且挥发分中 H_2S 含量与煤中含硫量成正比。在实际燃烧过程中，大部分 H_2S 被进一步燃烧生成 SO_2 和水。

在氧化性气氛下，煤析出的有机硫绝大部分被氧化成 SO_2。由于煤中有机硫的分解主要处于富燃料区，中间产物主要为 H_2S，而后遇到氧就被氧化成 SO_2。其分解和燃烧过程为

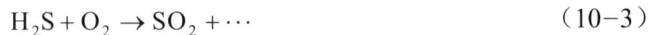

$$有机硫 \rightarrow H_2S + \cdots \tag{10-2}$$

$$H_2S + O_2 \rightarrow SO_2 + \cdots \tag{10-3}$$

2. 黄铁矿

煤中以黄铁矿（FeS_2）形态存在的无机硫，析出温度较低。黄铁矿分解的活化能明显高于有机硫，对温度的敏感性更强。研究表明，在惰性气氛（如 N_2 和 CO_2）中，加热到200℃时，黄铁矿首先分解成各种磁性硫化物 FeS_{1+x}（$1>x>0$）。当 $x=0.12$ 时，即为 $FeS_{1.12}$，其铁原子质量含量为 47.1%，磁化系数最大。黄铁矿热分解产物中硫含量随温度而变化，例如在 450 ℃时生成高硫含量的磁黄铁矿 Fe_7S_8，在 550 ℃加热 48 h 释放出 S_2 并生成 FeS。到 700 ℃时，FeS 大量生成。对于 FeS 生成 Fe 和 S_2 的反应，起始温度要高于 1500 ℃。

在水蒸气气氛中，黄铁矿大约 380 ℃时开始热分解，温度升高到 680 ℃时，分解量迅速增加，产物为 FeS 和 S。水蒸气对黄铁矿分解为 FeS 和 S 起到了催化作用。在 900 ℃时，FeS 与水反应生成 Fe_3O_4。反应式如下：

$$3FeS + 4H_2O \rightarrow Fe_3O_4 + 3H_2S + H_2 \tag{10-4}$$

在还原性气氛 H_2 中，440 ℃时黄铁矿开始分解，530 ℃时转化为 FeS 和 H_2S。在温度高于 900 ℃时，FeS 进一步与 H_2 反应生成 Fe 和 H_2S。

在 CO 气氛中，黄铁矿在 300 ℃时开始分解，生成 FeS 和 COS。

在高于 1000 ℃时，C 也能与 FeS_2 反应，生成 Fe 和 CS_2。

黄铁矿在氧化性气氛中的化学反应远较在惰性、水蒸气和还原性气氛下复杂，FeS_2 与氧的反应有 13 个，反应产物之间的反应有 15 个。研究表明，在空气中，一般 FeO、$FeSO_4$、$Fe_2(SO_4)_3$ 和 SO_2 是最频繁出现的产物。实验数据表明，进入炉膛的以独立成分出现的黄铁矿，在还原性或氧化性气氛中都会形成过渡性化合物 FeS，它是引起结渣的主要成分。FeS

需在更高的温度（＞1450 ℃）和更长的时间内才能氧化成 SO_2。

二、影响 SO_2 生成的因素

在实际燃烧过程中，SO_2 的产生受温度、气氛、停留时间、加热速率、煤颗粒直径、煤质特性等众多因素影响。

（1）温度。温度对 SO_2 生成的影响很显著。在图 10-1 中，温度升高，SO_2 生成量和析出的速度都有提高。在 800 ℃时煤中硫的析出率仅为 50%，当炉温升高至 1000 ℃时，硫析出率可达 90%左右。

（2）环境气氛。有研究表明，在还原性气氛下黄铁矿的分解速度会减慢，从而导致 SO_2 生成量减少，H_2S 和 FeS 生成量增加。氧化性气氛有助于 SO_2 的生成。

（3）停留时间。煤在炉内停留时间延长，硫的析出率会增加。从图 10-1 可以看出，停留时间超过某一值后，SO_2 生成速率随停留时间延长的增幅下降，曲线趋于平缓。

（4）加热速率。当煤在加热速率较低的情况下慢速热解，如加热速率为 5 ℃/min，热不稳定的有机硫析出的温度范围为 500～600 ℃，而黄铁矿硫的析出温度范围为 630～700 ℃。

（5）粒径。煤的粒径越大，则硫析出的时间越长。一般说来，磨细至 0.1 mm 以下的原煤在静止的床层中析出率达 98.5%所需的时间为 180～200 s，如粒径增大，这一时间会进一步延长。由于细颗粒中含黄铁矿少，有机硫多，故其析出时间要少于同一平均粒径的宽筛分试样。

（6）煤质特性。煤含硫量高，总析出量大，但析出时间会延长。如果煤灰中含有较多的 CaO、MgO、K_2O、Na_2O 等碱性物质，则煤灰有脱硫作用，使生成的 SO_2 减少。

三、SO_2 生成量计算

燃烧过程中，燃料中的硫分将析出燃烧而生成 SO_2。如果所有硫分完全转化为 SO_2，则理论上的干烟气中 SO_2 的浓度可用式（10-5）计算，即

$$C_{O,SO_2} = \frac{2 \times 10^4 S_{ar}}{V_d} \qquad (10\text{-}5)$$

式中：C_{O,SO_2} 为烟气中的理论 SO_2 浓度，mol/m^3；S_{ar} 为煤收到基硫分，%；V_d 为干烟气体积，m^3/mol，可根据燃料的元素分析数据计算。

还可以采用式（10-6）近似估算 SO_2 浓度，即

$$C_{O,SO_2} = \frac{2S_{zs}}{\left[\alpha - (K_1 - 1)\right]K_0} \times 10^3 \qquad (10\text{-}6)$$

式中：S_{zs} 为折算硫分；α 为过量空气系数；K_0、K_1 为经验常数。对无烟煤和贫煤，$K_0 = 0.265～0.285$，$K_1 = 1.04～1.06$；对烟煤，$K_0 = 0.265～0.285$，$K_1 = 1.08～1.10$；对褐煤，$K_0 = 0.275～0.285$，$K_1 = 1.2$。

由于硫的不完全析出和煤的自脱硫因素，实际的 SO_2 浓度与理论值间存在较大差别。对于 SO_2 实际浓度为

$$C_{SO_2} = KC_{O,SO_2} \qquad (10\text{-}7)$$

式中：K 为硫的排放系数，对于燃油硫，排放系数平均值为 0.89；对于燃气硫，排放系数平均值为 0.92。对于煤中硫的排放系数，还无统一的确定办法，大多通过实验得出部分数据，用数学方法处理这些数据后得到一些统计规律。一般来说，燃煤硫的排放系数在 0.70～0.90 范围内。

第三节　SO_3 生成机理及影响因素

一、SO_3 生成机理

燃料中硫通过燃烧反应主要转化成 SO_2，但如果燃烧区内富余氧气，有少量的 SO_2 会被氧化为 SO_3，这一反应可表达为两个基元反应，即

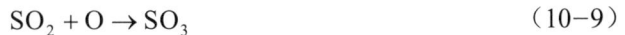

$$O_2 \rightarrow O + O \tag{10-8}$$

$$SO_2 + O \rightarrow SO_3 \tag{10-9}$$

在富燃料区，几乎没有 SO_3 生成，当转到过量空气系数为 1.01 的状态时，SO_2 向 SO_3 的转化急剧增加；但进一步增加空气只能引起上述转化很少的增加。而且在火焰中生成的 SO_3 在火焰温度下是不稳定的，大部分在 0.1s 内又分解成 SO_2 和 O_2。

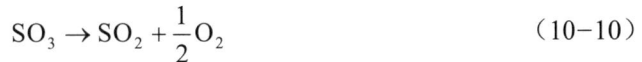

$$SO_3 \rightarrow SO_2 + \frac{1}{2}O_2 \tag{10-10}$$

在火焰燃烧气体中所得到的 SO_3 的体积分数一般很小，但比平衡计算所得的体积分数要大。SO_3 浓度超平衡生成机理的解释还未有定论，但已有的证据说明，这种超平衡状态受到物质的催化作用。V_2O_5、Fe_2O_3、SiO_2、Al_2O_3、Na_2O 等对 SO_3 的生成均有催化作用，其中 V_2O_5 的催化作用最强。

二、影响 SO_3 生成的因素

（1）燃烧区的温度。温度越高，氧的离解反应速度越高，使 SO_3 生成浓度提高。但是 SO_2 的氧化是放热反应，其热效应为 95.6 kJ/mol，故温度升高虽能增加 SO_3 的反应速率，但会使转化率下降，SO_3 生成总量在高温下会趋于平缓。

在较低的温度下，扩散传质阻力在总的反应阻力中所占的份额较小，因而起主导作用的是反应动力学因素。但温度较高（大于 1700℃）时，反应工况逐渐向扩散控制工况转移，而在更高的温度下，SO_3 浓度趋于一个由流体动力和混合状况决定的稳定值。

（2）氧浓度和压力。燃烧区的氧浓度主要取决于过量空气系数，当过量空气系数增加时，无论是 SO_2 向 SO_3 的转化率还是 SO_3 的绝对生成量都将增加。SO_2 的转化率一般在 1% 左右。这样，炉内 SO_3 的浓度一般不超过十万分之几。在炉内压力升高时，化学平衡会向 SO_3 方向移动，使其平衡浓度增加。这样，在增压循环流化床锅炉中，如其床温为 900 ℃，压力为 0.6 MPa，富余氧浓度为 10%，则煤中的硫分将有 20% 最终以 SO_3 形式析出，这是非常值得注意的。

当气固混合不良或局部处于还原性气氛时，燃烧区还存在大量可燃气体，对已生成的 SO_3 有还原作用，反应式为

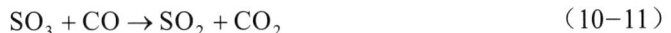

$$SO_3 + CO \rightarrow SO_2 + CO_2 \tag{10-11}$$

三、SO_3 生成的反应动力学

SO_3 生成的主导反应为式（10-11），有研究者给出了在 900～1350K 温度区间内，该反应的速度常数为 $k=(2.6\pm1.3)\times10^6\exp[(-23000\pm1200)/T]$，$k$ 的单位是 $m^3/(mol\cdot s)$。计算结果表明，在常压下，反应区氧的体积分数为 5% 和 10% 时，SO_3 的平衡浓度可分别达 $8\times10^{-6}mol/m^3$ 和 $20\times10^{-6}mol/m^3$。SO_3 生成的控制参数为 SO_2 和 O_2 的浓度。

第四节 NO_x 生成机理及影响因素

在绝大多数燃烧方式中，煤燃烧产生的氮氧化物主要成分为 NO，约占 NO_x 总质量的 95%，而 NO_2 仅占 5%。在研究燃煤锅炉的 NO_x 生成时，一般主要讨论 NO 的生成机理。大量研究认为，燃烧过程中生成的 NO 有三种类型：热力型、快速型和燃料型。

一、热力型 NO_x

热力型 NO_x 是由于燃烧空气中 N_2 在高温下氧化而生成的。在富空气燃烧中，NO 的生成过程是在火焰带的后端进行的，其生成机理是由苏联科学家泽尔多维奇（Zeldovich）提出的，因而该机理也称为泽尔多维奇机理。按照该机理，空气中的 N_2 在高温下氧化是通过如下一组不分支的链式反应进行的，即

$$O_2 \xrightarrow{K_0} O + O \tag{10-12}$$

$$N_2 + O \underset{K_{-1}}{\overset{K_1}{\rightleftharpoons}} NO + N \tag{10-13}$$

$$N + O_2 \underset{K_{-2}}{\overset{K_2}{\rightleftharpoons}} NO + O \tag{10-14}$$

富燃料状态下发生的反应有

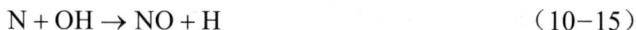

$$N + OH \rightarrow NO + H \tag{10-15}$$

式（10-12）是氧气离解反应，形成一个原子氧所需的活化能为 256 kJ/mol。式（10-13）中正反应的 E_1=314 kJ/mol，逆反应 E_{-1}=0。式（10-14）中正反应的 E_2=29 kJ/mol，逆反应 E_{-2}=165 kJ/mol。因此该机理下生成 NO 的控制步骤是式（10-13），显然，升温有利于 NO 的转化，而降温能明显地抑制热力型 NO 的生成。根据质量作用定律以及泽尔多维奇的实验结果，热力型 NO 的生成速率 w 为

$$w = \frac{dc_{NO}}{dt} = 3\times10^{14} c_{N_2} c_{O_2}^{\frac{1}{2}} e^{-542000/(RT)} \tag{10-16}$$

式中：c_{O_2}、c_{N_2}、c_{NO} 为 O_2、N_2、NO 的浓度，mol/cm^3；542000 为反应活化能，J/mol；T 为热力学温度，K；t 为时间，s；R 为摩尔气体常数，$J/(mol\cdot K)$。

这就是泽尔多维奇机理的 NO 生成速率表达式。对氧气浓度大、燃料少的贫燃预混燃烧火焰，用这一表达式计算 NO 生成量，其计算结果与试验结果吻合较好。但是当燃料浓度过高时，还需要考虑式（10-15）的反应。式（10-13）～式（10-15）一起称为扩大的泽尔多

维奇机理。由于氮分子为惰性气体，活化能很大，所以反应需要在高温下进行，一般在 1500℃以上反应才会明显。

除上述反应外，还有 NO_2、N_2O 等反应，由于这些反应都是独立的，对 NO 的生成过程几乎没有影响。泽尔多维奇 NO_x 的生成特点是生成反应比燃烧反应慢，主要在火焰带下游的高温区生成。由于气体燃料中一般没有氮的有机化合物，热力型 NO_x 生成机理比较适用于气体燃料的预混火焰。

影响热力型 NO_x 的生成因素如下：

（1）温度。温度对热力型 NO_x 生成的影响是非常明显的，这从泽尔多维奇的 NO_x 生成速率计算式（10-16）中可以明显地看出。实际上当燃烧温度低于 1800 K 时，热力 NO_x 生成极少，当温度高于 1800 K 时，反应逐渐明显，而且随着温度的升高，NO_x 的生成量急剧升高。图 10-2 所示为 NO_x 生成量与温度的关系曲线，从图中大致可以看出，温度在 1800 K 左右时，温度每升高 100 K，反应速度将增大 6～7 倍。

在实际燃烧过程中，由于燃烧室内的温度分布是不均匀的，如果有局部的高温区，则在这些区域会生成较多的 NO，它可能会对整个燃烧室内 NO_x 的生成起关键性的作用，在实际过程中应尽量避免在燃烧室内产生局部高温区。

（2）过量空气系数。过量空气系数对热力型 NO_x 生成的影响也十分明显。从式（10-16）可以看出，热力型 NO_x 的生成量与氧浓度的平方根成正比，即氧浓度增大，在较高的温度下会使氧分子分解所得的氧原子浓度增加，从而使热力型 NO_x 的生成量增加。而在实际过程中情况会更复杂一些，因为过量空气系数增加一方面会增加氧浓度，另一方面也会使火焰温度降低。从总的趋势来看，随着过量空气系数的增加，热力型 NO_x 的生成量先增加，到一个极值后会下降，图 10-3 所示为不同种类火焰下热力型 NO_x 生成量随过量空气系数的变化规律。

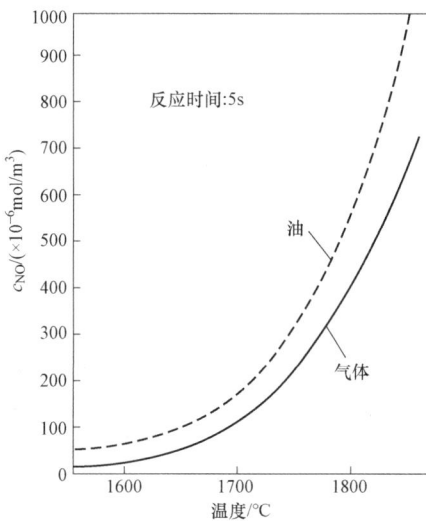

图 10-2　NO 浓度与温度的关系

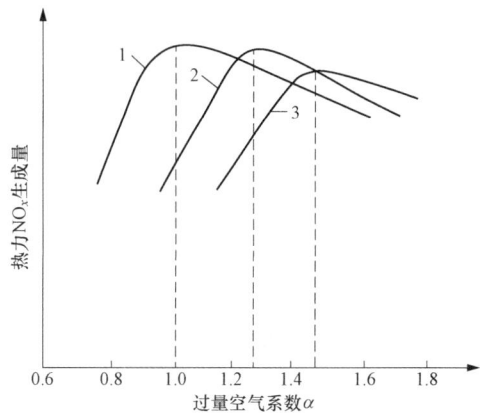

图 10-3　过量空气系数对热力型 NO_x 的影响
曲线 1—预混良好的火焰；曲线 2—扩散燃烧火焰；
曲线 3—混合不良的扩散火焰

可以看出，对于预混火焰，热力型 NO_x 增加的情况只有在空气量小于理论空气量即 $\alpha<1$ 时才会出现。这是因为在 $\alpha>1$ 的情况下，如果氧气浓度再增加，将使 NO_x 稀释，并使燃烧温度降低，因而热力型 NO_x 降低，并且这种降低要比氧浓度增加而使 NO_x 增加的影响大。所以，这时总的热力型 NO_x 生成量是减少的。也就是说，在热力型 NO_x 和过量空气系数的关系曲线 $\alpha=1$ 时的 NO_x 生成量最大，$\alpha<1$ 或 $\alpha>1$ 时 NO_x 生成量都降低，如图 10-3 中曲线 1 所示。在扩散火焰的情况下，燃料与空气边混合边燃烧，由于混合不良，所以在 $\alpha=1$ 时，NO_x 生成量达不到最大值。这时，NO_x 生成量的最大值要移至 $\alpha>1$ 的区域，而且因扩散燃烧时的温度较预混火焰低，NO_x 生成量最大值要降低些，如图 10-3 中曲线 2 和曲线 3 所示。显然，如果燃料与空气混合越差，NO_x 生成量最大值的位置越向右推移，NO_x 生成量最大值也将有所降低。

（3）停留时间。气体在高温区域的停留时间对 NO_x 生成的影响主要是由于 NO_x 生成反应还没有达到化学平衡造成的。气体在高温区停留时间延长，NO_x 生成量迅速增加，达到其化学平衡浓度后，停留时间的增加对 NO_x 浓度就不再有影响。

图 10-4 所示为停留时间与温度对 NO_x 生成浓度的影响。实验为 CH_4 与空气在化学当量比为 1 时的燃烧。

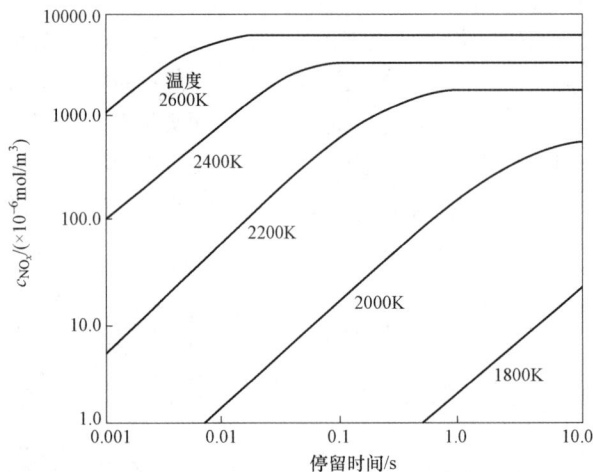

图 10-4 停留时间和温度对 NO_x 生成浓度的影响

（4）其他因素。燃料种类对总的 NO_x 生成的影响是非常大的，但对于热力型 NO_x 的影响却不是很大，主要通过影响燃料 NO_x 和快速 NO_x 来影响总的 NO_x 的生成。

此外，研究表明，热力型 NO_x 的生成速率与压力的 1.5 次方成正比。紊流对热力型 NO_x 生成量的直接影响不大，但有一定间接的影响。因为紊流状况的改变，燃烧速率和燃料的放热状况也随之改变，从而对 NO_x 的生成产生影响。目前，紊流强度对热力型 NO_x 生成的影响的研究较少，有待进一步的探索。

二、燃料型 NO_x

燃料型 NO_x 是燃料中含有的氮化物在燃烧过程中氧化而生成的，主要是在燃料燃烧的初始阶段生成，在煤粉炉中占全部 NO_x 生成量的 75%～95%，生成机理尚未完全定论，仍需继续深入研究。

1. 挥发分型 NO_x

燃烧时，燃料中的氮首先分解成氰化氢（HCN）、氨（NH_3）和 CN 等中间反应产物，随着挥发分氮释放出来，最终被氧化成 NO，残留在半焦中的氮化合物则是焦炭氮。在一般燃烧条件下，燃料型 NO_x 主要来自挥发分氮。这是因为焦炭氮生成 NO 反应的活化能较大，并且焦炭的还原作用以及催化作用促使 NO 还原。挥发分氮中最主要的氮化合物是 HCN 和 NH_3。当燃料氮与芳香环结合时，HCN 是主要的热分解初始反应产物；当燃料氮以胺的形式存在时，则 NH_3 是主要的热分解初始反应产物。HCN 和 NH_3 被氧化的主要反应途径如图 10-5 和图 10-6 所示。

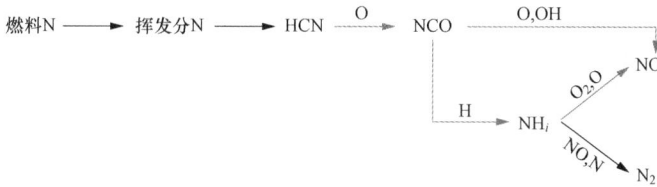

图 10-5 HCN 被氧化的主要反应途径

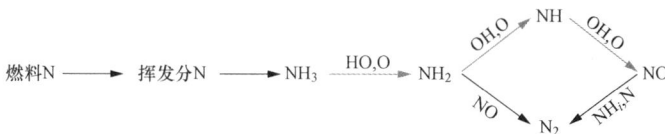

图 10-6 NH_3 被氧化的主要反应途径

2. 焦炭型 NO_x

焦炭中氮的释放比挥发分氮的析出复杂一些，这与 N—C、N—H 之间的结合状态有关，也就是说与煤的组织结构有关。如果煤的温度不超过热解的峰值温度，则焦炭氮就不再进一步挥发，此时焦炭氮发生非均相反应，焦炭中的（—CN）基与吸附于焦炭表面的氧反应而生成活性基，然后再生成 NO，即

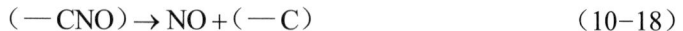

$$（—CN）+O \rightarrow （—CNO） \tag{10-17}$$

$$（—CNO） \rightarrow NO+（—C） \tag{10-18}$$

但根据以上两反应进行的理论计算与实验值相比有较大的差距，说明煤焦燃烧中还存在其他的 NO 生成反应。

影响燃料型 NO_x 生成的因素如下。

（1）温度。有研究者在一卧式管状电炉内对薄层燃料中燃料氮的析出进行了研究，其试验结果表明，燃料型 NO_x 的析出表现出与单颗粒燃烧相似的特点，即燃料 NO_x 的瞬时析出速度或析出浓度与燃烧速率或耗氧速度成正比。

从燃料 NO_x 的形成途径看，由于燃料氮通常是有机氮和低分子氮，燃烧时的杂环氮化物受热分解与挥发分一起析出。研究表明，当燃料氮与芳香环结合时，则析出时以 HCN 为主要中间产物；当燃料氮以胺的形式存在时，则析出时以 NH_3 为主导中间形态，中间产物 HCN、NH_3 再通过复杂的均相反应形成 NO_x。残存在焦炭中的燃料氮则在焦炭燃烧时被氧化为 NO_x。

随着燃烧温度的升高，燃料氮的转化率也不断升高，但这主要发生在 700～800 ℃温区内，因为燃料 NO_x 既可通过均相反应，也可通过多相反应生成。燃烧温度较低时，绝大部分氮留在焦炭中；而温度很高时，70%～90%的氮以挥发分形式析出。岑可法等人的研究表明，850 ℃时，70%以上的 NO_x 来自焦炭燃烧；而 1150 ℃时，这一比例降至约 50%。由于多相反应的限速机理在高温时可能向扩散控制方向转变，故温度超过 900 ℃后，燃料氮的转化率只有少量升高。

（2）氧浓度。研究表明，随着过量空气系数降低，燃料型 NO_x 生成量一直降低。尤其当过量空气系数 $\alpha<1.0$ 时，其生成量和转变率急剧降低，而 HCN 和 NH_3 转化率则增加。

在扩散燃烧火焰中，由于扩散混合不可能均匀，虽就整体来说，过量空气系数大于 1.0，但火焰中心仍有还原性区域存在，那里的过量空气系数低于 1.0，因而总的燃料氮转化率较预混燃烧低。同时，由于上述原因，预混和扩散燃烧的燃料 NO_x 生成特性有所不同，它主要表现在 $\alpha<1.0$ 时，预混燃烧的氮转化率为常数；而扩散燃烧时，转化率随 α 的增大而变大。

研究还表明，挥发分氮向 NO_x 的转化对氧浓度很敏感，通过造成区域还原性气氛，可以有效地降低 NO_x 生成量；而焦炭中的氮对氧浓度不敏感，因此，存在着一个不能用还原性气氛消除的 NO_x 的生成量的下限。

（3）燃料性质。燃料性质对燃料型 NO_x 生成的影响是非常重要的，这种影响是各种因素联合作用的结果。其体现方式也是多方面的，如总的 NO_x 排放量，燃料氮的转化率，对温度、脱硫剂、环境氧浓度的敏感性等。

燃用褐煤、页岩、石油焦、烟煤和无烟煤时，燃料氮生成 NO 和 N_2O 的转化率是不同的。燃料氮的形态是主要原因，褐煤、页岩、木材等劣质燃料中胺是燃料氮的主要形态，故 NO_x 排放较多，而 N_2O 很少。与此相反，烟煤、无烟煤的 N_2O 排放则较高。从元素分析数据仍不能确定 NO_x 的生成特性，还必须就燃料氮的存在形态及各种形态所占的份额进行确定。

燃料中氮的含量因燃料的种类和产地的不同而有差异，即使燃料中含氮量相同，但不同的氮存在形式，其生成 NO_x 的量也可能会有差异，特别是在不同的燃烧形式下更是如此。但总体而言，燃料氮含量越高，则 NO_x 排放量也越高，但转化率是下降的。

三、快速型 NO_x

快速型 NO_x 是 1971 年弗尼摩尔通过实验发现的。碳氢系燃料在过量空气系数小于 1 的情况下，空气中氮在火焰面内急剧生成大量的 NO_x，而 CO/空气、H_2/空气，乃至（CO+H_2）/空气预混火焰却没有这种现象。它与热力型、燃料型 NO_x 不同，是先通过燃料燃烧时产生的 CH 原子团撞击 N_2 分子，生成 CN 类化合物，发生如下反应，即

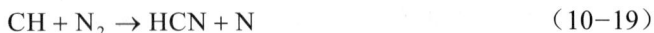

$$CH + N_2 \rightarrow HCN + N \tag{10-19}$$

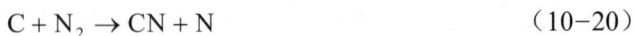

$$C + N_2 \rightarrow CN + N \tag{10-20}$$

$$CH_2 + N_2 \rightarrow HCN + NH \tag{10-21}$$

生成的中间反应物 N、CN、HCN 再进一步被氧化而生成 NO_x。快速型 NO_x 的生成有以下特点：

（1）快速型 NO_x 只有在碳氢燃料燃烧且比较富燃料的情况下，即碳氢化合物 CH 较多、氧浓度相对较低时才发生。因此在燃煤炉和内燃机中，其意义很小，一般快速型 NO_x 生成

量在总 NO_x 的 5%（体积分数）以下。它的生成速度快，就在火焰面上形成。

（2）快速型 NO_x 的生成机理与热力型 NO_x 不同，而与燃料型 NO_x 生成机理非常相近，氮的来源是空气中的氮气，快速型 NO_x 的生成实际上与温度的关系不大。

（3）要降低快速型 NO_x 的生成量，只要供给足够的氧气，减少中间产物 HCN、NH_i 等即可。

影响快速型 NO_x 生成的因素如下：

（1）燃料种类。燃料的种类对快速型 NO_x 的影响是很大的。

有研究者研究了碳氢系燃料火焰和 CO/H_2 火焰对快速型 NO_x 生成的影响，实验结果表明，CO/H_2 火焰呈现出与烃类火焰不同的倾向，当 $\alpha < 1$ 时，快速型 NO_x 随着 α 的增大而增大。这种性质与通常氧原子的浓度随着 α 的增大而增大的性质是一致的。若用扩大的泽尔多维奇机理去解释这种瞬时的 NO_x 生成机理，则需要的氧原子浓度应达到平衡浓度的 400 倍左右，而这是不可能的。因此，即使存在着 C 和 H，如果不是烃类燃料，所生成的 NO 的数量是极少的。$\alpha > 1$ 时，与烃类燃料的情况相同，此时 NO_x 主要在火焰带的后端生成，其生成速率可根据扩大的泽尔多维奇机理加以说明。

可以把燃料分成含氮燃料、碳氢类燃料和非碳氢类燃料。对于含氮燃料，除考虑热力型 NO_x 外，还要考虑燃料型 NO_x 的生成，而碳氢类燃料应考虑快速型 NO_x 的生成；非碳氢类燃料则仅考虑热力型 NO_x 即可。

（2）过量空气系数。从快速型 NO_x 生成机理可知，过量空气系数对快速型 NO_x 的生成有很大的影响。针对 C_3H_8/O_2 与空气火焰的实验结果，根据快速型 NO_x 的生成动态和与过量空气系数的关系，可以把过量剩空气系数对快速型 NO_x 生成的影响分成三个区域。第一个区域 $\alpha \geqslant 1$，基本上不生成快速型 NO_x，大部分 NO_x 都是在火焰带的后端生成的；第二个区域 $0.7 < \alpha < 1$，有相当数量的快速型 NO_x 生成，但还未达到与火焰最高温度相对应的 NO_x 平衡浓度，NO_x 在火焰带后端的高温区域内生成；第三个区域 $\alpha < 0.7$，快速型 NO_x 的生成浓度与火焰最高温度时的平衡浓度大致相等，在火焰带的后方已经几乎看不到快速型 NO_x 的生成。在第三个区域里，由于随着 α 的减少而使平衡浓度减少，所以快速型 NO_x 的生成量也减少。因此，快速型 NO_x 生成量的最大值，在 $\alpha = 0.7$ 附近达到。

对于一般火焰情况而言，这个具体的 α 值不一定是 0.7，但在任何温度下，快速型 NO_x 的生成量在某一过量空气系数时有一个最大值。对于这种倾向，在许多种预混火焰中都是相同的。其原因在于，当 α 进一步下降后，虽然增加了碳氢化合物的浓度，提高了反应速度，因而增加了中间氮化合物的生成量，使快速型 NO_x 增加；但另一方面，由于氧浓度减少，有利于 HCN 向 N_2 转变，快速型 NO_x 生成量反而减少。

（3）温度。热力型 NO_x 的生成受温度的影响是很大的，但快速型 NO_x 受温度的影响不是很大。只要达到一定温度，快速型 NO_x 主要取决于过量空气量。

（4）压力。有人研究了压力对快速型 NO_x 生成的影响，试验结果表明，压力增大，快速型 NO_x 生成量略有增大。而且在 $\alpha > 0.7$ 的区域内，α 增大，快速型 NO_x 生成量下降的趋势变缓，但快速型 NO_x 生成的最大值位置没有变化。

（5）紊流脉动。紊流脉动对快速型 NO_x 生成影响研究的文献报道不是很多。一般可以这样认为，火焰带附近的快速型 NO_x 会因紊流强度的增加而增大，其原因是已燃燃料与未燃燃料之间有热交换，且在反应区域附近，由于未燃燃料和已燃燃料的快速混合，使 O、OH

原子团的浓度超过平衡浓度的机会增加。实际测量也表明，通过加快预混合气的流入速度以提高混合速度，可测得 O、OH 原子团的浓度也增加。这样可以推断 O、OH 原子团将因未燃燃料和已燃燃料的快速混合而增加，从而使快速型 NO_x 增加。但紊流强度对快速型 NO_x 生成量的直接影响与前述的过量空气量、燃料种类的影响相比，在多数情况下处于次要的地位。紊流强度对快速型 NO_x 生成的影响尚有待进一步深入的研究。

第十一章 零 碳 燃 烧

第一节 电站 CO_2 捕集技术简介

一、CO_2 捕集背景及意义

在涉及全球环境保护的诸多问题中，最令人关注的是温室效应，尽管产生温室效应的因素众多，但科学研究表明其主要原因是人类活动所造成温室气体的大量排放，其中 CO_2 对温室效应的贡献最大，而人类活动是导致大气中 CO_2 浓度增加的主要原因。产生 CO_2 的最主要的人类活动为化石燃料的使用。最新的统计数据表明，2024 年与化石燃料相关的 CO_2 排放量已达到 368 亿 t。如果人类不采取减排措施，由于大气中温室气体浓度（主要是 CO_2）增加，届时全球平均升温将超过 2℃。这一系列变化必将给全球气候系统及其人类社会经济发展产生重大影响。因此，人类迫切需要在短期内采取行动以减少人类活动的 CO_2 排放强度，减缓大气中 CO_2 浓度的增加趋势。

中国作为世界上最大的发展中国家，对煤炭、石油、天然气等化石能源的需求不断增加，与此相对应的是，我国每年的碳排放量也在迅速增长，如图 11-1 所示。由于我国自身能源结构的原因，煤炭在一次能源消费中的比例长期超过 50%，每年有超过 60%的产煤用于发电。因此，燃煤电站 CO_2 的捕集对于控制全国 CO_2 排放有着举足轻重的作用。

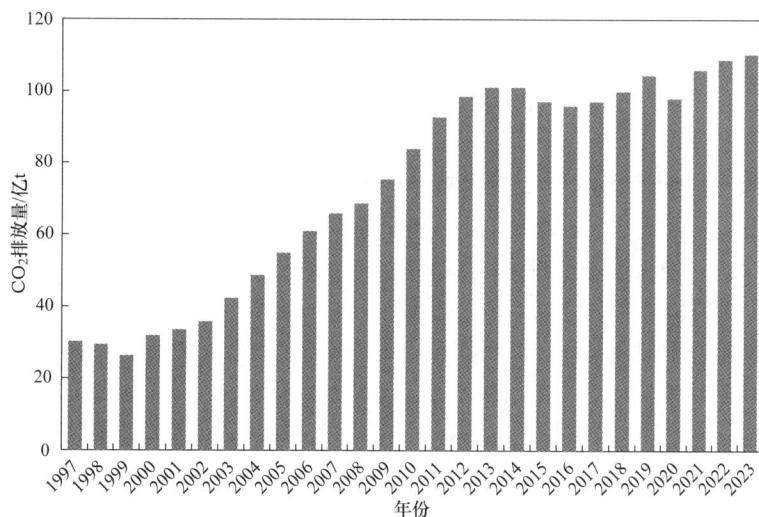

图 11-1 我国每年的碳排放量变化

CO_2 捕集与封存（carbon dioxide capture and storage，CCS）是指将 CO_2 从工业或者与能源相关行业所产生的废气中分离，并加以利用或输送到一个封存地点长期与大气隔绝的过

程。CCS 和提高能源利用效率、节能减排及调整能源结构大力发展可再生能源（风能、核能等），这几种策略的结合是 CO_2 减排的必要保证。研究报告表明，CCS 是能够显著减少 CO_2 排放并允许继续使用化石燃料来满足全球迫切能源需求的关键技术。

二、CO_2 捕集技术研究现状

总体而言，可以从两个层面来减排 CO_2。第一个层面是从能源利用的角度出发，主要包含以下几个方面：① 调整产业结构，从高耗能的重化工等第二产业转向服务业为主的第三产业；② 提高能源利用和转化效率，减少能源消耗；③ 采用低碳燃料（如天然气），以及发展太阳能、生物质能等可再生能源和无 CO_2 排放的核能等。然而，层面①对近期 CO_2 的控制并无太大作用。因为随着人们的生活水平提高，对能源的需求量肯定是增加的。从目前的情况看，化石燃料的主导地位仍不可动摇，且通过提高效率的方法来减排 CO_2 也是有限的。因此，只有依靠层面②的减排技术，即 CO_2 的捕集和封存，才能在短期内大量减少 CO_2 的排放。

一般而言，有三种基本的 CO_2 捕获路线，即燃烧后脱碳、燃烧前脱碳和燃烧中脱碳技术。

1. 燃烧后脱碳

燃烧后脱碳（post-combustion capture，PCC）是从燃料燃烧后的烟气中分离 CO_2。其捕集方法有很多种，包括吸收法、吸附法、膜分离法、深度冷凝法等。理论上讲，该技术路线适合于任何一种火力发电。但是，燃烧系统产生烟气的压力通常接近于大气压，而且 CO_2 的浓度低（10%～15%，体积分数），含有大量的氮气，产生的气体流量大，导致捕集系统庞大，需耗费大量的能源。燃烧后 CO_2 捕获工艺路线如图 11-2 所示。

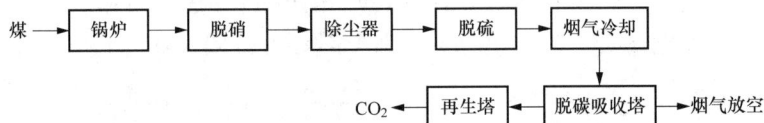

图 11-2　燃烧后 CO_2 捕获工艺路线

2. 燃烧前脱碳

燃烧前脱碳主要应用在以气化炉为基础（如联合循环技术）的发电厂。首先，化石燃料与氧或空气发生反应，产生由 CO 和 H_2 组成的混合气体。混合气体冷却后，在催化转化器中与蒸汽发生反应，使混合气体中的 CO 转化为 CO_2 并会产生更多的 H_2。最后，将 H_2 从混合气中分离，干燥的混合气中的 CO_2 含量可达 15%～60%，总压力为 2～7MPa。CO_2 从混合气体中分离并被捕获和储存，H_2 被用作燃气联合循环的燃料送入燃气轮机，进行燃气轮机与蒸汽轮机联合循环发电。这一过程即包括碳捕获和存储的煤气化联合循环发电（integrated gasification combined cycle，IGCC）。该技术的缺点是投资成本较高，并且该工艺对现有设备的兼容性较差，不利于设备改造。燃烧前 CO_2 捕获工艺路线如图 11-3 所示。

3. 燃烧中脱碳

燃烧中脱碳是通过调整助燃剂的成分，使得燃烧后排放的气体中 CO_2 浓度大大提高，从而有利于 CO_2 富集的技术，主要有富氧燃烧技术和化学链燃烧技术。富氧燃烧技术是指燃料在 O_2 和 CO_2 的混合气体中燃烧，燃烧产物主要是 CO_2、水蒸气以及少量其他成分，经

过冷却后 CO_2 含量在 80%～98%，体积分数。通常，O_2 由低温（深冷）空气分离产生，或者通过一些新型技术如膜分离获得 O_2。少部分烟气再循环与 O_2 按一定比例进入燃烧室。使用 O_2 和 CO_2 混合气的目的是控制火焰温度。如果燃烧发生在纯氧中，火焰温度就会过高。在富氧燃烧系统中，由于 CO_2 浓度较高，因此捕获分离的成本较低。富氧燃烧 CO_2 捕获工艺如图 11-4 所示。

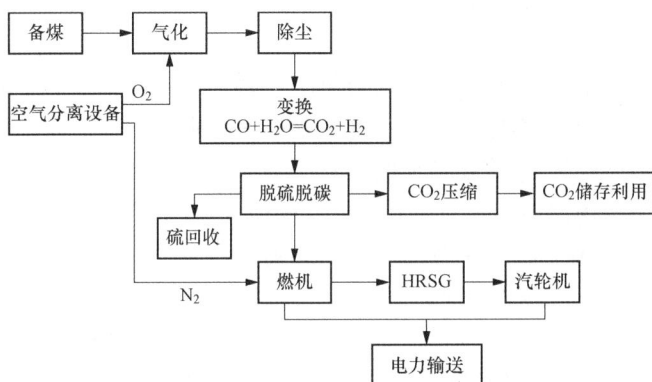

图 11-3 燃烧前脱 CO_2 捕获工艺路线

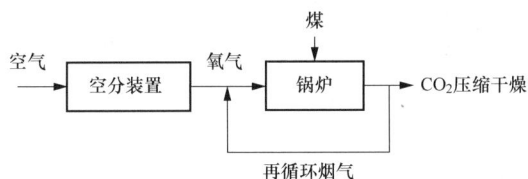

图 11-4 富氧燃烧 CO_2 捕获工艺路线

第二节 富 氧 燃 烧

一、富氧燃烧技术的原理及系统组成

1. 富氧燃烧技术的原理

传统的煤粉燃烧锅炉采用空气燃烧，空气含有的体积分数为 79%N_2 稀释了烟气中的 CO_2，分离这种稀释烟气中 CO_2 的过程复杂、成本相对昂贵。在富氧燃烧中，将纯度超过 95% 的氧气与循环烟气混合后用来支持燃烧。由于炉膛出口烟气中的主要成分是 CO_2 和水蒸气，因此不必单独从烟气中分离 CO_2 而可以直接进行液化处理，非常有利于 CO_2 的回收，分离成本也随之大大降低。若直接采用纯氧与煤粉进行燃烧，火焰温度会非常高。为了降低火焰温度并达到与传统燃烧相似的传热条件，必须引入了烟气再循环。循环烟气被用来控制火焰温度并替代 N_2，能保证有足够的炉内烟气把热量传到锅炉。无论采用燃烧后捕集、燃烧前捕集还是富氧燃烧，在目前的 CO_2 的捕集和储存技术水平下，都会有 7%～10%的发电效率损失。对于富氧燃烧过程而言，损失主要源于 O_2 的制备和 CO_2 的压缩。

煤粉的富氧燃烧作为一种很有潜力的 CO_2 减排技术，经过多年的研究和发展，从实验室小规模实验到中试实验、示范工程试验，取得了很多重要的研究成果，但是依然有一些技术上的问题需要进行进一步研究。

（1）煤在富氧气氛中的燃烧特性及污染物排放。虽然对煤在高浓度 CO_2 气氛下的燃烧和传热特性，以及污染物的形成机理等方面已经有了很多研究，但是依然有很多机理性的课题需要进一步研究，例如关于不同煤种富氧燃烧特性的对比研究。

（2）富氧燃烧电厂中的传热、氧气供给、烟气循环率。富氧燃烧中高浓度 CO_2 的存在会使炉膛内的辐射换热大量增加，这可能会导致局部换热状况的变化、金属局部高温、较高的烟气温度梯度，需要对烟气的流动模式进行更好的控制，以便保持气体温度分布一致。氧气输入炉膛的方式对燃烧和污染物的生成都有重要影响，烟气循环率以及循环点的不同对于炉膛内的燃烧和流动也会造成很大影响，这些都还需要进一步研究。

（3）污染物的脱除及 CO_2 的分离纯度要求。关于富氧燃烧中 NO_x 和 SO_2 的生成和排放规律不同于传统的空气燃烧，不同的研究者对此的研究结论也不尽相同。另外，烟气中杂质气体的存在对 CO_2 的压缩和输送也有影响，因此需要建立 CO_2 的分离纯度标准，以便在杂质脱除设备和压缩设备之间取得平衡，提高富氧燃烧电厂的效率。

（4）电站系统的集成和优化及规模化试验。对于新建富氧燃烧电厂以及对传统电厂的富氧燃烧的改造，需要更多的中试试验和工业规模的试验来验证小型实验的研究结果，以便推广到示范工程及商业化应用上。

（5）富氧燃烧器的开发和研究。富氧燃烧过程中采用了循环烟气输送煤粉，因此氧气的供给方式有别于传统的空气燃烧，氧气在燃烧器各通道中的分配也变得更加灵活，为了控制火焰温度并降低 NO_x 的生成，必须对燃烧器进行改进或重新设计，以适应不同的煤种和不同的燃烧系统。

（6）富氧燃烧过程的 CFD（computational fluid dynamics）模型的研究。很多研究者利用 CFD 来模拟富氧燃烧过程的流动和燃烧，为了得到高浓度 CO_2 气氛下更加精确的预测结果，必须完善一些煤燃烧过程中的子模型，如焦炭燃烧子模型、气相反应机理、辐射传热模型、湍流模型等。这些都需要充分考虑到用 CO_2 置换 N_2 后所带来的影响。

2. 富氧燃烧的系统组成

富氧燃烧技术采用纯氧和循环烟气混合后再与煤进行燃烧以便获取含高浓度 CO_2 的烟气，在去除 H_2O 和其他杂质之后，可方便地收集和储存 CO_2。与传统的燃煤电厂相比，富氧燃烧系统存在以下几处主要区别。

（1）空气分离设备（air separation unit，ASU）。在富氧燃烧电厂中，必须使用空气分离设备来获得 O_2。采用低温分离法把 O_2 与 N_2 从空气中分离出来（通常会有少量 Ar）的技术已经相当成熟，可以应用于大型电厂，这是目前最可靠的制氧技术。通常可得到 O_2 浓度的体积分数为 95%～99%，可压缩成液态储存。ASU 需要消耗大量能量，虽然煤粉的富氧燃烧中所需的 O_2 浓度为 85%～98%，低于工业需求的 99.5%～99.6%，但使用低温分离法制氧需要消耗的能量依然超过燃煤能量的 15%。空气分离技术是一项成熟且风险很小的技术，关键在于如何降低成本。

（2）燃料输送系统。在大型电厂中，燃煤一般是经过磨煤机粉碎后通过一次风气动输送至燃烧器。在富氧燃烧系统中，一次风来自循环烟气。一次风在进入磨煤机之前，水分含量和酸性物质含量（H_2SO_4、HCl）很高。如果不提前脱除水分，不仅会导致磨煤机给煤故障，还可能腐蚀一次风管道。

（3）CO_2 压缩设备（compression processing unit，CPU）。在商业富氧燃烧电厂中，CO_2 压缩系统与前面所述的 ASU 系统在配置和集成上需要综合考虑。因为 ASU 中产生的 O_2 纯度越高，消耗的能量越大，但是 CO_2 的压缩耗能降低；反之 O_2 的纯度越低，消耗的能量越少，但是 CO_2 的压缩耗能增加。另外，烟气中的杂质也会影响到 CO_2 的压缩。具体的 CO_2 的纯度标准需要综合考虑到净化过程中的效率损失、运行费用与运输储存的安全之间的平衡。

（4）烟气循环系统（flue gas recirculation，FGR）。富氧燃烧系统中，部分循环烟气被用来替代 N_2 作为稀释气体，并调节燃烧温度。出于系统效率和可操作性的考虑，烟气可以在省煤器下游的不同位置进入循环，可分为干烟气循环和湿烟气循环。

（5）CO_2 运输和储存。商业化的 CO_2 分离是把 CO_2 保持在超临界状态下，以便通过管道运输到存储地。因此，富氧燃烧烟气中会腐蚀设备的杂质必须要脱除。但是目前对于 CO_2 中杂质的脱除并没有具体的标准。

二、富氧燃烧国内外发展现状

1982 年美国科学家亚伯拉罕等人首次提出利用煤富氧燃烧产生的 CO_2 来提高油田产量，随后有学者在此基础上提出了燃煤电厂中用带烟气再循环的富氧燃烧方式来控制 CO_2 的排放。从此，富氧燃烧技术的应用不再是为了获得高温，而是在类似空气下燃烧的条件下获得高浓度的 CO_2。已有的研究表明，富氧燃烧的燃烧效率较高、能生产高浓度 CO_2，而且容易进行技术改造。从此，富氧燃烧技术作为除燃烧后脱碳和燃烧前脱碳之外的第三种很有潜力的减排 CO_2 的手段，被越来越多的研究者重视。西方各国如美国、加拿大、英国、荷兰、法国、瑞典及日本等均投入巨资进行研究。国内关于富氧燃烧的基础研究早在 20 世纪 90 年代中期即已开始，华中科技大学、东南大学、华北电力大学、浙江大学等在国内最早开始关注富氧燃烧的燃烧特性、污染物排放和脱除机制等。

1. 小规模试验

（1）煤粉在富氧燃烧条件下的着火和燃烧特性。富氧燃烧条件下，煤粉颗粒的着火和燃烧特性与常规空气燃烧有明显差异。有学者调查了富氧燃烧条件下煤样热解和燃烧特征，发现煤样在 CO_2 气氛下的低温热解反应性与 N_2 气氛下相似。此外也有学者采用随机孔模型研究了煤焦的反应性。有研究采用金属丝网反应器研究了 CO_2 对煤焦着火温度的影响，结果发现各气氛下着火温度依次为 $O_2/Ar < O_2/N_2 < O_2/CO_2 < O_2/He$。在国内有团队对中国典型动力煤在富氧燃烧下的着火特性开展了系统研究，通过分析颗粒的光强分布特征，揭示了低氧浓度条件下用 CO_2 替代 N_2 导致着火时间的延长和脱挥发分燃尽的延迟原因：由于富氧燃烧气氛下 CO_2 的大量存在，气相体积比热容上升，着火时间有所延长；同时高浓度 CO_2 还使得燃料和氧气扩散速率降低，进而影响挥发分的燃尽。有一团队发现，在富氧燃烧气氛下，CO_2 和 H_2O 的气化反应对低阶煤（褐煤和亚烟煤）煤焦的燃尽有显著的促进作用。

（2）富氧燃烧污染物释放和控制。对于富氧燃烧方式下 SO_x 的生成特性和反应机制的研究也有不少报道，富氧燃烧方式下炉内钙基的脱硫效率较常规空气气氛下高，高 CO_2 浓度对 CaO 烧结的抑制是钙基固硫效率显著提高的主要原因，高 CO_2 浓度抑制了 $CaCO_3$ 的分解使得其直接脱硫效率大幅提高。

富氧燃烧方式下 NO_x 的生成相较于空气燃烧方式下低，有学者研究了富氧燃烧条件温度对燃料氮的转化及循环 NO 的还原的影响规律。有学者在固定床反应器系统上深入探讨了温度、气氛等因素对焦炭燃烧过程中 NO 的生成和转化特性的影响。影响富氧燃烧条件下 NO 的排放因素包括：燃料氮向 NO 的转化、煤焦和 NO 的异相反应、循环的 NO 还原、循环 NO 与燃料氮的交互作用等。此外有研究团队详细比较了各种因素对富氧燃烧条件下 NO 排放的贡献率，结果表明循环 NO 的减少是富氧燃烧条件下低 NO 排放的主要原因（贡献率超过 70%）。

富氧燃烧气氛下颗粒物和重金属的排放也与常规空气燃烧有较大差异，高 CO_2 浓度使得脱挥发分过程中生成的焦颗粒尺寸更小，进而同等氧浓度水平下富氧燃烧气氛下将产生更多的细灰颗粒。富氧燃烧气氛在一定程度上会抑制痕量元素的蒸发，同时 CO_2（g）也会抑制痕量元素向气相次氧化物及单质的转化；烟中 As（g）、Hg（g）、Sb（g）等稳定存在的温度范围变窄。有国内学者对比分析了富氧燃烧气氛和常规空气气氛下 Cr 的形态演化，高 CO_2 对 Cr^{3+} 的氧化有一定的促进作用，他们指出炉内钙基脱硫促进了有毒的 Cr^{6+} 的生成，并提出了 CaO 氧化 Cr^{3+} 的新通道。

（3）富氧燃烧方式下矿物质转化及灰熔融特征。富氧燃烧条件下高 CO_2 浓度会加剧灰沉积的形成，各种矿物质的迁移转化也有较大差异。与常规空气燃烧相比，富氧燃烧气氛下黄铁矿的分解氧化过程失重稍有增加，CO_2 浓度的增加会导致黄铁矿分解过程缩短，氧化过程延长。有研究团队采用沉降炉研究了高铁煤及掺铁煤样在富氧燃烧气氛下含铁矿物的迁移规律，与空气燃烧相比，富氧燃烧气氛下含铁矿物更倾向转化为赤铁矿（Fe_2O_3）；随着 O_2 浓度由 21% 增加到 32%，灰中赤铁矿含量增加，而磁铁矿含量减少，这也对灰沉积产生重要影响。

2. 中试试验

目前，富氧燃烧技术已在多个国家完成了工业示范，验证了其技术可行性，并进行了多项富氧燃烧大型示范的可行性研究。表 11-1 列举了国内外主要富氧燃烧工业示范项目。在国际上，德国瀑布电力公司黑泵电厂（Schwarze Pumpe）30 MW 富氧燃烧示范系统于 2008 年建成，到 2014 年项目终止为止，运行时间约 18000 h，其中在富氧燃烧下运行超过 13000 h。由 Alstom 和 Air Liquide 公司合作建成的法国道达尔 Lacq 30 MW 改造电厂，于 2009 年建成，2013 年停止运营，运行时间超过 11000 h，成功封存了约 51000 t CO_2。西班牙 CIUDEN 富氧燃烧示范项目于 2012 年建成，可实现 20 MW 煤粉锅炉及 30 MW 循环流化床锅炉的富氧燃烧运行。澳大利亚 Callide 富氧燃烧项目于 2012 年建成，到 2015 年项目终止，成功完成了 10200 h 的富氧燃烧运行，同时实现了 5600 h 的 CO_2 捕集。在工业示范的基础上，德国、英国、美国和韩国等已进行了多项富氧燃烧大型示范的可行性研究。表 11-2 列举了主要的大型示范项目，包括德国 Janeschwalde 250 MW、美国 FutureGen2.0 计划 168 MW、韩国 Yongdong100 MW、英国 White rose 436 MW 和西班牙 Endesa 340 MW 等机组。

表 11-1　　　　　　　　　　　全球富氧燃烧工业示范项目

工业示范电厂	功率/MV	燃烧器布局	新建/改造	建成时间	燃料	发电	CO_2 浓缩	CO_2 分离利用
Schwarze pumpe（德）	30	顶部	新建	2008	煤	否	是	是
Lacq（法）	30	前墙	改造	2009	天然气	是	是	是
CIUDEN（西）	30	对冲	新建	2012	煤	否	是	否
Callide（澳）	30	前墙	改造	2012	煤	是	是	否
应城（中）	35	前墙	改造	2015	煤	否	否	否

表 11-2 全球富氧燃烧大型示范项目可行性研究

大型示范电厂	功率/MW	新建/改造	燃料	研究深度
Janeschwalde（德）	250	新建	C[①]	可研
FutuerGen2.0（美）	168	改造	C	可研
Yongdong（韩）	100	改造	C	可研
White rose（英）	436	新建	C/B[②]	可研
Endesa（西）	340	新建	C	可研
神木（中）	200	新建	C	可研
广汇（中）	170	改造	C	预可研
太原（中）	350	新建	C	预可研
大庆（中）	350	新建	C	预可研

① 燃料为煤;

② 燃料为煤/生物质。

2011 年底，华中科技大学在武汉建成国内第一套全流程热功率为 3 MW 的富氧燃烧碳捕获试验平台，该平台为国内现阶段最大容量的富氧燃烧试验平台，热功率为 3 MW，年捕获 CO_2 量达 7000 t。整个系统从空气分离制氧开始，到 CO_2 富集、压缩、纯化，涵盖富氧燃烧技术全流程，主要包含空分系统、富氧燃烧锅炉、烟气净化-除湿、CO_2 压缩和纯化等，现已完成了综合调试运行，突破了空分制氧与锅炉燃烧系统耦合的瓶颈问题，实现了锅炉岛出口烟气中 CO_2 浓度超过 80%的目标。试验平台如图 11-5 所示。

图 11-5 华中科技大学全流程富氧燃烧碳捕获试验平台

结合循环流化床的优势和特点，东南大学、浙江大学等对循环流化床富氧燃烧技术进行了详细的研究。东南大学率先建造了国内首台可实现烟气循环、国际上首台可实现温烟气循环的循环流化床 O_2/CO_2 燃烧试验装置（热功率为 50 kW）及其试验系统。利用该试验平台成功进行了 300 h 温烟气循环试验，氧气浓度轻微升高时，富氧燃烧的床内温度与空气燃烧时的温度处于同一范围；而在较高的钙硫摩尔比的条件下，脱硫效率可以达到 80%以上；此外，以 mg/MJ 作为排放单位时，富氧燃烧下的 NO 排放量大大少于空气燃烧下的排放，其减少的程度与燃料的性质有较大的关系。对于某一特定燃料，CO 排放量在 ppm 的计量单位下并未增加，而在 mg/MJ 的计量方式下却明显下降。由于烟气循环中没有进行水蒸气的冷凝处理，烟气中的水蒸气含量有较大的增加。烟气中的水蒸气浓度对 CaO 的碳酸化和硫化有重要影响。

为进一步推进富氧燃烧技术的发展，华中科技大学于 2015 年 5 月建成了热功率为 35 MW 的富氧燃烧工业示范系统，如图 11-6 所示。该项目由国家科技部、华中科技大学、东方锅炉（集团）股份有限公司、四川空分设备（集团）有限责任公司和久大（应城）制盐有限责任公司等共同投资建设，新建一台 38.5 t/h 的锅炉，配备深冷空气分离制氧系统，用高纯度的氧代替助燃空气，同时采用烟气循环调节炉膛内的介质流量和传热特性，能实现烟气中 CO_2 浓度体积分数高于 80%、年捕集 CO_2 能力 $1×10^5$ t。该项目现阶段以进行工业试验为主要目的，整个系统包括空气分离制氧单元、富氧燃烧锅炉 CO_2 富集单元、烟气净化除湿单元，并预留 CO_2 压缩纯化和地下埋存单元，涵盖富氧燃烧技术全流程，将为更大级别的富氧燃烧技术推广奠定坚实基础。35 MW 富氧燃烧工业示范系统在空气燃烧/富氧燃烧兼容设计、低能耗三塔空分流程等方面具有创新性，锅炉排烟 CO_2 浓度达到 82.7%，达到国际同类装置的最佳水平，这说明我国在利用富氧燃烧减排 CO_2 的相关技术已经走在了世界的前列。

图 11-6　华中科技大学建成的热功率为 35MW 的富氧燃烧工业示范系统

第三节　增压富氧燃烧

一、增压富氧燃烧简介

富氧燃烧技术自从 20 世纪末被提出至今，已经进入了一个飞速发展的新阶段，目前小规模的工业示范和中试研究已经在富氧燃烧技术中开展起来。但现有富氧燃烧技术的空气分离制氧与高浓度 CO_2 烟气压缩过程均在高压下进行，而富氧燃烧却在常压下进行，系统压力经历一降一升，能量损失必然严重。增压富氧燃烧是一种基于常压富氧燃烧的新型高效燃烧技术，即从空分制氧、煤燃烧与锅炉换热，直到烟气压缩捕集 CO_2 的全过程均维持在高压下完成。由于系统全过程整体增压，锅炉热效率和汽轮机的输出功率得到了提高，减少了 CO_2 冷却压缩液化的电能消耗，在一定程度上抵消了系统增压所增加的功率消耗；同时增压富氧燃烧大大提高了烟气中水蒸气的凝结温度，增加了从锅炉排烟中回收的热量，提高了机组的整体发电效率。

二、典型的增压富氧燃烧系统

1. CANMET 系统

2001 年加拿大矿物能源技术中心（Canada Centre for Mineral and Energy Technology，CANMET）和巴布科克能源（Babcock Power）联合提出了 CANMET 增压富氧燃煤系统。在 CANMET 增压富氧燃煤系统中（见图 11-7），水煤浆在增压富氧燃烧器中燃烧，生成的高温高压烟气依次经过辐射和对流换热器后进入排烟冷凝器。在排烟冷凝器中，水分凝结热用来加热给水，烟气中的 SO_x 和 NO_x 等其他污染物则同时被脱除。经过处理后的烟气在经过提纯和压缩后即可获得液态 CO_2。

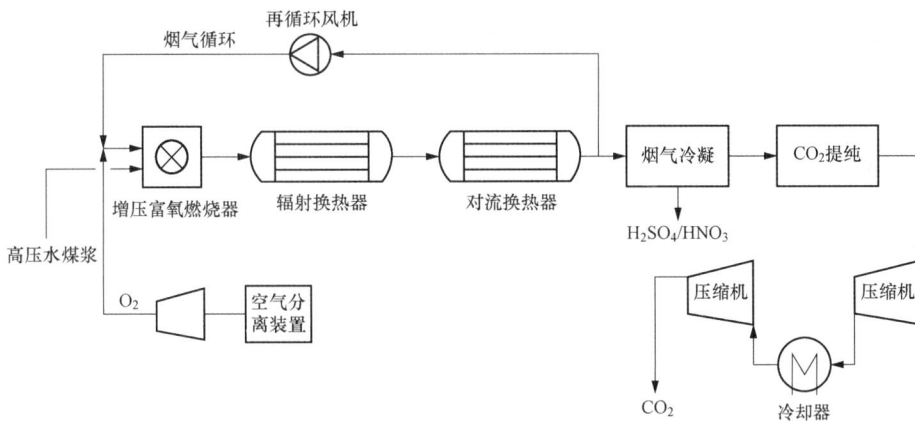

图 11-7　加拿大矿物能源技术中心增压富氧燃煤发电系统

2. ENEL 系统

意大利国家电力公司（Ente Nazionale per I'Energia eLettrica，ENEL）在伊蒂股份有限公司（Istituto Trentino per I'Edilizia Abitativa，ITEA）研究基础上提出了 ENEL 增压富氧燃煤系统。

ENEL 增压富氧燃煤系统（见图 11-8）与 CANMET 系统的主要区别在于，增压富氧燃烧器出口的烟气在与部分循环烟气混合后，温度降低到约 800 ℃，无须辐射换热即可直接进入对流换热器，减少了整个系统的初投资与运行成本。

3. 增压鼓泡床富氧燃煤发电系统

增压鼓泡床燃煤流化床锅炉早已用于商业电站规模，表明其基础理论与实践均可行；而常压鼓泡流化床富氧燃烧，也已经发展到中试规模。因此，可以将二者理论成果、研究数据与经验结合起来，实现增压鼓泡床富氧燃烧。增压鼓泡流化床燃烧继承了流化床燃烧方式优良的环保性能，只需进一步提高其运行压力就可以满足新型增压富氧燃烧发电系统的要求，

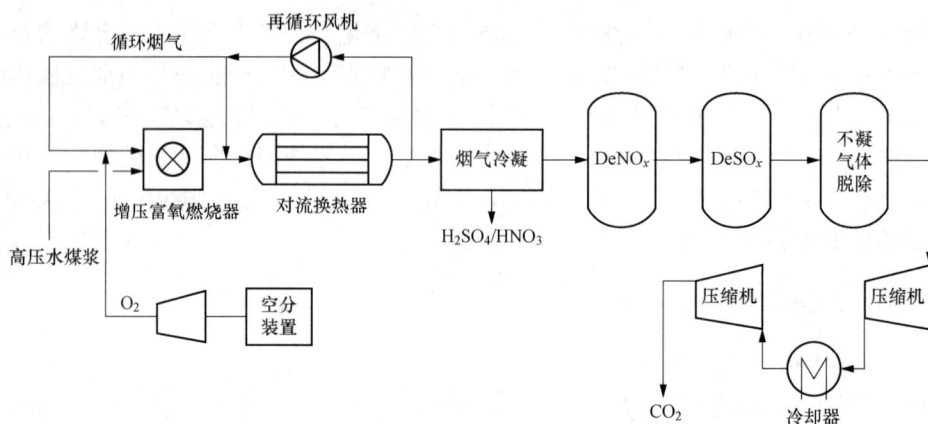

图 11-8　意大利国家电力公司增压富氧燃煤发电系统

流化床床温控制在 850～900 ℃，在此温度下脱硫剂在床内可脱除燃烧中释放 90% 以上的二氧化硫，同时由于燃烧温度低，空气中的 N_2 只有很少量被氧化成 NO_x，只有燃料中的氮转化成 NO_x，与常规煤粉锅炉相比，NO_x 的生成量要少得多。在增压流化床内，流化速度较低，同时较高的压力下也允许较深的床高，低速和深床的综合效应使得颗粒的燃烧效率提高，在床内的停留时间加长，可进一步降低污染物的排放。因此将可富氧燃烧技术融合到增压流化床（PFBC）中，构建捕集 CO_2 的增压流化床富氧燃煤整体化的发电系统。

阎维平等学者在总结吸收现有技术的基础上提出了增压鼓泡床富氧燃煤发电系统的概念（见图 11-9）。在该系统中，煤在增压鼓泡流化床锅炉中（pressurized bubbling fluidized bed，

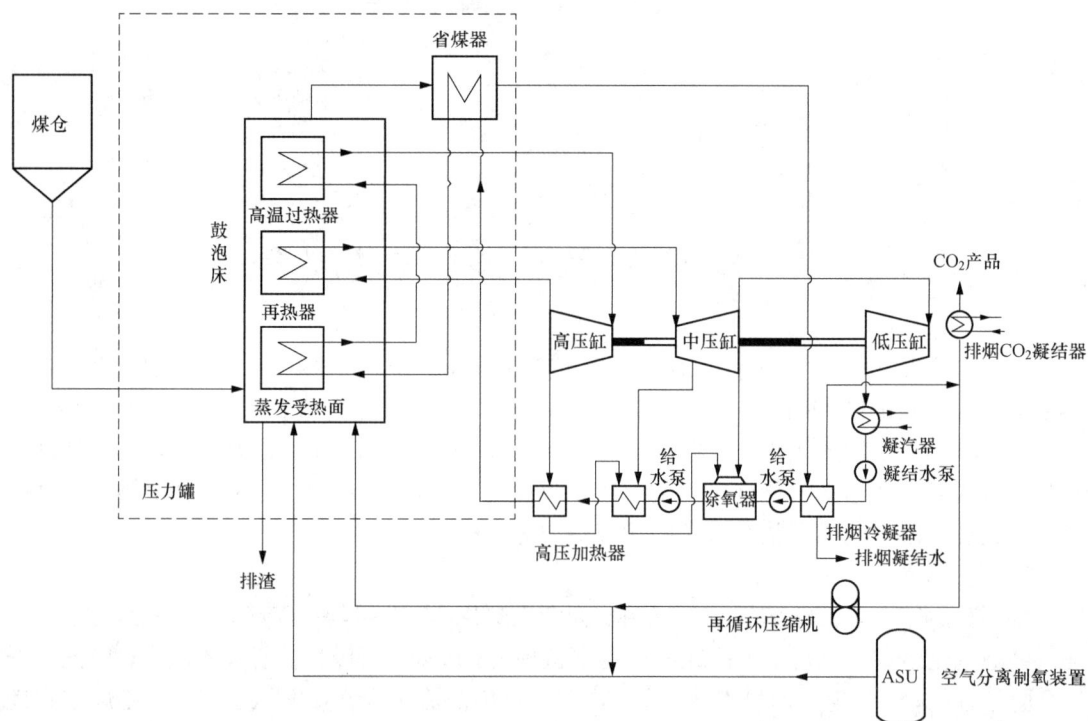

图 11-9　增压鼓泡流化床富氧燃煤发电系统

PBFB）完成富氧燃烧与炉内换热，出来的高压烟气首先流经省煤器，再到排烟冷凝器加热汽轮机凝汽器出来的低温锅炉给水，释放了烟气显热与水分汽化潜热并脱除水分的高压烟气一部分作为再循环烟气送回锅炉燃烧室完成富氧燃烧，另一部分直接送入 CO_2 冷凝器，采用略低于常温的水进行冷却即得到液态 CO_2。在这一过程中凝结下来的 SO_x、NO_x 被回收，绝大部分粉尘也在凝结过程中被捕集脱除，实现了含 CO_2 减排的一体化污染物脱除。

在增压鼓泡床富氧燃煤发电系统研究基础上，王春波等学者又提出了一种高压富氧燃烧流化床联合循环发电系统，如图 11-10 所示。在该系统中，由流化床燃烧产生的高温高压烟气温度为 950～1050 ℃，压力为 7～11 MPa，高温高压烟气经蒸发受热面、再热器、过热器后由除尘器除尘进入高压燃气轮机做功，做功后出口烟气温度为 450～550 ℃，压力为 5.5～6 MPa，进入余热锅炉放热，烟气流出余热锅炉时温度为 180～220 ℃，压力为 5～5.5 MPa，而后分成两路，其中一路经 CO_2 凝结器，经常温冷却水冷却后即可获得液态 CO_2；而另一路与由 ASU 空气分离器制得的氧气混合，一部分作为再循环烟气进入流化床，另一部分作为煤仓的燃煤输送动力。

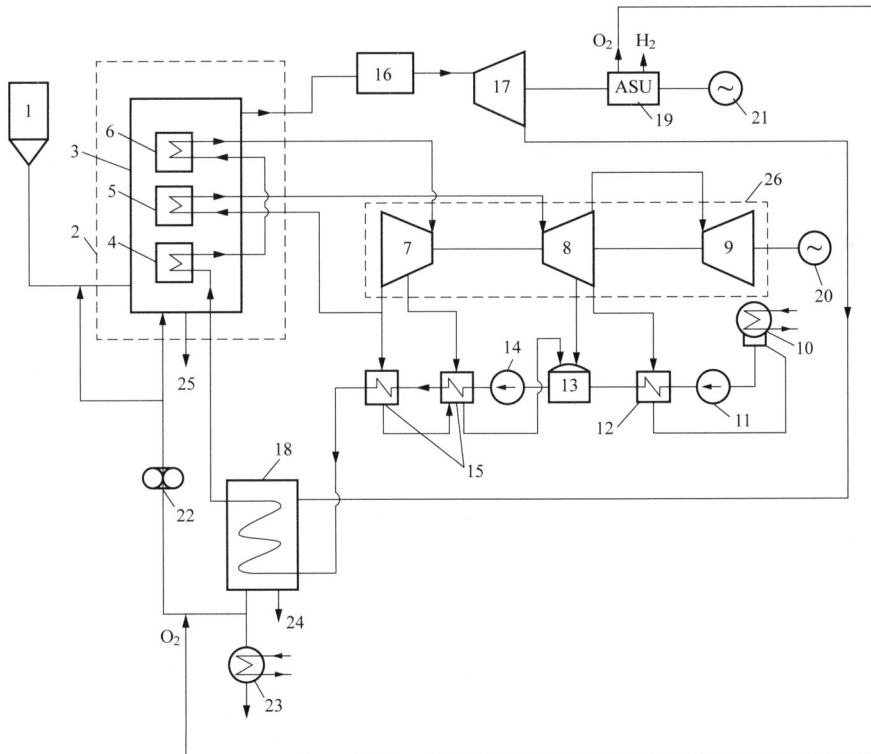

图 11-10　高压富氧燃烧流化床联合循环发电系统

1—煤仓；2—压力罐；3—流化床；4—蒸发受热面；5—再热器；6—过热器；7—高压缸；

8—中压缸；9—低压缸；10—凝汽器；11—凝结水泵；12—低压加热器；13—除氧器；

14—给水泵；15—高压加热器；16—除尘器；17—高压燃气轮机；18—余热锅炉；

19—空气分离器；20—发电机；21—燃气轮机发电机组；22—高压压缩机；

23—CO_2凝结器；24—排水口；25—排渣口；26—汽轮机组

本系统既实现了燃烧后能获得高浓度 CO_2，又兼具联合循环高效的优点，其主要特点如下。

（1）所述系统从空分制氧、锅炉燃烧与换热、高压燃气轮机做功，直到烟气捕集 CO_2 的全过程均维持在高压下完成，大大减少了常压富氧燃烧升压与降压往复的耗能损失。计算表明，本增压富氧燃烧系统比常压富氧燃烧，锅炉侧效率可提高 6%～7%，蒸气侧效率可提高 5%～6%；

（2）结合燃气轮机的高效特点，使全厂效率提高 2%～3%。

（3）排烟损失中水分所含的汽化潜热能够得到充分利用，其回收的热量用来代替部分低压加热器作用，使排烟损失降低到 1% 以下，极大地提高了锅炉效率，还可使汽轮机出力提高 3%～5%。

（4）在高压下炉内的燃烧过程，可以获得比常压燃烧高得多的辐射传热特性和对流传热特性，因此可较大程度地减小锅炉尺寸，经测算炉膛的结构尺寸可以降低到常压的 1/4～1/5，降低制造成本。

（5）制氧系统的 ASU 驱动不再采用电动机驱动的方式，而是被燃气轮机取代，大大降低了制氧功耗。

（6）在 CO_2 冷凝器中，CO_2 仍保持在 5～6 MPa 左右，由于 CO_2 的压力提高，从 CO_2 三相图（见图 11-11）可以看出：随着压力的升高，CO_2 的液化温度也将升高，而在上述压力下 CO_2 的液化温度在 25 ℃左右，只需电厂冷却水将烟气冷却到 25 ℃以下就可得到液态 CO_2，较常压富氧燃烧采用多级压缩获得液态 CO_2 相比，节能效果十分可观。

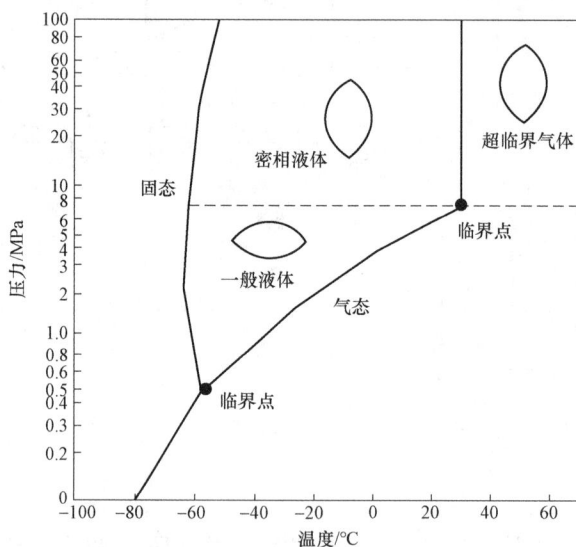

图 11-11　CO_2 三相图

三、增压富氧燃烧特性

在增压富氧燃烧中，由于压力的升高，其燃烧特性与常压有所区别，本书主编研究了增压富氧条件下压力和气氛对煤粉燃烧特性的影响。

1. 压力对着火机理的影响

图 11-12 为大同烟煤增压富氧燃烧时的 TG/DTG 曲线，其中 0.1~4 MPa 的实验在 O_2/CO_2 混合比为 30%/70%的气氛下进行，而 6 MPa 的实验则在 O_2/N_2 混合比为 30%/70%的气氛下进行（在室温下，当压力升高到 6 MPa 时，CO_2 基本以液态存在，故用 N_2 代替 CO_2）。压力升高后大同烟煤的挥发分开始析出温度要明显低于常压时，这可能是煤粉颗粒周围气体密度发生变化的原因。当气体压力升高后，其密度会逐渐增大，在体积流量一定的情况下质量流量会随之增加，与常压气体相比，同样体积下的加压气体可以"蓄积"更多的热量。因此加时颗粒周围环境的蓄热对其初始加热阶段的影响就会变得更加明显，对煤粉颗粒的加热作用也更强，造成加压下颗粒表面温度要比常压下的高，进而使得煤粉热解提前。

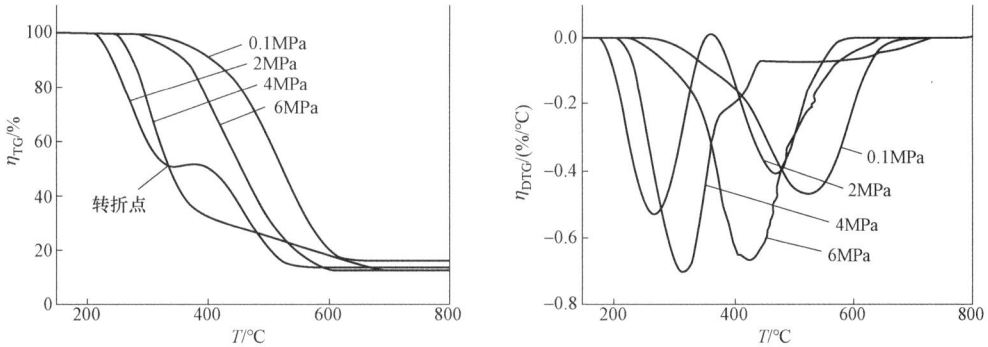

图 11-12 大同烟煤在不同压力下的 TG/DTG 曲线

虽然压力升高煤粉热解加速后有更多的挥发分生成，但单位时间内只有很少的挥发分能扩散到煤粉颗粒外部，颗粒周围的挥发分浓度很低，即便在氧气浓度较高时，气相空间内的着火也很难发生。随着环境温度的不断升高，挥发分还未从煤中析出便首先燃烧起来，同时引燃了焦炭，发生多相着火。在常压时，热解生成的挥发分很容易析出煤粉颗粒，加上颗粒周围较高的氧气浓度，导致挥发分首先在气相空间发生着火，进而加速挥发分的释放与燃烧，使煤粉完成均相着火。

2. 压力对挥发分析出过程的影响

图 11-13 是大同烟煤增压富氧燃烧时中低压力下的 TG/DTG 曲线，反应气氛是 O_2/CO_2 摩尔比为 30%/70%的混合气。如图 11-13 所示，即使同样是均相着火，煤粉在不同压力下的燃烧过程也有明显区别。

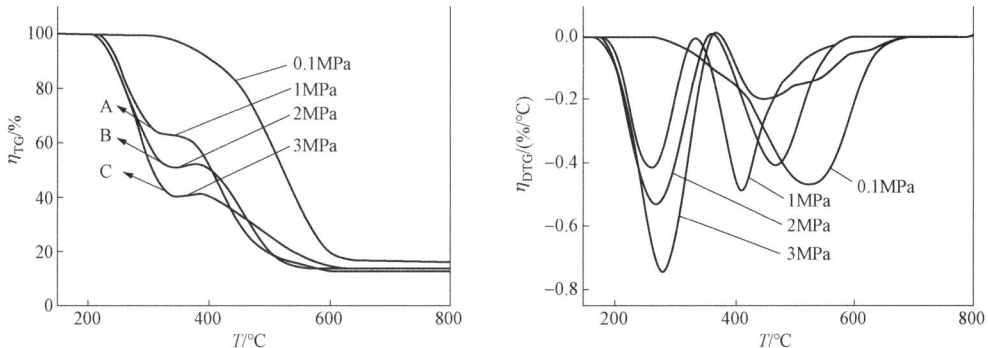

图 11-13 大同烟煤在低压力下的 TG/DTG 曲线

3. 气氛对燃烧特性的影响

如图 11-14 所示，随着氧气浓度的升高，煤粉的燃烧特性曲线向低温区移动，最大失重速率明显增加，说明煤粉的燃烧特性得到改善，主要原因是高浓度的氧气使得煤中易燃物质的分解燃烧更加剧烈，提高了煤的反应活性。

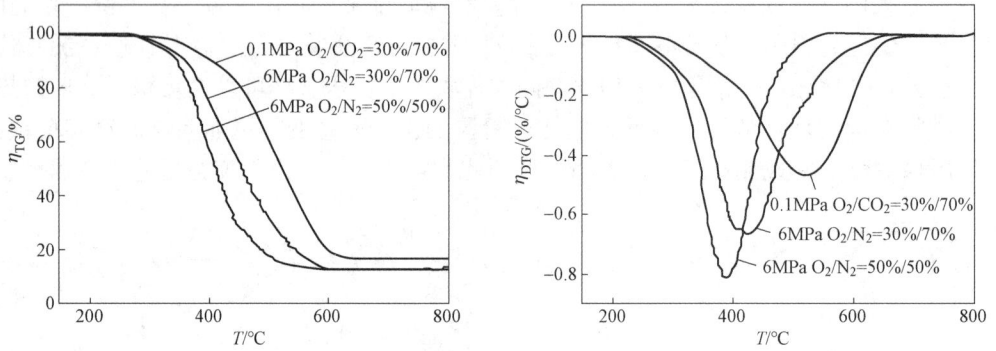

图 11-14　大同烟煤在 6MPa 下的 TG/DTG 曲线

4. 煤粉着火和燃尽特性研究

在增压富氧气氛下，随着压力的升高，煤粉着火温度（T_i）和燃尽温度（T_b）的变化趋势并不一致，如图 11-15 所示。在常压时，煤粉进行的是多相着火，整个煤粒包括挥发分和焦炭同时以固相的形式发生着火，因此着火和燃尽温度较高。当压力升高到 1 MPa 时，煤粉的着火温度和燃尽温度都有所下降，这主要是压力升高后煤粉热解提前，挥发分首先析出发生气相着火的缘故。随着压力的继续升高，着火温度和燃尽温度又都开始上升。着火温度的升高可能是由于高压下挥发分析出速度变慢，使得着火发生推迟；而燃尽温度的升高则可能是因为高压下煤粉热解生成焦炭的比例有所降低，碳化程度加深，反应活性降低，难以燃尽。当压力升高到 6 MPa 时，煤粉再次转变为多相着火，煤中易析出反应的有机物以固相形式燃烧，加速了煤粉颗粒的整体反应速率，从而使得燃尽温度有所降低，但其着火温度相对于均相着火来说还是较高的。此外，在 6 MPa 时当氧气浓度增加到 50%后，煤粉的着火温度和燃尽温度均有所下降，这说明在系统压力一定的情况下，提高氧气浓度可加快煤粉的燃烧速率。

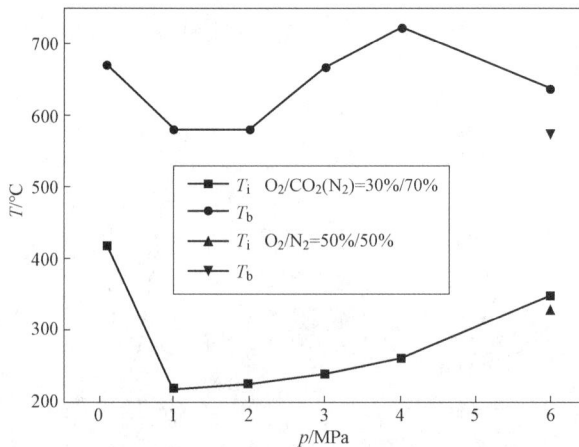

图 11-15　压力和氧浓度对大同烟煤着火温度与燃尽温度的影响

第四节 化学链燃烧

一、化学链的原理及发展

1. 化学链的原理

在 20 世纪 80 年代初德国科学家里希特等首次提出化学链燃烧（chemical-looping combustion，CLC）的概念，目的是降低热电厂气体燃烧过程中产生的熵变，提高能源使用效率。20 世纪 90 年代后期，许多学者开始把 CLC 作为一种 CO_2 捕集和 NO_x 控制的新型技术进行研究，其基本原理是将传统的燃料与空气直接接触的燃烧借助于载氧体的作用而分解为两个气固反应，燃料与空气无须接触，由载氧体将空气中的氧传递到燃料中，如图 11-16 所示。

一般的 CLC 系统包括两个连接的流化床反应器：空气反应器（air reactor）和燃料反应器（fuel reactor），固体载氧体在空气反应器和燃料反应器之间循环。燃料进入燃料反应器后被固体载氧体的晶格氧化，完全氧化后生成 CO_2 和水蒸气。由于没有空气的稀释，产物纯度很高，将水蒸气冷凝后即可得

图 11-16 化学链燃烧原理示意

到较纯的 CO_2，而无需消耗额外的能量进行分离，所得的 CO_2 可用于其他用途。

在燃料反应器中完全反应后，被还原的载氧体被输送至空气反应器中，与空气中的气态氧相结合，发生氧化反应，完成载氧体的再生。

由于在 CLC 系统中，燃料反应器中没有空气的稀释，产物仅有 CO_2 和水蒸气，可以直接通过冷凝分离，而不需消耗额外的能量；空气反应器中没有燃料，载氧体重新氧化在较低的温度下进行，避免了 NO_x 的生成（NO_x 生成温度通常在 1200 ℃以上），出口处的气体主要为氮气和未反应的氧气，对环境几乎没有污染，可以直接排放到大气中。

2. 化学链的发展

1994 年，我国科学家金红光等率先提出了控制 CO_2 排放的化学链燃烧湿空气透平系统，首次在国际上将化学链燃烧与热力循环有机结合，探索了能量转化与控制 CO_2 分离有机结合的新方法与新途径。该热力循环不同于其他控制分离 CO_2 的动力系统，不仅打破了传统火焰燃烧方式，降低了燃烧过程中能量释放侧高品位能的损失，而且从源头解决了 CO_2 的控制问题，实现了燃料化学能的高效利用与系统零能耗回收 CO_2。

进入 21 世纪，化学链燃烧技术得到了很大发展，欧盟、美国等一些地区和国家大力开展了化学链燃烧动力系统的示范项目研究。欧盟自 2001 年先后开展的 FP5（第五研发框架计划）中 GRACE 欧洲全球和区域气候建模与评估项目，FP6 的 Enhanced Capture of CO_2 和 Chemical Looping Combustion CO_2-Ready Gas Power 项目以及 FP7 的研究计划中都将化学链

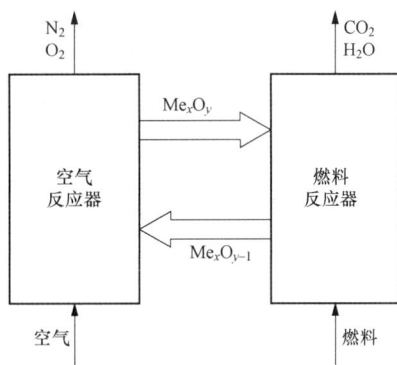

燃烧作为重要研究内容予以资助。

瑞典查尔姆斯技术大学在欧盟 FP6、FP7 和国际能源署的资助下建立了世界上首台热功率为 10 kW 化学链燃烧循环流化床实验台，并成功完成了 100 h 的连续运行试验；与此同时，另一个欧盟项目（capture of CO_2 in coal combustion, CCCC）开展了以煤气化合成气为燃料的化学链燃烧的可行性研究。该项目设计建造了热功率为 300 W 的化学链反应器，并以 NiO、Fe_2O_3 和 Mn_3O_4 为载氧体进行了 30～70 h 的连续运行试验。挪威研究委员会资助的 BIG CO_2 研究计划中拟要建立天然气基热功率为 100 kW 化学链燃烧装置，当前冷态实验已由挪威科技工业研究院（SINTEF）和挪威理工大学（NTNU）合作完成。维也纳技术大学（TUWIEN）在欧盟 CLC Gas Power 项目资助下也成功建立了热功率为 120 kW 化学链燃烧装置。热功率为 1 MW 化学链燃烧装置在德国德姆施塔特技术大学（TUD）建成，标志着化学链燃烧技术从实验室规模到半工业化规模的转变。

化学链燃烧动力系统已成为世界能源环境系统研究的重要方向。目前对于化学链燃烧的研究主要集中在三个方向，即载氧体的制备与反应特性研究以及反应器设计和运行、化学链燃烧动力系统分析。

二、载氧体的研究及反应器设计和运行

1. 载氧体的选择

在化学链燃烧过程中，以载氧体在两个反应器之间的循环交替反应来实现燃料的燃烧过程。载氧体在两个反应器之间循环既传递了氧，又传递了反应生成的热量，是整个化学链燃烧过程中最重要的因素。载氧体的性能可以从氧传递能力、氧化还原反应速率、力学性能（抗烧结、团聚、磨损、破碎）、抗积炭、生产成本、环境影响等方面来评价。载氧体主要是将活性组分负载于惰性载体构成。在 CLC 工艺中，优势载氧体应具备如耐高温、机械强度高、再生性强、活性好、氧传输能力强、磨损率低、抗烧结和抗团聚能力好、颗粒尺度分布适宜、内部孔隙结构大、价格便宜等优点。活性组分是载氧体性能优劣的关键，一般以金属氧化物为材料，主要包括 Ni、Fe、Mn、Cu、Co 和 Cd 的氧化物；惰性载体为活性组分提供支撑，能提高载氧体的孔隙率、比表面积和机械强度，使纯金属氧化物不易烧结和破碎，提高载氧体的热稳定性，主要有 SiO_2、Al_2O_3、TiO_2、ZrO_2、MgO、钇稳定氧化锆（YSZ）、海泡石、高岭土、膨润土和六价铝酸盐。目前，除金属载氧体以外，非金属载氧体选择性也较多，主要有 $CaSO_4$、$BaSO_4$、$SrSO_4$ 等硫酸盐载氧体。

2. 载氧体的制备

目前载氧体制备方法主要有机械混合法、冷冻成粒法、浸渍法、分散法等。机械混合法制作工艺相对简单，制备载氧体时，将适宜粒径的金属氧化物、惰性载体以一定的浓度混合、粉碎，加水制得适当黏度的糊状物，然后成型，置于适宜温度中干燥，之后于马弗炉中高温煅烧，并通过筛分获得需要粒径的载氧体。浸渍法是将惰性载体加入用金属氧化物的硝酸盐［如 $Cu(NO_3)_2$］溶于溶剂（如 H_2O）得到的饱和溶液中，再除去溶剂，置于一定温度中煅烧使硝酸盐分解，即可得到载氧体（通过多次浸渍可增大活性组分的加载量）。分散法制备载氧体是将金属氧化物和惰性载体的硝酸盐按一定比例溶于水中并搅拌一段时间后，在不同的温度梯度下分阶段干燥，最后通过煅烧得到制备载氧体的原料，将上述原料按机械混合法相同的程序处理后即可得到载氧体。喷雾干燥法制备载氧体时，将如同分散法制得的

制备载氧体的原料粉碎、加水成为浆状物，然后利用喷雾干燥器将上述浆状物干燥后煅烧，即可制得载氧体。冷冻成粒法制备载氧体时，利用球磨机制得金属氧化物、惰性载体、分散剂与水的浆状物，通过喷嘴使雾化后的浆状物进入液氮而得到冻结的球状粒子，利用冷冻干燥法除去水分，然后利用热解法除去粒子中的有机物，经过煅烧之后，筛分得到适宜粒径的载氧体。溶胶–凝胶法可制得精细、均匀的粉末，但由于所用到的金属醇盐一般很昂贵，工业应用前景有限，在此不作具体介绍。

3. 各载氧体的性能介绍

（1）金属氧化物载氧体。当前研究较多的金属氧化物载氧体主要集中在包括 Ni、Fe、Cu、Co、Mn 和 Cd 等金属的单一或混合氧化物。按反应性排序为 $NiO > CuO > Fe_2O_3 > Mn_2O_3$。

实验发现，镍基载氧体具有很高的活性、较强的抗高温能力、较低的高温挥发性和较大的载氧量，但其价格较高且对环境有害，碳沉积严重也是它的一个缺点。铜基载氧体具有较高的活性和较大的载氧能力，碳沉积现象也较少，但铜基氧化物较低的熔点使其在高温下易发生分解为 Cu_2O，降低了在高温下运行的活性。铁基载氧体价格低廉，但载氧能力差，高温易烧结。在纯金属氧化物中加入惰性载体如 Al_2O_3、SiO_2、$NiAl_2O_4$、$MgAl_2O_4$、TiO_2、ZrO_2、$Y_2O_3+ZrO_2$ 等构成复合金属载氧体（双金属载氧体），可抑制高温下的相态转变和焦炭的产生，提高颗粒的比表面积，增加颗粒的机械强度和载热能力。实验结果证实，复合金属载氧体具有较高的催化活性和结构稳定性。

（2）硫酸盐、钙钛矿载氧体。当前研究较多的硫酸盐非金属氧化物载氧体主要有 $CaSO_4$、$BaSO_4$、$SrSO_4$ 等，具有载氧能力大、物美价廉等优点，近年来受到广泛关注。非金属氧化物因其环保、价廉、载氧量大而受到广泛关注，但如何防止其高温分解和抑制 SO_2 等有害气体的释放是目前需要解决的重点问题。

钙钛矿型复合氧化物是结构与钙钛矿 $CaTiO_3$ 相同的一大类具有独特物理和化学性质的新型无机非金属材料，是 CLC 载氧体的研究新方向。利用钙钛矿能反复失氧、得氧的特性，可以用钙钛矿分子中的晶格氧来代替分子氧，实现化学链燃烧或重整，具有较好的应用前景，但当前对钙钛矿型氧化物的研究多集中在气态甲烷，对其他类型的燃料研究尚有不足。

综上所述，载氧体对于化学链燃烧过程至关重要，寻找载氧能力大、反应速率高、耐高温、耐腐蚀、抗烧结、抗磨损、环保、价格低廉的载氧体是化学链燃烧获得工业化应用的先决条件。

4. 化学链燃烧器的设计和运行

化学链燃烧技术研究初期多采用热重分析仪（TGA），以研究载氧体的反应动力学为主，之后出现了固定床和小型流化床，目前已发展到串行循环流化床试验阶段。化学链燃烧反应器系统的设计原则主要包括以下三方面的内容：

（1）两个反应器内的床料量充足，为了能研究多种载氧体的反应特性、床料量对系统的影响等，所设计系统具有在一定范围内改变床料量的能力。

（2）两个反应器间的颗粒循环量要能传送足够的氧，使得燃料完全燃烧，并满足两个反应器间热平衡的要求。

（3）避免反应器间的气体泄漏。化学链燃烧燃烧过程中，载氧体与燃料要求接触良好，以保证燃料的充分转化和降低载氧体循环量，而反应器结构对载氧体与燃料的接触程度具有很大影响。有学者给出了化学链燃烧反应器设计的步骤，如图 11-17 所示，该设计中考虑了燃料和载氧体的流率、载氧体载氧能力以及还原/氧化反应器中反应动力学因素，同时还包括了流体动力学因素的影响，如颗粒大小、停留时间、压降等。

通常情况下，化学链燃烧反应器的设计要满足以下几点要求：

（1）载氧体颗粒在还原反应器与氧化反应器间循环良好，气固接触良好，以保证燃料完全转化。

（2）载氧体与燃料/空气接触时间足够长，以保证燃料最大转化率。

（3）氧化反应温度足够高，以便于高温燃气透平匹配。

（4）满足高操作压力以提供更高的整体发电效率，高操作压力也便于下游 CO_2 的封存。

（5）尽可能避免反应器漏气，因为漏气不仅会降低 CO_2 的浓度，同时也减小了 CO_2 的捕集率。

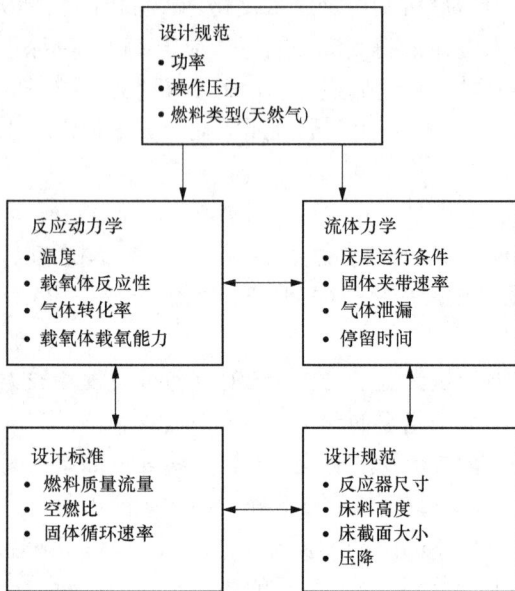

图 11-17　化学链燃烧反应器设计流程

目前典型化学链燃烧反应器主要有以下几种：

（1）热功率为 10 kW 的化学链燃烧装置（见图 11-18）。此装置的优点主要是可以精确改变固体颗粒的循环流率，通过颗粒储存器和阀门实现了对流入燃料反应器中的颗粒流率的控制。

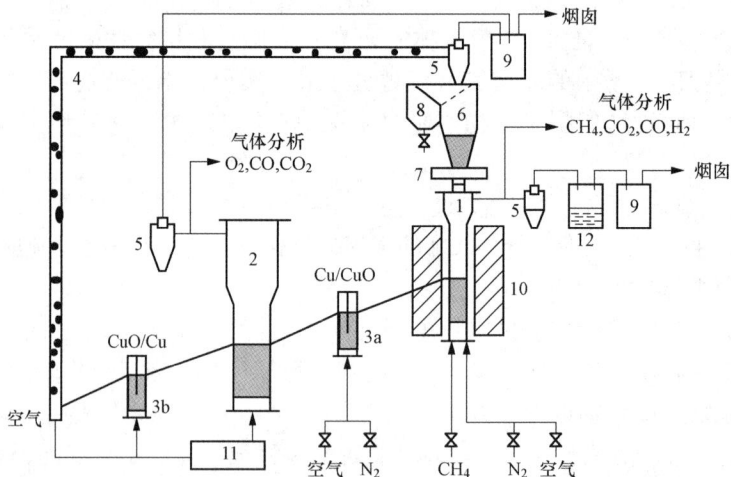

图 11-18　热功率为 10kW 的化学链燃烧装置

1—燃料反应器；2—空气反应器；3—密封回路；4—提升管；5—旋风分离器；

6—颗粒储存器；7—颗粒阀门；8—转向颗粒阀门；9—过滤器；

10—加热炉；11—空气预热器；12—冷凝器

（2）热功率 5～10 kW 的化学链燃烧系统（设计方案见图 11-19）。该系统采用了一个帽子形颗粒分离装置来分离从空气反应器出来的气流，该分离装置是基于沉降室原理设计的，目的是降低固体流的出口效应，从而可使回落到提升管的颗粒减少，固体流量增加，并且对于给定的固体流量可以减少压降损失。由于速度的降低，颗粒与壁面间的摩擦也会减小，这对于旋风分离器来说是一大优点。另外，由于分离器的压降损失减小，鼓风机的功率也相应减小。但是，这种设计的缺点就是颗粒的分离效果相对较差。对于这个缺点，可以设计较窄的载氧剂颗粒的尺寸范围，减小载氧剂碎屑的含量。

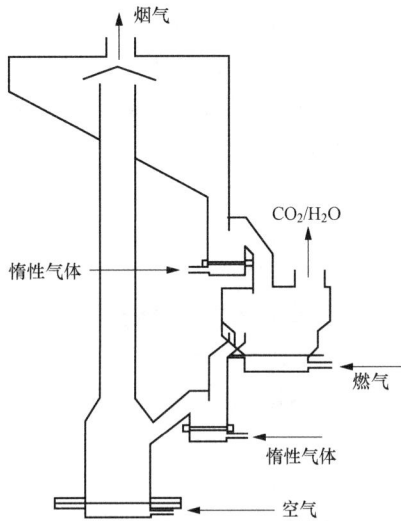

图 11-19　热功率为 5～10kW 的化学链燃烧系统设计方案

（3）化学链燃烧的循环流化床反应器（见图 11-20）。在此反应器中，对载氧剂 NiO 和 Fe₂O₃ 进行了测试，其中还原区域和氧化区域都是鼓泡流化床区域，可以为载氧剂提供充足的氧化和还原时间。

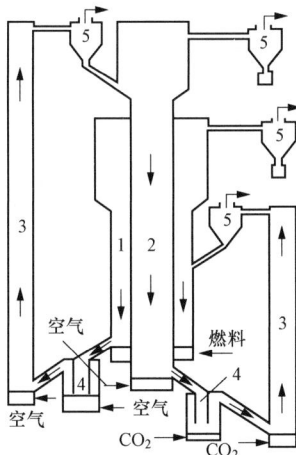

图 11-20　用于化学链燃烧的循环流化床反应器

1—还原区域；2—氧化区域；3—提升管；4—密封装置；5—旋风分离器

三、化学链燃烧动力系统分析

化学链燃烧与热力循环的耦合突破了能源系统控制 CO₂ 分离的零能耗科学技术难题，既提高了燃料化学能的高效转化和利用，又降低了 CO₂ 分离的设备投资和能耗。实质上，化学链燃烧引入热力循环形成一个特殊领域——能源科学与环境科学交叉的广义总能系统。它一方面成为提高能源利用率而将热化学反应和热力循环相结合的一种动力系统，另一方面则成为降低温室气体分离能耗与环境化学有机结合的一种控制污染物的途径。当前化学链燃烧系统集成研究主要是基于燃烧方式革新并遵循能量梯级利用原则，对系统进行设计、集成，并对其进行相关热力学分析，以研究不同燃料、载氧体情况下，各主要参数对系统热效率等的影响及系统㶲损失分布情况，揭示新系统的效率提高的内在机理。

1. 化学链燃烧与联合循环结合的系统集成研究

东京工业大学最早开始化学链燃烧动力系统集成的研究。1994 年，日本石田正等学者提出了一种新颖的化学链燃烧湿空气透平循环（CLSA），如图 11-21 所示。该系统以 NiO 为载氧体，CH_4 作为燃料，在 298 K、20 atm 状态下的经预热进入还原反应器，在还原反应器内与载氧体 NiO 发生还原反应，CH_4 被氧化为 H_2O 和 CO_2，NiO 被还原后进入氧化反应器氧化再生。由于从还原反应器出来气体为 H_2O 和 CO_2，在膨胀做功、回收余热后，通过简单的冷凝可以除去烟气中水蒸气，得到高纯度的 CO_2。空气间冷压缩到 20 atm 后，进入饱和器中加湿饱和，压力降低到 19 atm，再进入空气反应器内与从还原反应器过来的 Ni 进行氧化反应，使 Ni 氧化再生为 NiO。从空气反应器排出的烟气在燃气透平中膨胀做功，由于烟气中不含有害气体，在回收余热、冷凝除去水蒸气后可直接排入大气。在回收过程水的情况下 CLSA 的发电效率达 55.1%，不回收过程水时可达 56.7%。

CLSA 系统是化学链燃烧与热力循环的首次耦合，实现了燃料化学能释放过程与 CO_2 分离的一体化，开辟了研究的新领域——化学链燃烧系统集成。此外，CLC 与热力循环的耦合不仅能够实现 CO_2 的零能耗分离，同时由于降低了燃料燃烧过程能量释放侧的品位，从而减小了反应不可逆损失，实现了系统热效率的提升。

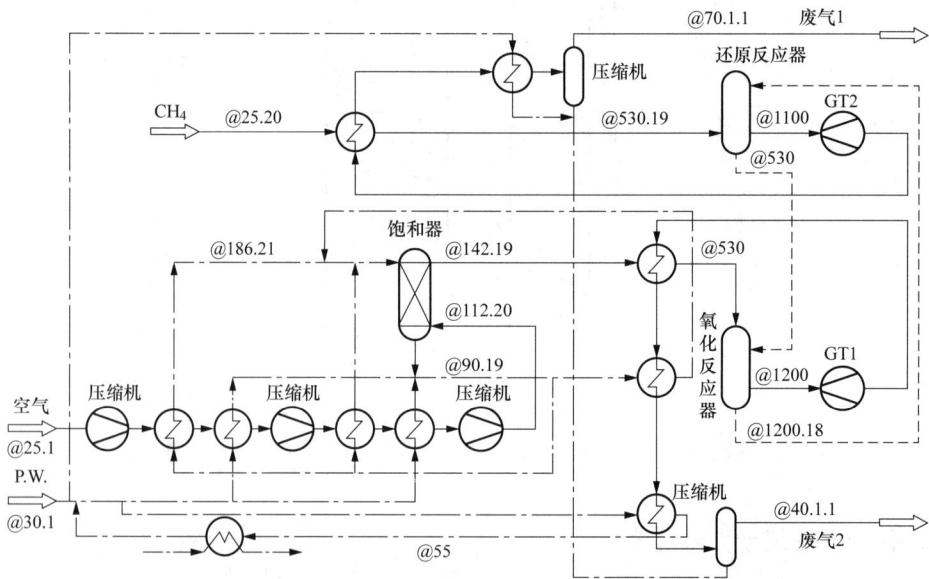

图 11-21　化学链燃烧湿空气透平循环流程图

2. 化学链燃烧与煤气化结合的系统集成研究

由于煤炭储量大、运输方便、价格低廉，在未来能源利用中将仍占据主要地位。目前，具有高效率的清洁煤燃烧技术 IGCC 正受到人们越来越多的关注，但 IGCC 易产生 SO_x、NO_x 等污染物，且分离 CO_2 能耗高，如果能实现 CLC 与燃煤动力循环的有机结合，可以充分利用 CLC 燃烧㶲损失小、CO_2 零能耗分离的优点来弥补 IGCC 的缺陷，这无疑会成为洁净煤燃烧技术的重大突破。石田正等率先提出了整体煤气化化学链燃烧与湿空气透平热力循环结合的能源环境系统概念（IGCLSA）。如图 11-22 所示，系统主要由三部分组成：煤气化与净化、化学链燃烧和具有空气加湿的热力循环系统。净化后的煤气进入化学链燃烧器中，合成煤气的主要成分是 H_2 和 CO，在燃烧器中与金属氧化物反应。在还原反应器中，反应后的气体从反应器上方排出，下方排出的金属进入氧化器后被空气氧化。在 IGCLSA 系统中，无火焰燃烧氧化过程的能量品位要低于燃料直接氧化的燃烧过程，这为反应器提供了降低反应过程能量品位差的潜力。

3. 化学链工艺的创新应用

化学链技术具有高效能、灵活多变等特点，研究人员在此基础上不断创新，提出各种新颖应用。这些应用包括化学链与固体氧化物燃料电池联合进行高效发电，与费托合成工艺整合进行液体燃料合成等。

（1）化学链气化与固体氧化物燃料电池整合发电（CDCL-SOFC）。煤化学链气化工艺（CLG）可以与固体氧化物燃料电池（SOFC）进行系统集成进行电力生产，如图 11-23 所示。

在该工艺中，化学链氧化反应器所产生的富氢气体（H_2，H_2O）被直接引入 SOFC 阳极，当大部分氢燃料转化为电力后，SOFC 阳极排出的气体主要含水蒸气及少量未转化的氢气，该气体被循环回化学链氧化反应器用于氢的生成。通过系统集成，化学链氧化反应器与固体

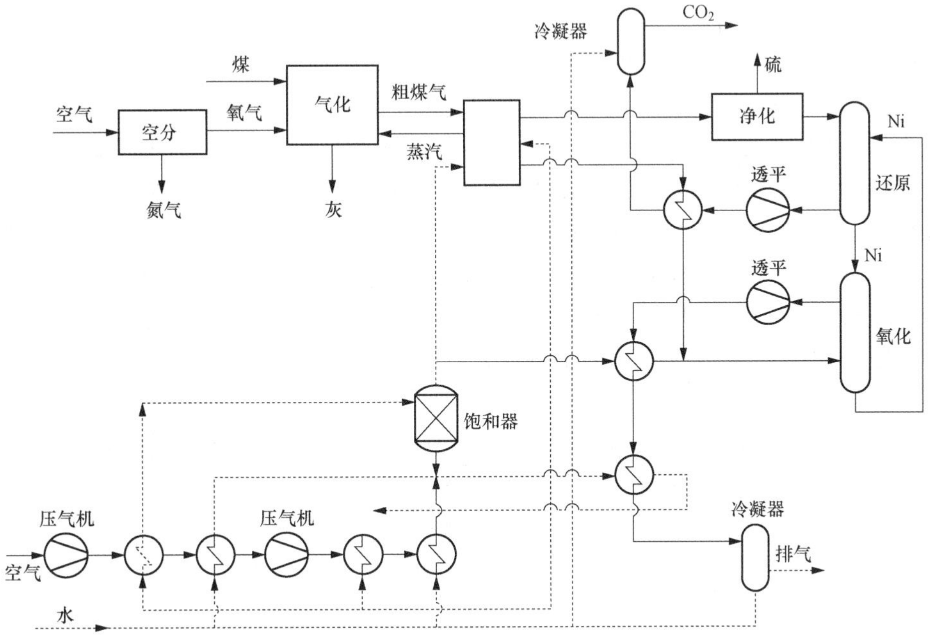

图 11-22 整体煤气化化学链燃烧动力系统流程图

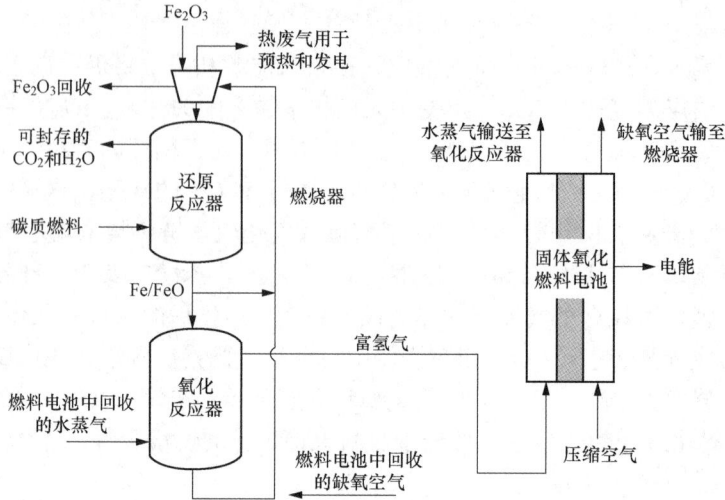

图 11-23 煤化学链气化与固体氧化物燃料电池整合发电工艺

氧化物燃料电池阳极之间形成了闭合环路,水蒸气和氢气的混合气体作为循环工质,在其间进行能量转化,其最大特点是水蒸气不需要反复的冷凝与汽化,因而大大地降低了能量损耗。空气首先预热后经由固体氧化物燃料电池的阴极,消耗部分氧气后进入化学链的燃烧反应器以再生铁基载氧体。这样既可以有效地利用空气,又可以增加高品位热量的输出,减少空气压缩所需的能耗,提高整体系统效率。该系统也消除了传统联合循环发电工艺中对高温透平的需求,因为高温气体将主要用于预热燃料电池的进料空气,换热后的中温废气可以用于余热蒸汽发生器来回收其中的低品位热量。

(2)化学链重整工艺(chemical looping reforming,CLR)。化学链重整工艺可以将天然气重整为合成气,继而进行氢气或其他产品合成。如图 11-24 所示,化学链重整工艺与化学链燃烧工艺类似,主要由还原床与氧化床组成,载氧体常以氧化镍为基础合成。不同于化学链燃烧工艺,甲烷并非被完全氧化为 CO_2 和 H_2O,载氧体提供的氧仅用于甲烷的部分氧化至 CO 和 H_2,同时镍基载氧体也对合成气的生成有较高的选择性。合成气从还原床生成后,与水蒸气混合后进行水煤气变换生成 CO_2 和 H_2。所得产物经下游的酸性气体吸附装置及变压吸附(PSA)单元操作后可以得到高纯度 H_2,变压吸附所得的部分尾气可以循环回还原床作为燃料。传统的水蒸气甲烷重整反应器通常需要外部燃料燃烧来提供反应所需的热量,而化学链重整工艺避免了这一弊端,反应所需的氧及热量均由载氧体提供,改进了天然气重整流程。理论分析表明,化学链重整工艺可较传统工艺提高氢气产量。然而在这一系统中,化学链的 CO_2 捕集优势并没有得到发挥,因此化学链重整工艺仍需要传统的 CO_2 分离技术配合进行碳捕集。

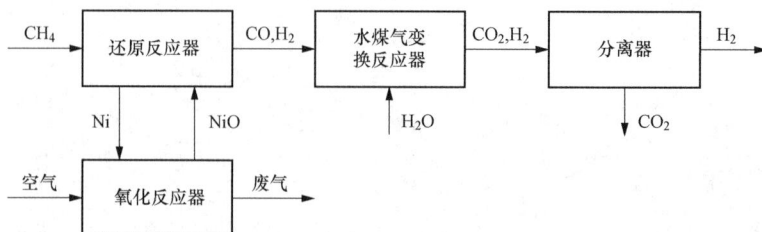

图 11-24 化学链重整工艺示意

（3）太阳能与化石燃料互补的化学链燃烧发电系统。从长远来看，由于化石燃料的有限性及利用过程中不可避免造成 CO_2 等污染物排放的问题，发展可再生能源成为解决能源短缺和温室效应的重要途径。太阳能具有储量的无限性、存在的普遍性、开发利用的清洁性以及逐渐显露的经济性等优势。因此，从能源战略和完善能源结构的角度看，大力发展太阳能能源、探索和开发创新的技术，具有重要的现实意义。由于太阳能能流密度低、时空分布不均，利用太阳能替代化石燃料难以在短期内实现。从太阳能开发利用的战略角度来看，太阳能与化石燃料的热化学互补的能量转换过程是短期内解决太阳能热发电成本高、效率低等问题的一个突破口。

太阳能与化石燃料的热化学互补是利用热化学反应过程，将所聚集的太阳能转化为碳氢燃料的化学能。抛物面镜将分散的低能流密度的太阳能聚焦成高能流密度，通过相应的吸收器接收转化为热能，用以驱动吸热的化学反应，从而将太阳能转化为燃料的化学能。太阳能与化石燃料的热化学互补可以在太阳能资源丰富的地方进行，也可以将太阳能燃料运输到需要的地方用于动力循环、燃料电池及交通运输等，解决了太阳能能流密度低和时空分布不均的固有缺陷，同时含碳燃料转化为低碳或无碳的二次燃料，减少了 CO_2 的排放。

目前，国际上太阳能与化石燃料的热化学互补的研究热点方向如图 11-25 所示，主要有太阳能煤气化、太阳能裂解和碳氢燃料重整等，操作温度属高温和中高温太阳能的范围，需要庞大的定日镜场，设备造价昂贵，运行风险大，且需要采用变压吸附等方式实现气气分离，能耗巨大，太阳能转化利用效率低，不利于工程应用。另一方面，太阳能热化学与联合循环相结合的动力系统可以节约燃料，减小 CO_2 排放，但太阳能热化学互补产生的合成气采用传统直接燃烧的方式，仍未能摆脱燃烧㶲损失大、CO_2 分离能耗大的缺点。

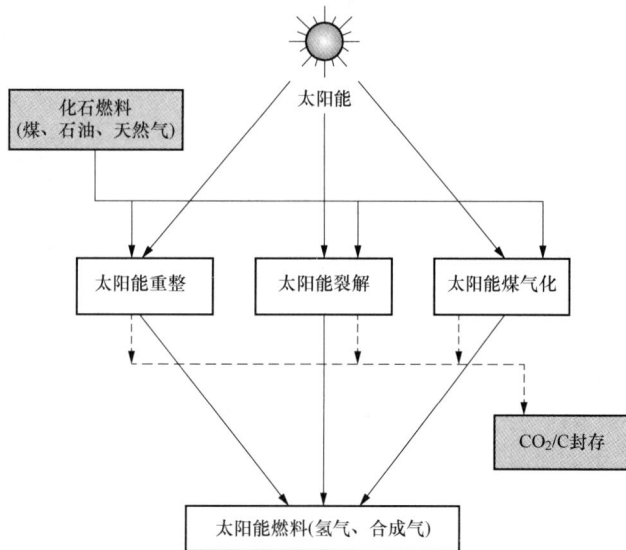

图 11-25　太阳能与化石燃料热化学互补的主要研究方向

大多数化学链燃烧的还原反应为吸热反应，可利用聚光装置聚集太阳热能提供还原反应热，为太阳能热化学过程与化学链燃烧过程的整合提供了潜力。基于此，有人提出了中温太阳能与化学链燃烧整合的发电方法。该方法通过太阳能热化学与热力循环的耦合来高效完成太阳能的热转功过程。但其不同之处在于采用了新颖的化学链燃烧能量释放方式，在革新传统直接燃烧方式的同时有效控制了温室气体的排放，实现了 CO_2 的零能耗分离。同时，中温太阳能与化学链燃烧的整合有效提升了太阳热能的品位，使其转化为高品位燃料化学能以储存和利用，大大提高了中温太阳能的净发电效率。另外，该方法中固体载氧体充当着蓄能材料和发电燃料两种作用，实现了蓄能工质与发电燃料一体化，解决了光热转化与蓄能相互独立的问题。

这一方法打破了常规化学链燃烧的单一能源输入模式，开辟了一片新能源与化石燃料互补回收 CO_2 的新研究领域。该方法从多能源互补回收 CO_2 的机理研究、载氧体材料制备、太阳能化学链燃烧反应器的设计到太阳能与化学链燃烧整合的动力系统的集成都与常规化学链燃烧不同，对今后的研究工作提出了新的挑战。

四、气体和固体燃料的化学链燃烧

1. 气体燃料的化学链燃烧

如第一节所述，气体燃料进入燃料反应器，然后被固体载氧体的晶格氧化，完全氧化后生成 CO_2 和水蒸气。在燃料反应器中完全反应后，被还原的载氧体被输送至空气反应器中，与空气中的气态氧相结合，发生氧化反应，完成载氧体的再生。就这样在空气反应器和燃料反应器中反复循环，达到燃烧的目的。

2. 固体燃料的化学链燃烧

化学链燃烧自从提出以后，研究的重点主要集中在气体燃料，例如甲烷、天然气等。但对于我国而言，天然气等气体燃料远远不能满足国家能源的长远需求。由于技术方面的原因，固体燃料（如煤、生物质等）很少应用于 CLC。虽然固体燃料应用于 CLC 面临许多的挑战，但固体燃料储量丰富，将固体燃料应用于 CLC 有着广阔的发展前景，对于实现固体燃料资源的经济、高效、清洁利用具有重要意义。

实现固体燃料化学链燃烧的基本途径以下有三种：

第一种途径需要引入一个单独的固体燃料气化过程。这个过程需要用 O_2 或者是 O_2+蒸气气化固体燃料，使其生成气体燃料（主要是 CO 和 H_2），然后气体燃料再与载氧体发生还原反应。但是，由于气化过程难度很大并且需要高耗能的空气分离装置，气化反应器的布置使系统成本增加，所以这个缺点将大大限制该方案的发展。

第二种途径是将固体燃料直接引入燃料反应器，燃料的气化以及之后与载氧体的反应在燃料反应器中同时进行。这种途径的缺点是燃料和载氧体之间发生的固-固反应效率非常低。因此，首先需要使用 H_2O 和 CO_2 对固体燃料进行气化，生成中间气体 CO 和 H_2，然后载氧体颗粒再与所产生的中间气体发生反应。由于气化的速度比氧化的速度要慢得多，因此，整个固体燃料 CLC 过程受到气化时间的限制。

第三种途径称为化学链氧解耦燃烧（CLOU），即载氧体在燃料反应器中释放气相氧与固体燃料燃烧。同常规 CLC 燃烧相比，CLOU 的优点是固体燃料不与载氧体直接反应而无需气化过程，系统所需的载氧体量减少，同时也减小了反应器尺寸和系统成本。CLOU 中要求载氧体在高温下与气相氧的反应是可逆的，既能在燃料反应器中能释放气相氧，又能在空气反应器中被氧气氧化，这一点与常规 CLC 中的载氧体要求是不同的。

固体燃料化学链燃烧技术的实现途径各有优缺点，在研究过程中存在和需要解决的关键问题包括：固体燃料的转化率、燃料反应器内气体转化率、CO_2 收集率、载氧体特性以及防止颗粒结焦。此外，载氧体颗粒如何从未燃尽的碳和飞灰中分离，防止氧化过程中出现未燃尽碳以及系统的能量分布等都是研究的难点。总的说来，优化与设计适合固体燃料的反应器、寻找高性能载氧体、实现长期运行试验仍将是固体燃料 CLC 今后研究的重点。

五、增压化学链燃烧简介

1. 煤加压化学链燃烧发电技术

在借鉴增压流化床联合循环发电技术（PFBC-CC）的基础上，结合燃煤化学链联合循环发电技术的特点，提出了煤加压化学链燃烧联合循环发电技术（PCLC-CC）。该技术不仅具有增压流化床联合循环发电技术的优点，而且具有化学链燃烧经济高效分离 CO_2 的特点。

增压燃烧较常压燃烧的主要区别如下：

（1）压力提高以后床层压降的限制减少，流化床膨胀高度可达 $3.5\sim4.5$ m，且颗粒的临界速度有所下降，因此可以选择比较低的表观流速，一般取 1 m/s 左右，使反应气体在床内停留时间达到或者超过 3 s，为可扬析细碳粒和煤中挥发分在流化床内获得较充分的燃烧提供有利的条件；加之随压力的增加，碳颗粒燃尽时间显著减少，使燃烧过程强化，燃烧效率可达 99% 以上。

（2）在较低的空床气速下仍能够获得较大的热负荷，较常规锅炉高 $2\sim3$ 倍。因此，对于同样的热功率，流化床结构比常规锅炉紧凑得多。

（3）随着压力的升高，流化床气体的密度和导热系数增大，气体对流传热作用增加；在较高的压力下，床内流化质量改善，气泡数量多，尺寸小且分散，使接触表面的颗粒团更新频率加快，从而强化传热，传热系数一般可达 300 W/（$m^2\cdot$ K）以上。

（4）由于床层高而流化速度低，烟气在床内停留的时间增加，烟气中的 SO_2 有很多的时间和脱硫剂作用，因此固硫效果提高，一般在钙硫摩尔比等于 2 的条件下，可达到 90% 以上的脱硫效率。

（5）随压力的提高，NO_x 的排放量减少。当空气过量系数为 $1.2\sim1.3$ 时，NO_x 的排放为标准状态下 200 mg/m^3 左右。

（6）便于采用床料快加排处理系统控制床层工作高度，从而达到快速调节负荷的目的。

2. 增压化学链系统

煤加压化学链燃烧联合循环发电技术的示意如图 11-26 所示，该系统主要由增压流化床化学链燃烧单元、燃气透平发电单元、余热锅炉及蒸汽透平单元组成。增压化学链燃烧系统内的燃料在高温高压，在 H_2O 和 CO_2 的氛围下，气化生成的气体与载氧体发生还原反应，反应形成的高温高压烟气进入燃气轮机系统，推动燃气轮机发电，燃气轮机出来的气体进入余热锅炉加热给水，然后推动蒸汽轮机发电，余热锅炉出来的尾气经过冷凝以后为高浓度的 CO_2 气体，然后进行捕获及填埋等后续处理。

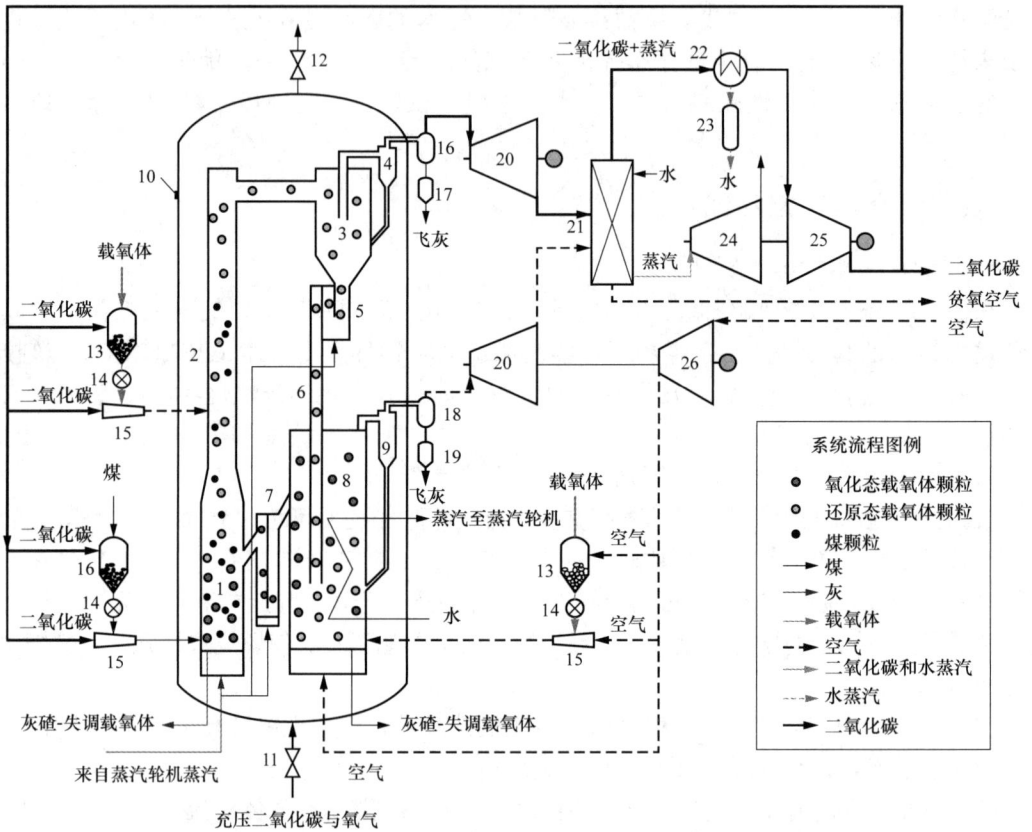

图 11-26 煤加压化学链燃烧联合循环发电系统图

1—还原反应器；2—提升管；3—旋风分离器；4—旋风分离器；5、7—密封装置；6—返料管；8—下降管；

9—旋风分离器；10—压力壳；11—充压系统；12—泄压阀；13～15—载氧体补充装置；

16～19—飞灰排出装置；20—燃气轮机发电装置；21—余热锅炉；22、23—冷凝装置；

24—蒸汽轮机发电装置；25—CO$_2$压缩机；26—空气压缩机

参 考 文 献

［1］ BP.BP Statistical Review of World Energy 2021.London: BP plc，2021.

［2］ 徐通模，惠世恩. 燃烧学. 北京：机械工业出版社，2017.

［3］ 宋天佑，程鹏，徐家宁，等. 无机化学. 北京：高等教育出版社，2019.

［4］ 傅希贤，宋宽秀. 大学化学. 天津：天津大学出版社，2004.

［5］ 姚强，李水清，王宇. 燃烧学导论：概念与应用. 北京：清华大学出版社，2015.

［6］ 岑可法，姚强，骆仲泱，等. 燃烧理论与污染控制. 北京：机械工业出版社，2019.

［7］ 顾璠，黄亚继，刘道银. 燃烧学基础. 南京：东南大学出版社，2019.

［8］ 李永华. 燃烧理论与技术. 北京：中国电力出版社，2011.

［9］ 严传俊，范玮. 燃烧学. 西安：西北工业大学出版社，2005.

［10］ 汪健生，李君，刘雪玲. 燃烧学. 北京：北京理工大学出版社，2017.

［11］ 李先春. 燃烧学理论与应用. 北京：冶金工业出版社，2019.

［12］ 冉景煜，张力. 工程燃烧学. 北京：中国电力出版社，2014.

［13］ 王春华，岳悦. 工程燃烧学. 北京：中国石化出版社，2018.

［14］ 李法社，王华. 高等燃烧学. 北京：科学出版社，2016.

［15］ GLASSMAN I，YETTER R A.Combustion.4th .Amsterdam:Elsevier，2008.

［16］ WARNATZ J，MAAS U，DIBBLE R W.Combustion：Physical and Chemical Fundamentals, Modeling and Simulation, Experiments, Pollutant Formation.4th. Berlin:Springer，2006.

［17］ LAW C K.Combustion Physic.London:Cambridge University，2006.

［18］ 张群，黄希桥. 航空发动机燃烧学. 北京：国防工业出版社，2020.

［19］ WIILLIANMS F A.Combustion Therory.2th.Menlo Park:The Benjamin/Cummings Publishing Company, Inc., 1985.

［20］ POINSOT T，VEYNANTE D.Theoretical and numerical combustion. RT Edwards, Inc., 2005.

［21］ 和丽秋. 消防燃烧学. 北京：机械工业出版社，2014.

［22］ 董希琳. 消防燃烧学. 北京：中国人民公安大学出版社，2014.